설비보전 현장 실무자를 위한

전기 공유압 제어

실습 Pneumatic and Hydraulic sequence control

장일주 · 손성진 · 정용섭 공저

光文閣
www.kwangmoonkag.co.kr

자동화 기술이 빠르게 발전하면서 산업 현장은 지금, 그 어느 때보다도 정밀하고 효율적인 설비 운용을 요구하고 있다. 특히 전기, 공기압, 유압 제어 기술은 스마트 팩토리와 무인 자동화 시스템의 핵심으로 자리 잡았고, 이를 안정적으로 유지·관리할 수 있는 설비보전 기술자의 역할은 날로 중요해지고 있다.

이 책은 그러한 변화에 발맞추어, 전기 공기압 및 유압 제어 기술을 처음 접하는 분들부터 실무에 활용하려는 분들까지 누구나 단계적으로 학습할 수 있도록 구성되었다.

먼저, PART 1에서는 전기 시스템의 기본 개념부터 릴레이, 타이머, 카운터 회로 등 자동화의 기초가 되는 전기 회로에 대해 다룬다.

PART 2는 공기압 제어 기술의 이해를 돕기 위해, 회로도 작성법부터 솔레노이드 밸브, 유량 제어 밸브까지 실제 장비와 연계된 실습 중심의 내용을 담았다.

PART 3과 PART 5는 국가기술자격 실기시험에 대비할 수 있도록, 공개 문제를 철저히 분석하고 풀이 과정을 자세히 제시하였다.

PART 4에서는 유압 장치의 구조와 원리를 이해하고, 회로를 직접 구성해 보며 실무 능력을 높일 수 있도록 구성하였다.

실습 장면, 회로 구성, 작업 순서 등을 단계별로 설명하였으며, 자주 발생하는 실수나 주의 사항도 함께 수록하여 실전 대응력을 기를 수 있도록 했다.

이 교재가 단지 자격증 취득을 위한 학습에 그치지 않고, 현장에서 유능한 기술인으로 성장하는 데 밑거름이 되기를 바란다.

아울러 책을 집필하는 과정에서 함께 고민하고 조언해 주신 교수님들, 그리고 현장의 소중한 피드백을 보내준 학생 여러분께 이 자리를 빌려 깊이 감사함을 전합니다.

2025년 여름

저자 일동

Contents

Contents

PART 01

전기 시스템 및 기초 회로

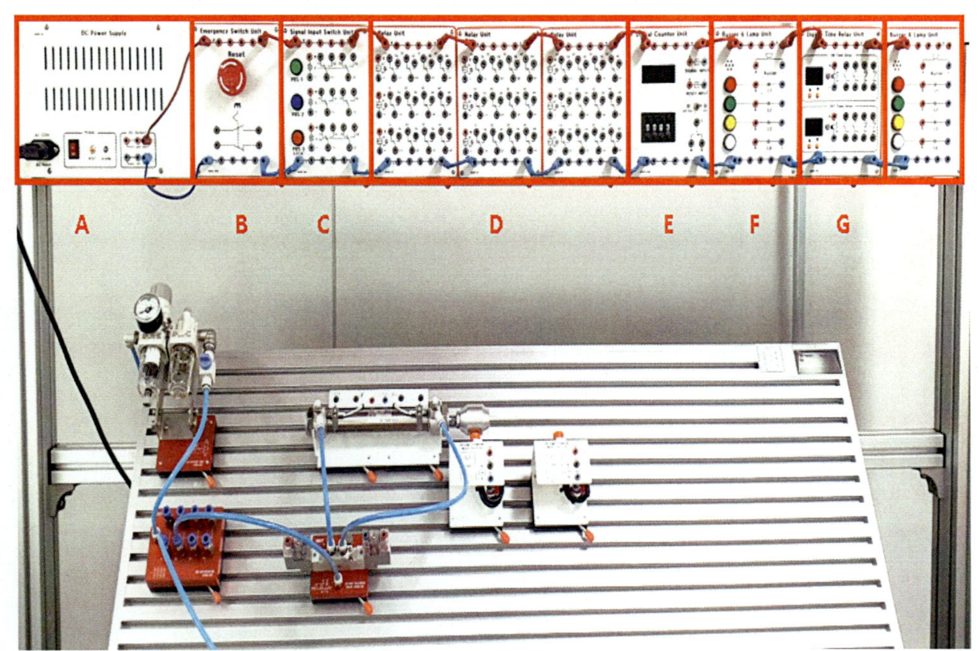

< 전기 시스템 구성도 >

기호	명칭
A	전원 공급 장치
B	비상 정지 스위치
C	푸시 버튼스위치
D	릴레이 (16핀)
E	카운터
F	램프 및 부저
G	타이머

1.1 시퀀스 회로의 접점이란?

시퀀스 회로에서 접점은 전기가 흐를 수 있게 회로를 연결하거나, 전기가 흐르지 않게 끊어주는 역할을 한다.

이처럼 전기를 켜고 끄는 기능을 이용해 모터나 램프 같은 장치의 작동 여부를 제어할 수 있다.

1.2 접점의 종류

접점은 동작 상태에 따라 A 접점, B 접점, C 접점으로 구분이 된다.
접점에 대해 살펴보도록 하자.

< A 접점 >

1) A 접점(Normally Open Contact, NO)

$$Y = A$$

A 접점은 평상시에는 열려 있지만 동작할 때 닫히는 접점이다.

즉 기본 상태(무동작 시)에는 전기가 흐르지 않지만, 스위치를 누르거나 릴레이가 작동하면 전기가 흐르게 되는 접점이다. Normally Open의 약자로, NO 접점이라고도 한다.
조건적으로 보았을 시에 긍정(True)의 판단을 한다.

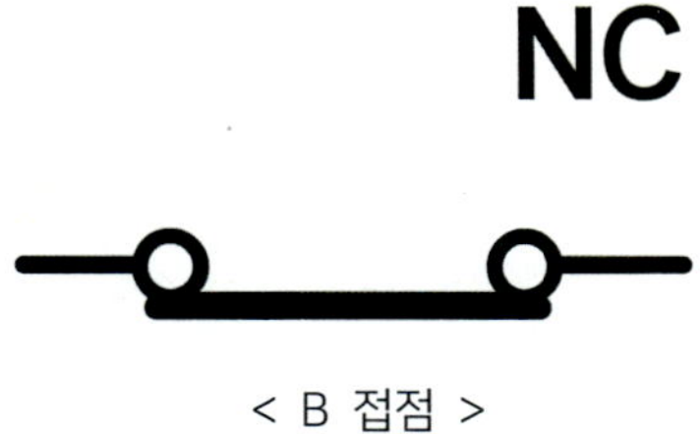

NC

< B 접점 >

2) B 접점(Normally Closed Contact, NC)

$$Y = \overline{B}$$

B 접점은 평소에는 닫혀 있고, 동작할 때 열리는 접점이다. 즉 기본 상태(무동작 시)에는 전기가 흐르고 있지만, 스위치를 누르거나 릴레이가 작동하면 전기가 끊기게 되는 접점이다.

Normally Closed의 약자로, NC 접점이라고도 한다.

조건적으로 보았을 시에 부정(False)의 판단을 한다.

< C 접점 >

3) C 접점(전환 접점, Changeover Contact)

$$Y = A \vee \overline{B}$$

C 접점은 하나의 공통 단자(COM)를 기준으로 두 개의 접점(A 접점과 B 접점 성격)이 함께 있는 구조이다. 평소 상태에서는 COM ↔ NC 단자가 연결되어 전기가 흐르고, 작동(릴레이 또는 스위치가 ON)되면 COM ↔ NO 단자가 연결되면서 회로가 전환된다. 즉 전류의 흐름을 두 방향 중 하나로 선택해 주는 전환형 접점이다.

조건적으로 보았을 시에 긍정(True)과 부정(False)의 선택적으로 판단할 수 있다.

1.3 왜 접점을 이해해야 할까?

설비보전 분야에서는 기계를 안전하게 작동시키고, 문제가 생겼을 때 빠르게 점검하고 수리하는 것이 주된 업무이다. 그리고 대부분의 자동화 기계는 버튼, 릴레이, 센서, 접촉기 등 전자기기의 접점을 이용하여 전기를 제어한다. 접점에 대한 개념을 이해하여야 다음 내용들을 이해할 수 있다.

1) 기계가 왜 움직이는지 왜 멈추는지 이해할 수 있다.

기계가 왜 움직이고 멈추는지를 이해하려면, 그 기계를 제어하는 버튼, 센서, 릴레이의 접점 원리를 알아야 한다. 예를 들어, 기계가 자동으로 꺼질 때는 센서의 B 접점(NC)이 열려서 전기가 차단되어 멈췄을 수 있다. 버튼을 눌러도 기계가 작동하지 않을 때는 A 접점(NO)이 고장났거나, 릴레이가 작동하지 않아 회로가 닫히지 않은 경우일 수 있다.

즉 접점이 언제 열리고 닫히는지를 이해해야 기계 고장 원인을 빠르게 파악할 수 있다.

2) 회로도를 빨리 읽을 줄 알아야 고장도 빨리 찾을 수 있다.

설비보전 업무에서 회로도는 기계의 설계도와 같다.

기계가 어떻게 작동하는지, 어떤 신호가 오가는지를 알려 주는 중요한 자료이다.

회로도에는 A 접점(NO)과 B 접점(NC)이 섞여 있어서, 각 접점이 어떻게 작동하는지 제대로 알아야 회로를 정확히 해석할 수 있다. 예를 들어, 릴레이의 B 접점(NC)으로 구성된 안전 회로가 있다면, 이것을 모르고 A 접점(NO)으로 잘못 연결하면 전원이 계속 공급되어 기계가 멈추지 않고 위험하게 작동할 수 있다.

즉 접점의 역할과 상태 변화를 이해하는 것이 회로 해석과 고장 진단의 핵심이다.

3) 사고를 예방하는 안전 지식이 된다.

기계는 빠르고 강한 힘으로 움직이기 때문에, 전기 회로(접점)를 잘못 연결하면 사람에게 큰 사고가 날 수 있다. 비상 정지 버튼은 반드시 B 접점(NC, 평소에 닫혀 있는 접점)으로 연결해야 한다.

그 이유는 다음과 같다.

기계가 정상 작동 중일 때는 전기가 흐르도록 회로가 닫혀 있어야 하고, 비상 상황에서 버튼을 누르면, 회로가 끊기면서 전기가 차단되고 기계가 멈추게 만들어야 하기 때문이다.

접점의 원리를 알아야 사고 예방을 위한 안전 회로를 설계할 수 있게 된다.

4) 설비 점검 및 유지보수 실력의 차이.

현장에서 고장 난 설비를 빠르게 수리하는 사람은 접점을 보면 정상인지, 동작했는지, 고장인지 바로 판단할 수 있다. 정상적인 스위치처럼 보여도 실제로는 접점이 열려 있지 않아서 기계가 작동 안 할 수도 있다. 테스터기로 접점을 확인해서 고장 여부를 바로 판단 가능하다.

이런 실전 능력은 접점 원리를 알아야 가능하다.

5) 접점의 원리는 설비보전의 문해력이다.

접점의 원리를 이해하지 못하면 회로 해석도 어렵고, 고장 수리도 힘들며 안전도 지킬 수 없다.

자동화 제어의 기본이자 핵심은 바로 접점이다.

지금부터 살펴볼 기기들은 모두 접점을 기반으로 동작하는 장치들이다.

따라서 접점의 동작 원리를 제대로 이해하고 있어야 각 기기의 동작을 정확히 파악할 수 있다.

이 부분을 꼭 이해하고 넘어가길 바란다.

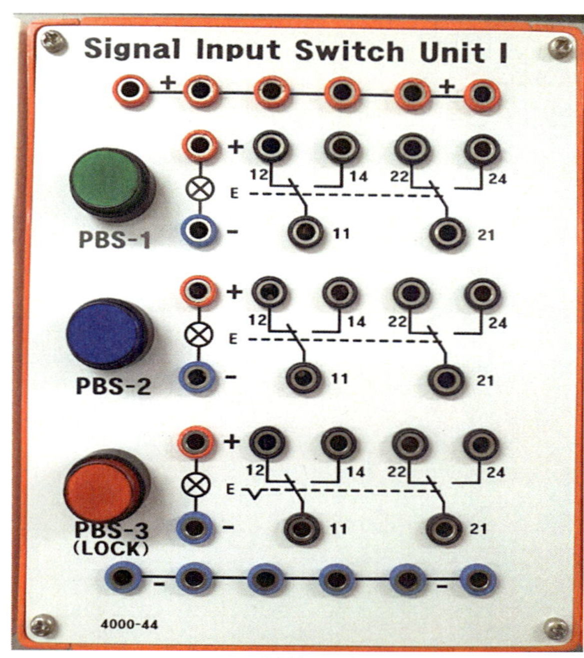

< 스위치 유닛 >

2.1 스위치 유닛

푸시버튼 스위치는 복귀형(PBS-1, PBS-2)과 잠금형(PBS-3)으로 구성된다.

1) 복귀형 스위치

스위치에 물리적 힘을 가해 누르면 접점이 가동(ON)된다.

손을 떼면 스프링의 힘으로 자동 복귀(OFF)된다.

2) 잠금형 스위치

위치에 물리적 힘을 가해 누르면 접점이 가동(ON)되며, 기계적으로 잠금된다.

손을 떼더라도 스위치는 계속 눌린 상태(ON)를 유지한다.

복귀(OFF)하려면 스위치를 한 번 더 눌러 기계적 잠금을 해제해야 한다.

2.2 리밋 스위치

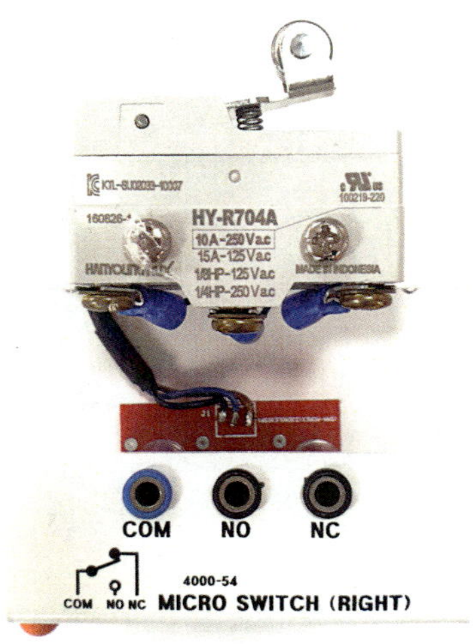

< 리밋 스위치 >

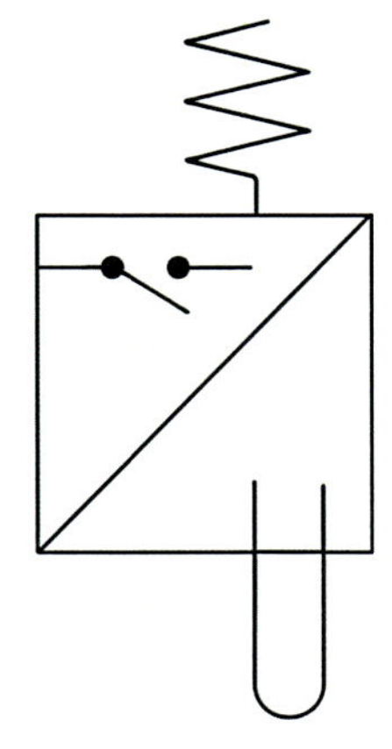

< 시퀀스 기호 >

리밋 스위치(Limit Switch)는 기계나 장치가 특정 위치에 도달했을 때, 기계적 접촉을 통해 전기적 신호를 생성하는 센서 장치이다.

실린더 헤드와의 물리적 접촉을 이용하여 동작하는 스위치라고 할 수 있다.

쉽게 말해 실린더로 ON/OFF 하는 스위치라고 할 수 있다.

COM 단자와 NO, NC 접점의 구성, 즉 C 접점으로 구성되어 있다.

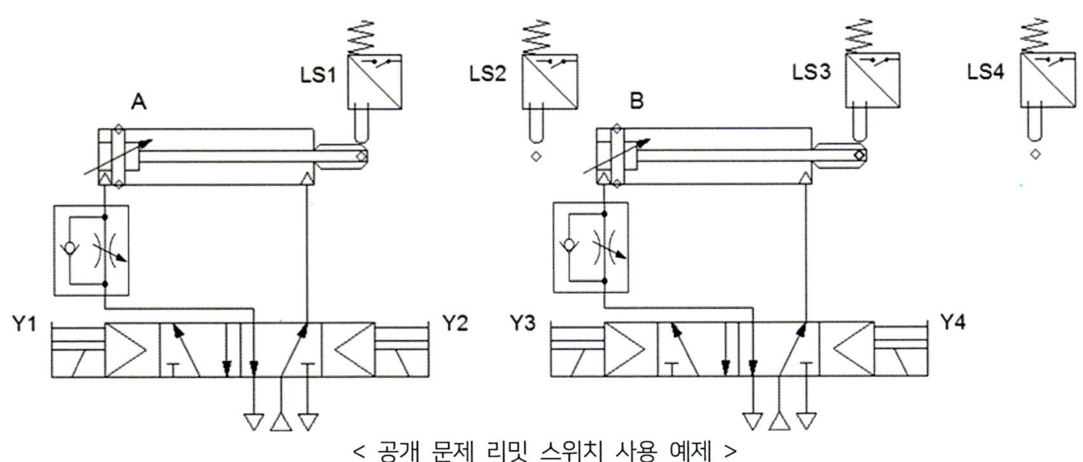

< 공개 문제 리밋 스위치 사용 예제 >

공개 문제에서는 실린더의 전/후진을 검출하는 용도로써 LS1, LS2, LS3, LS4 총 4개의 리밋 스위치를 사용하게 된다.

2.3 비접촉 스위치

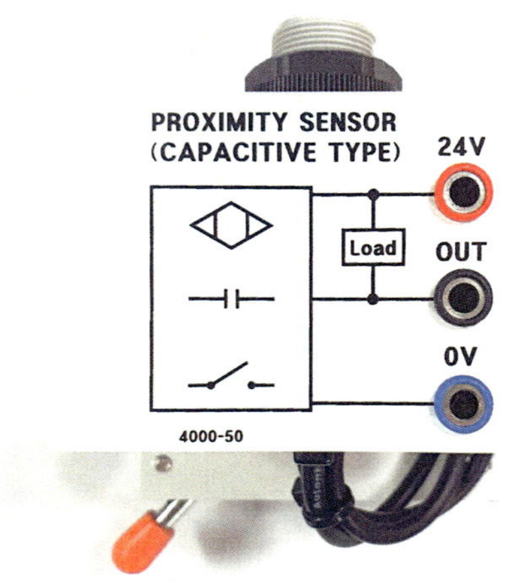

< 정전용량형 센서 NPN TYPE >

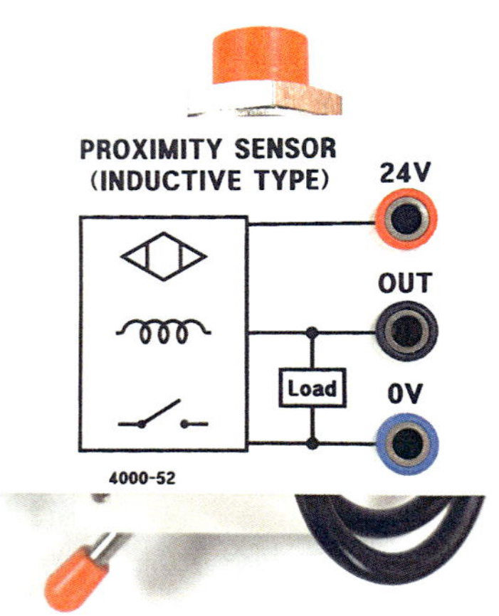

< 유도형 센서 PNP TYPE >

비접촉 스위치는 물체와 직접 닿지 않고도 감지하여 동작하는 센서로, 다양한 산업 분야에서 사용된다.

대표적인 비접촉 센서로는 정전용량형 센서와 유도형 센서가 있다.

24V와 0V 전원을 인가한 후, 센서에 물체가 감지되면 OUT 단자에서 신호가 출력된다.

PNP 유형은 출력 단자를 통해 + 전압(예: 5V 또는 24V)을 공급하며, NPN 유형은 출력 단자를 통해 0V(GND)로 연결되어 전류가 흐르도록 한다.

1) 정전용량형 센서(Capacitive Sensor)

금속뿐만 아니라 비금속(플라스틱, 액체 등)도 감지할 수 있는 비접촉식 센서이다.
물체의 정전기(전하의 변화)를 감지하여 접점을 가동(ON)한다.

2) 유도형 센서(Inductive Sensor)

금속 물체만 감지할 수 있는 비접촉식 센서이다. 자기장을 이용하여 금속 물체의 존재를 감지하고 접점을 가동(ON)한다. 시험장에는 PNP형과 NPN형 두 가지의 비접촉 센서가 있다.

이 두 가지 센서는 출력 방식이 다르므로, PNP(+ 출력) 센서를 사용해야 한다. NPN 유형으로도 회로가 구성이 가능하나 회로 구성이 달라지기 때문에 가급적 PNP 사용을 권장한다.

우측의 유도형 센서가 PNP 타입으로, LOAD(부하)가 0V에 연결되어 있는 것으로 구분할 수 있다.

2.4 비상 스위치

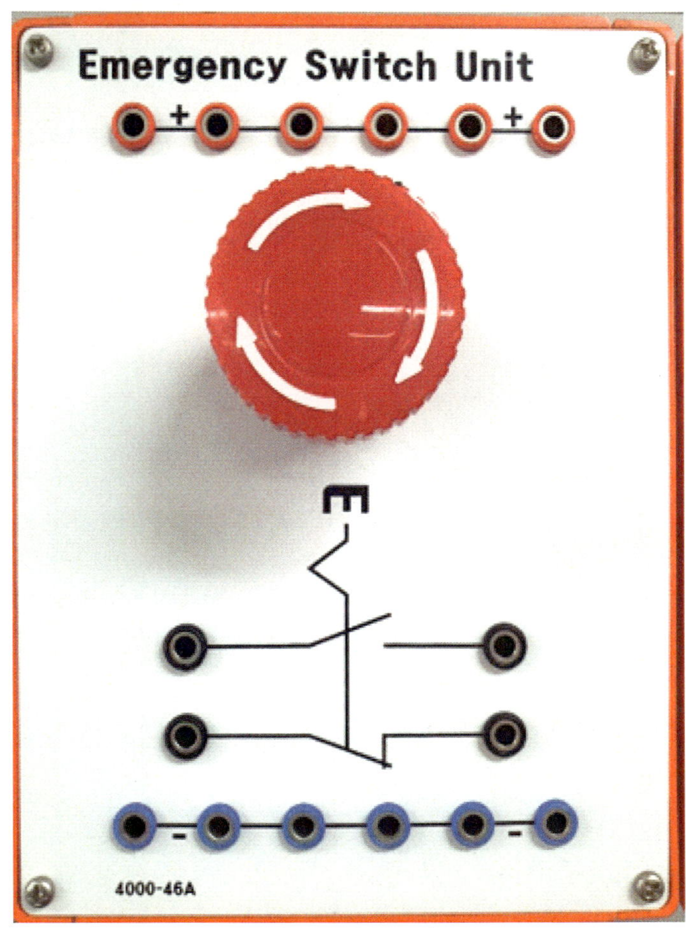

< 비상 스위치 유닛 >

  비상 스위치(Emergency Switch)는 위급 상황에서 기계나 장비를 즉시 정지시키기 위해, 사용하는 안전 스위치이다. 긴급한 상황에서 쉽게 누를 수 있도록 비교적 큰 크기의 스위치를 사용한다. 잠금형 스위치이며, 해제하려면 화살표 방향으로 스위치를 회전시켜 잠금을 해제할 수 있다.

  시험 장비에서는 A 접점 한 개와 B 접점 한 개로 구성되어 있다.

  다음은 살펴본 입력 장치를 이용하여 기초 회로를 구성해 보도록 하자.

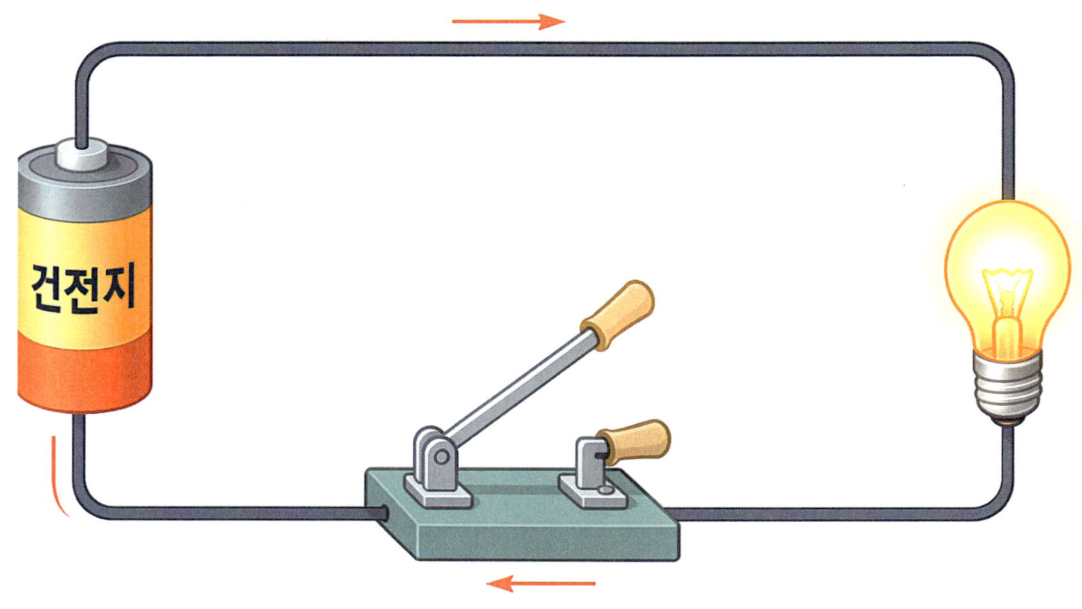

< 꼬마전구 회로 >

3.1 푸시버튼 스위치를 활용한 램프 점등 회로

과학 시간에 꼬마전구를 점등하는 실습을 했던 기억이 있을 것이다.

배터리(전원), 스위치, 전선, 꼬마전구(부하)로 구성된 기초적인 전기 회로이다.

작동 원리

스위치를 ON 하면 A 접점이 닫혀 B 접점이 되어 전류가 흐르고 전구가 켜지게 된다.

반대로 스위치를 OFF 하면 B 접점이 열려 다시 A 접점이 되어 전류가 차단되고 전구는 꺼지게 된다.

우리는 단순한 전기 회로를 넘어서 엔지니어의 시각으로 이 회로를 시퀀스 회로로 표현할 수 있어야 한다.

앞에서 배운 접점 기호를 활용하여 꼬마전구 회로를 기초적인 시퀀스 회로로 구성해 보자.

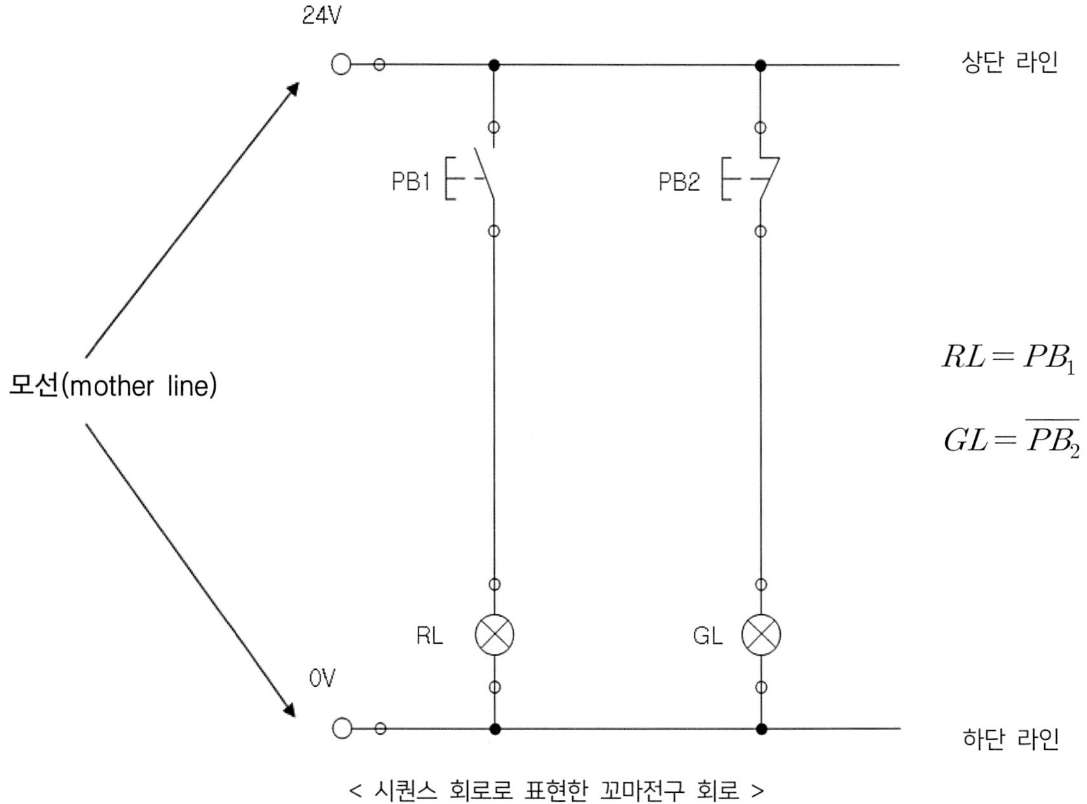

< 시퀀스 회로로 표현한 꼬마전구 회로 >

시퀀스 회로에서는 상하 라인을 모선(mother line)이라고 하며, 상단 라인을 건전지의 "+", 하단 라인을 "-"라고 생각하면 이해하기 쉽다. 좌측의 회로는 푸시버튼의 A 접점을 활용한 회로이며 우측 회로는 푸시 버튼의 B 접점을 활용한 회로이다.

다음 장에서 회로 동작 원리에 대해 좀 더 상세히 살펴본 후 결선 방법을 익혀 보도록 하자.

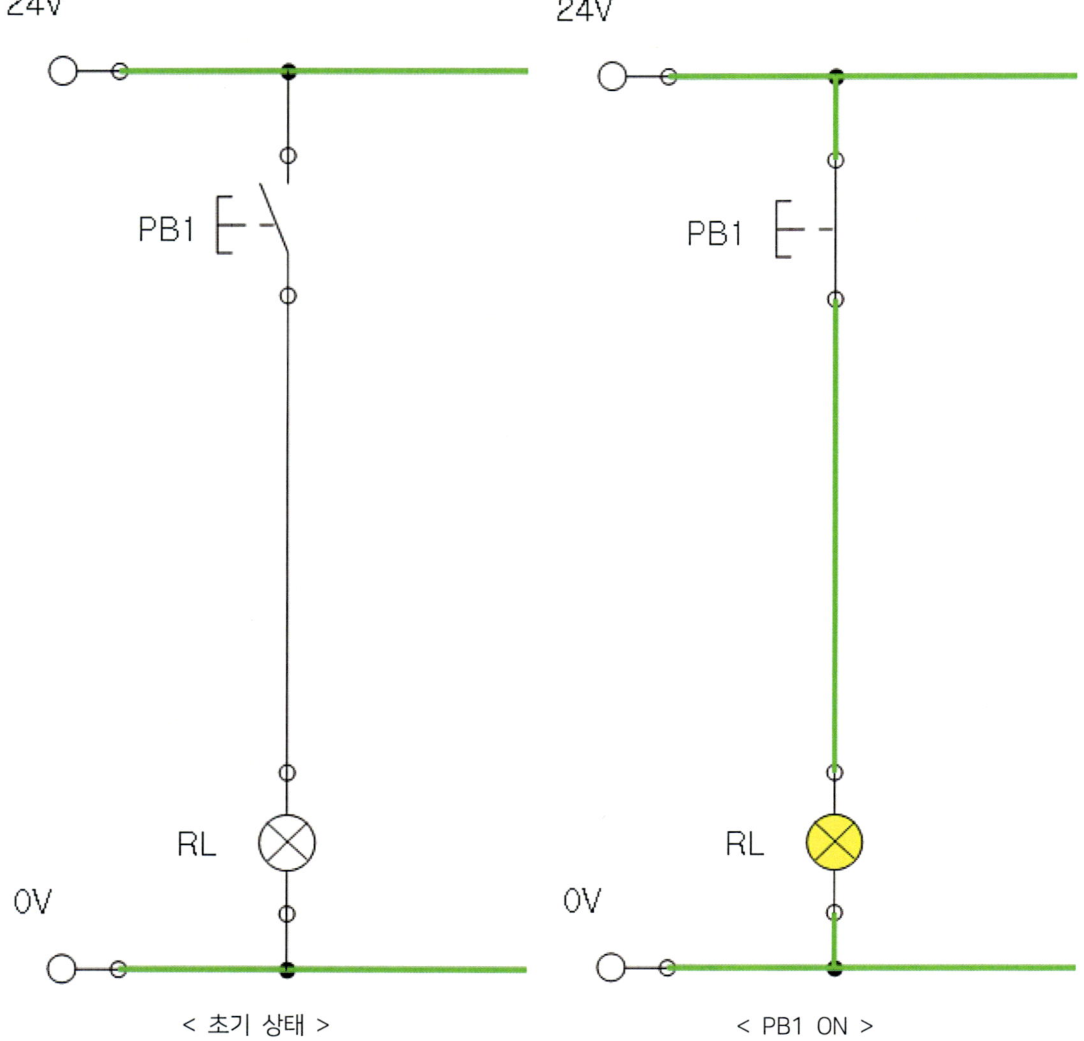

1) 푸시버튼 스위치 A 접점 활용 회로

푸시버튼 스위치의 A 접점(열린 접점, NO : Normally Open)을 이용하여 구성되어 있다.

초기 상태에서는 A 접점이 열려 있으므로 적색 램프(RL)는 점등되지 않는다.

스위치를 누르면 접점이 닫히면서 회로에 전류가 흐르고, 이로 인해 적색 램프(RL)가 점등된다.

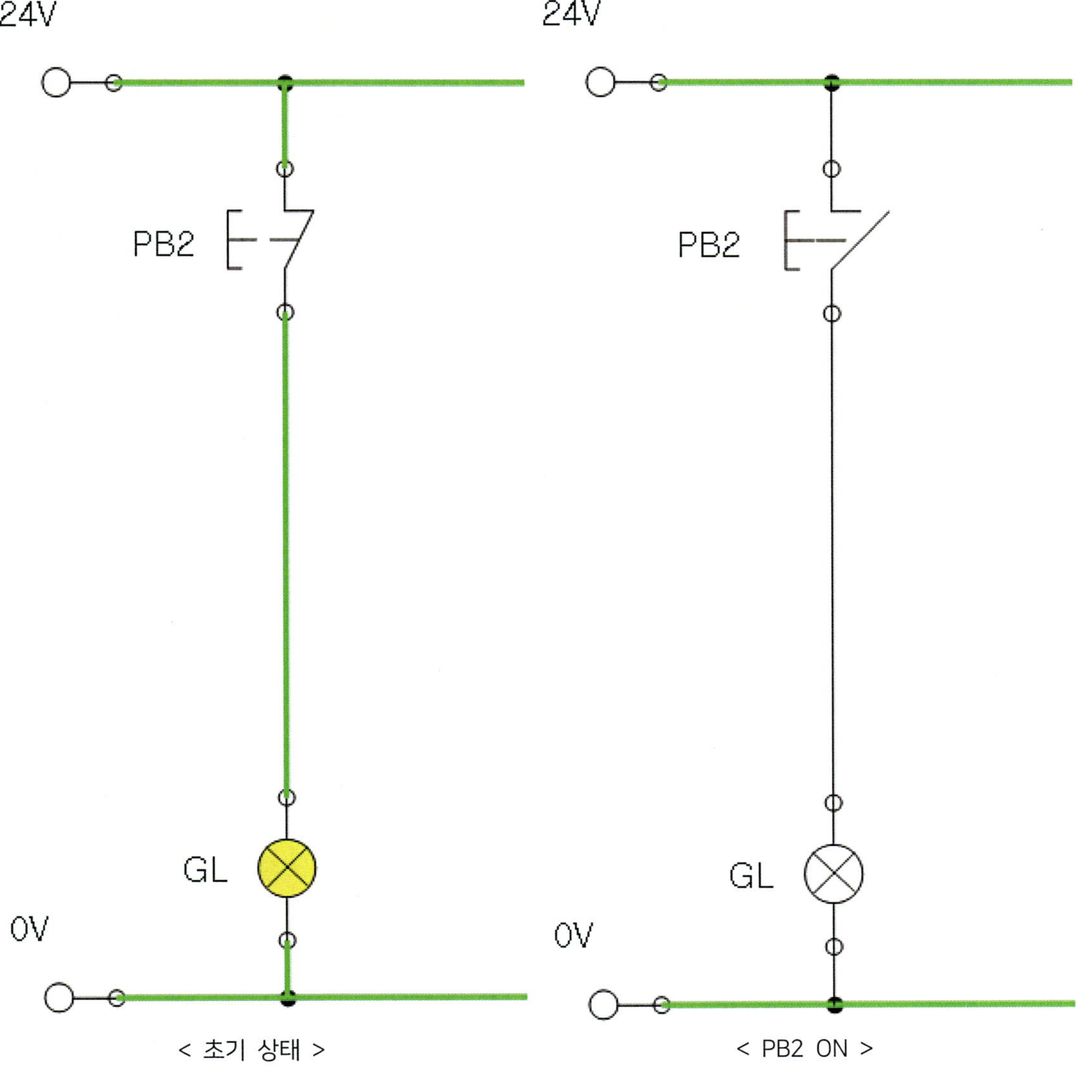

2) 푸시버튼 스위치 B 접점 활용 회로

푸시버튼 스위치의 B 접점(닫힌 접점, NC : Normally Closed)을 이용하여 구성되어 있다.

초기 상태에서는 B 접점이 닫혀 있으므로 녹색 램프(GL)는 점등된 상태이다.

스위치를 누르면 접점이 열리면서 전류가 차단되고, 이에 따라 녹색 램프(GL)는 소등된다.

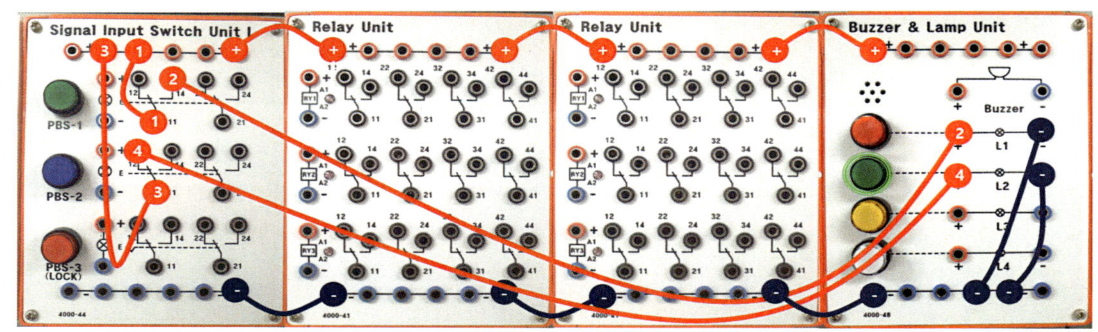

< 전체 결선도 >

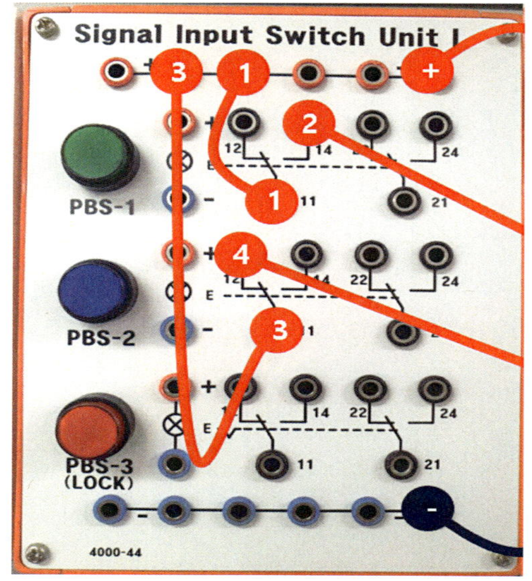

< 스위치 결선도 >

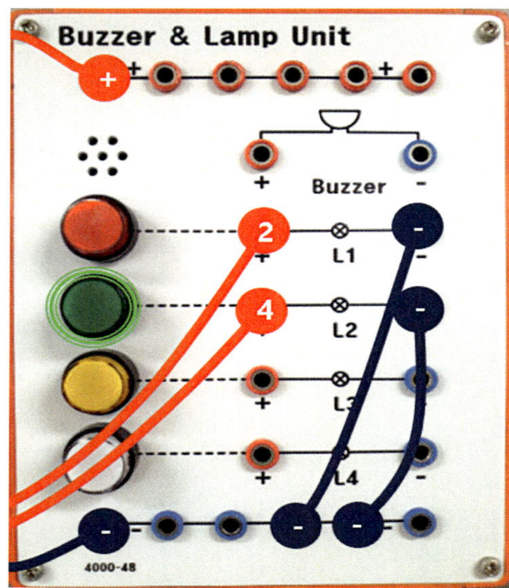

< 램프 결선도 >

회로 결선 방법

마더 라인에서 공급된 24V 전류를 스위치 A, B 접점에 각각 연결한 후, 접점을 통과한 전류를 적색 램프와 녹색 램프의 출력 + 측에 연결하였다. 또한, 각 램프에 0V 결선을 완료하였다. 그 결과, B 접점에 연결된 녹색 램프는 점등, A 접점에 연결된 적색 램프는 소등되어 있음을 확인할 수 있다.

4장에서 제공되는 현장 배선 사진을 통해 실제 배선 모습을 살펴볼 수 있다.

실기 시험에서는 실습의 편의성을 위해 바나나 잭을 사용하여 결선을 진행한다.

단, 다음 사항을 반드시 준수해야 한다.

+ 라인(전원 공급선)은 적색 선을 사용해야 한다.

- 라인(접지선)은 청색 또는 검은색 선을 사용해야 한다.

3.2 푸시버튼 스위치를 활용한 AND 및 OR 회로

1) AND 회로

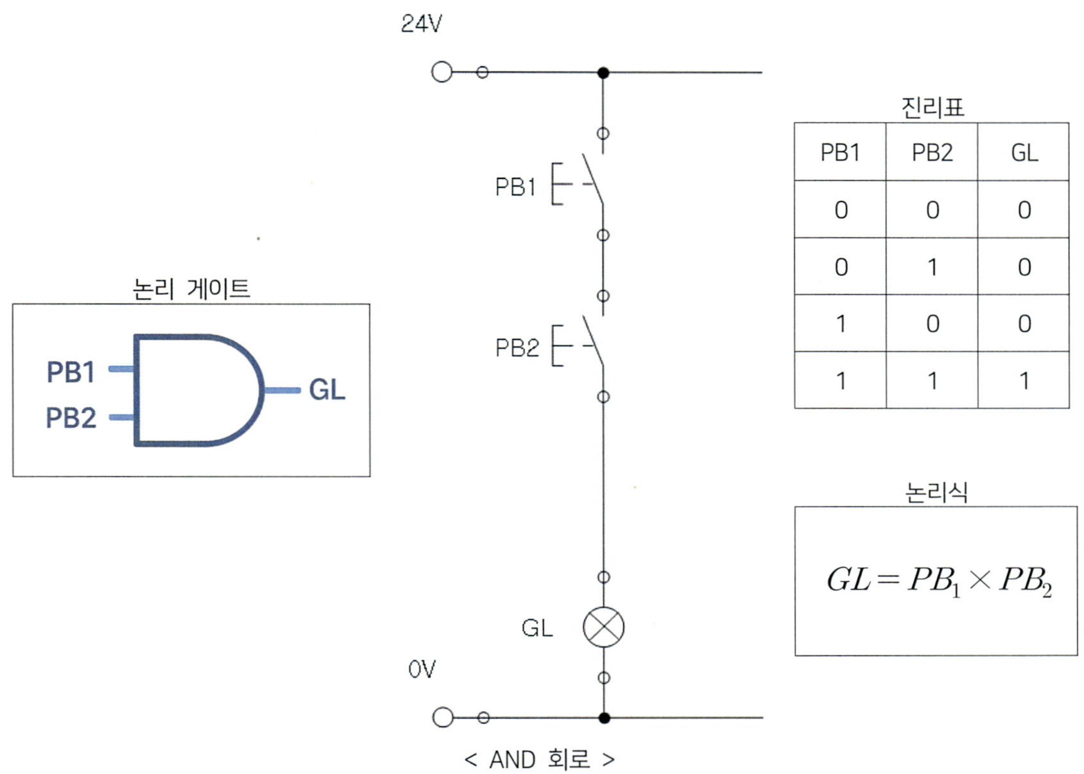

PB1	PB2	GL
0	0	0
0	1	0
1	0	0
1	1	1

$$GL = PB_1 \times PB_2$$

(1) 회로 설명

AND 회로는 두 개 이상의 입력이 모두 ON(1)일 때만 출력이 ON(1)이 되는 회로이다.
두 가지 이상의 조건이 동시에 충족될 때 동작하는 장치를 구현할 때 주로 사용된다.
사진 속의 회로는 PB1과 PB2가 모두 ON(1) 되었을 때에만 GL에 전류가 흐르도록 구성된
AND 회로이다.

(2) 적용 예시

산업용 프레스기 에서 작업자의 손이 다치는 경우를 방지하기 위해 양손 버튼(PB1, PB2)을
동시에 눌러야만 기계가 작동되도록 안전 회로를 구성한다. 현장에서 설비가 동작하기 위해서
는 두 가지 안전 조건이 모두 충족되어야 한다. 첫째, 안전 펜스 도어가 제대로 닫혀 있어야 하
며, 둘째, 비상정지 스위치가 해제된 상태여야 한다. 이 두 조건은 AND 회로로 구성되어 있어,

안전 도어 닫힘 센서와 비상정지 해제 스위치가 모두 정상 상태일 때만 설비가 작동하도록 제어된다. 즉 하나라도 조건이 만족되지 않으면 설비는 동작하지 않도록 설계된 구조이다. AND 회로는 모든 조건이 만족되어야 동작하는 구조로써 안전성 확보 등 다양한 제어 조건에서 사용되는 기초 회로이다.

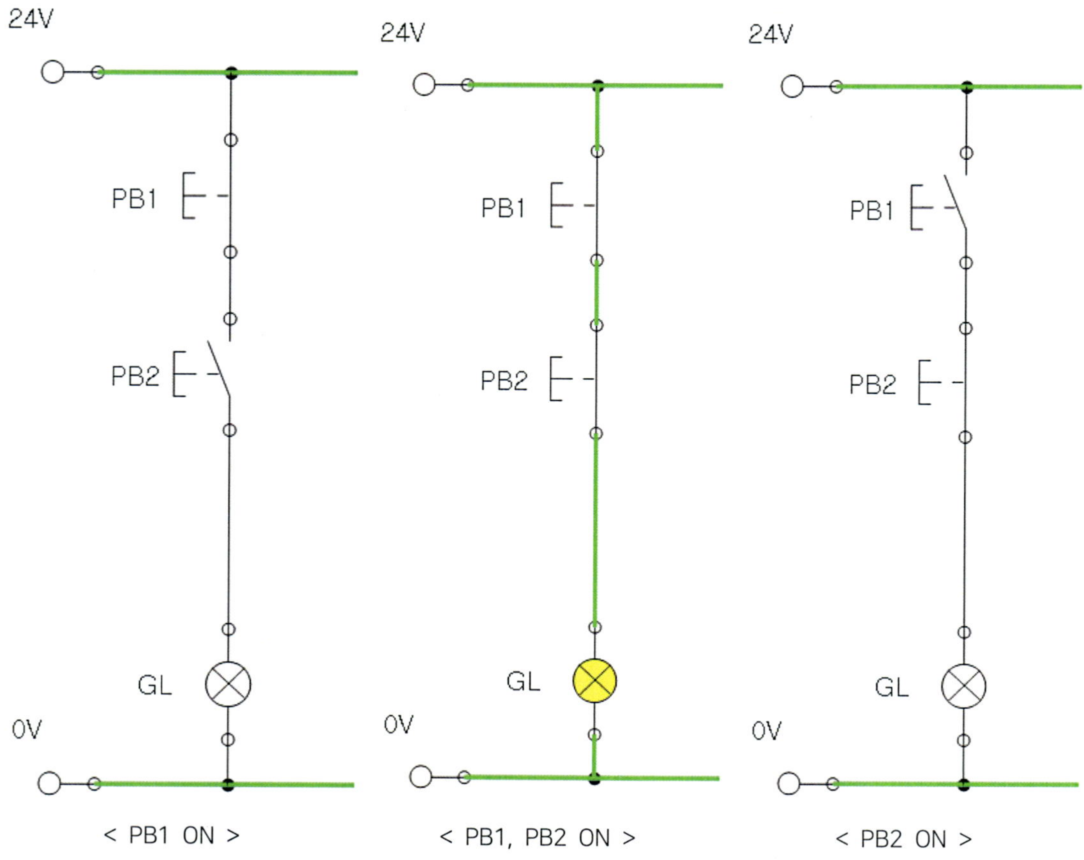

동작 설명

앞서 설명한 바와 같이 AND 회로에서는 PB1과 PB2가 모두 ON 상태일 때만 램프가 점등된다. 두 스위치 중 하나만 ON 상태일 경우에는 전류가 흐르지 못하기 때문에 램프는 점등되지 않는다.

2) OR 회로

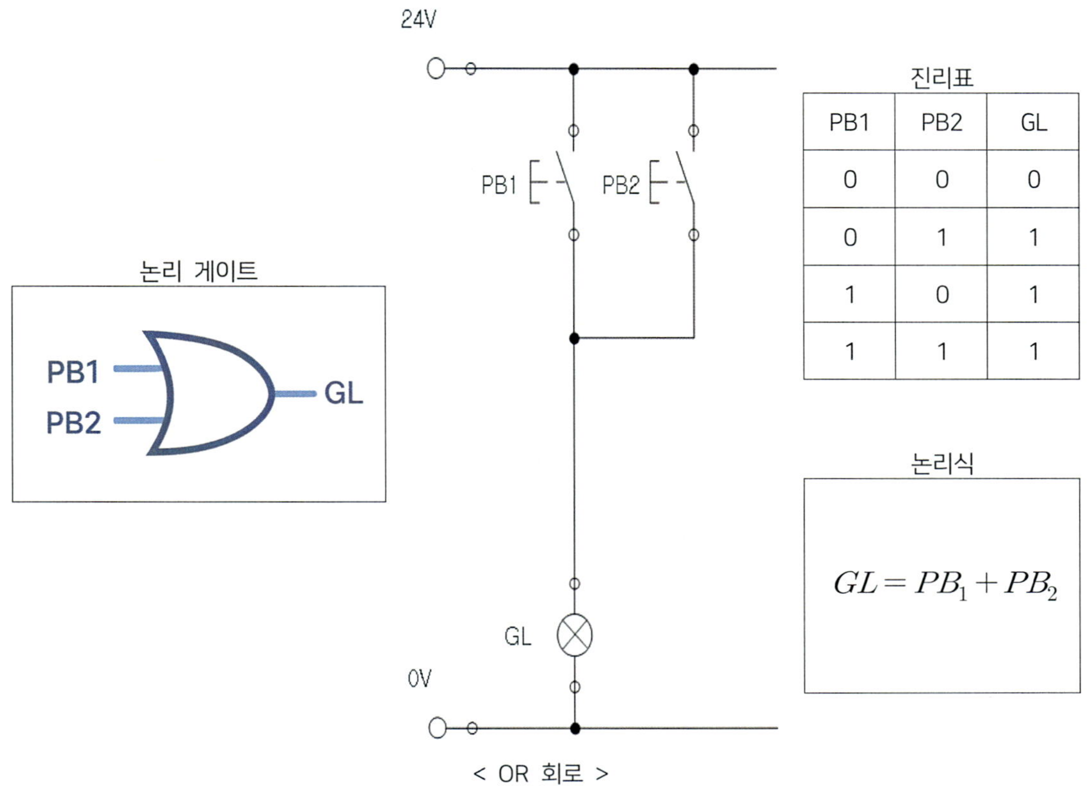

$$GL = PB_1 + PB_2$$

(1) 회로 설명

OR 회로는 두 개 이상의 입력 중 하나라도 ON(1)이면 출력이 ON(1)이 되는 회로이다.
하나 이상의 조건만 만족해도 동작하는 장치를 구현할 때 주로 사용된다.

사진 속의 회로는 PB1과 PB2 중 하나라도 누르면 GL 램프에 전류가 흐르도록 설계된 OR
회로이다.

(2) 적용 예시

비교적 큰 생산 라인의 경우, 작업자의 안전을 위해 기계 주변에 여러 개의 비상정지 버튼
(E-Stop)이 설치된다. 이러한 구조에서는 어느 한 곳에서라도 비상정지 버튼이 눌리면 전체 기
계를 즉시 정지시켜야 한다. 이를 위해 사용되는 회로가 OR 회로이다.

여러 개의 비상정지 버튼 중 어느 하나라도 작동하면, 비상 회로가 즉시 동작하여 설비의 전
원을 차단하고 기계를 멈추게 한다.

OR 회로는 하나 이상의 조건이 만족되면 동작하는 구조로, 여러 개의 입력 중 하나만 작동해도 기계가 동작하도록 할 때 사용된다. 예를 들어, 두 개의 센서 중 어느 하나라도 감지되면 시스템이 작동하는 경우와 같이 다양한 제어 조건에서 활용되는 기초 회로이다.

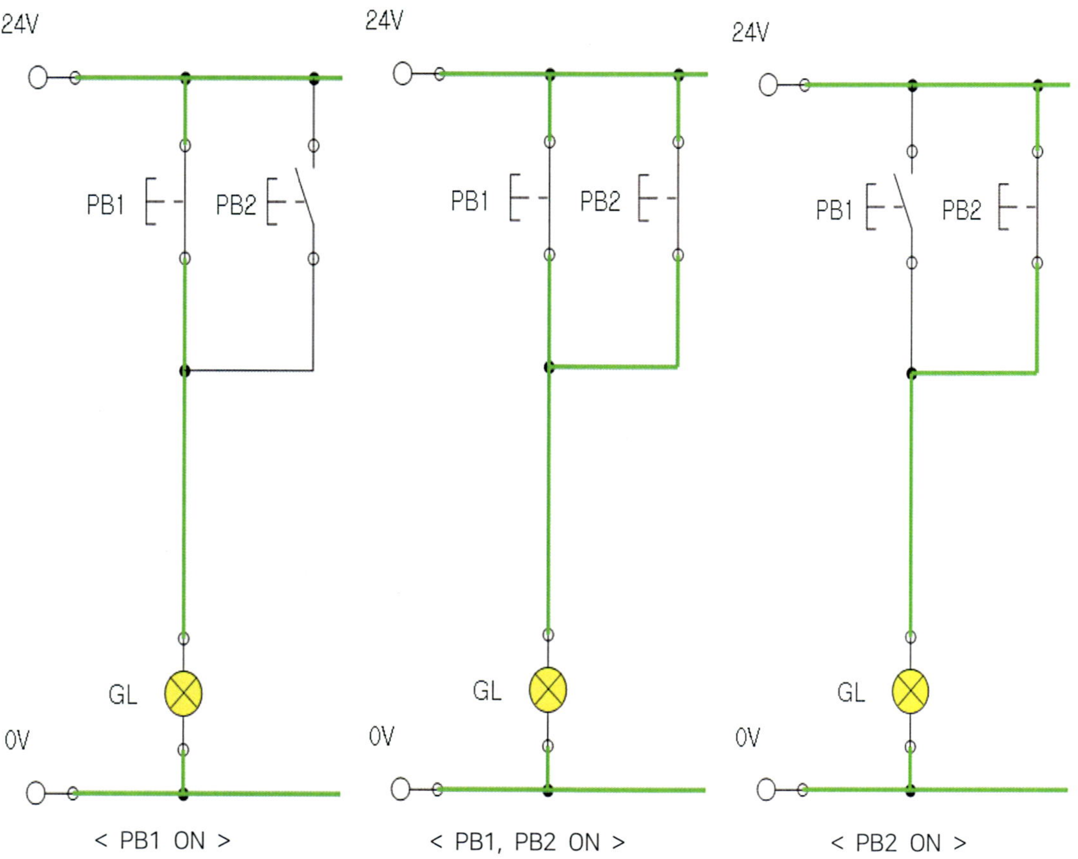

동작 설명

OR 회로에서는 PB1 또는 PB2 중 하나만 ON 상태여도 전류가 흐르기 때문에 램프가 점등된다. 즉 두 스위치 중 하나만 눌러도 회로가 완성되어 램프가 켜지며, 두 스위치가 모두 ON 상태여도 역시 램프는 점등된다.

< 24V 릴레이 >

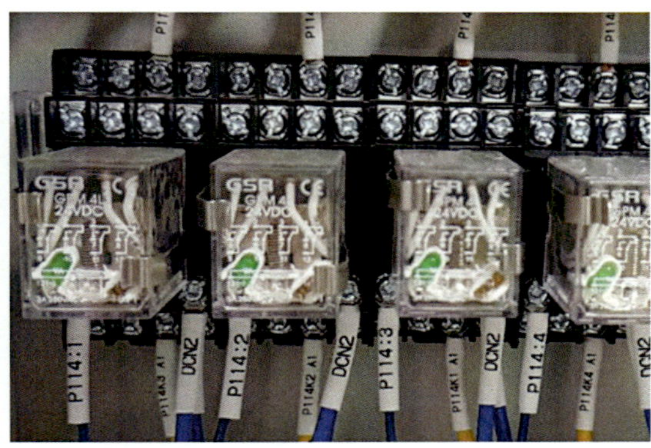

< 현장에서 사용되는 릴레이 실제 배선 모습 >

4.1 릴레이

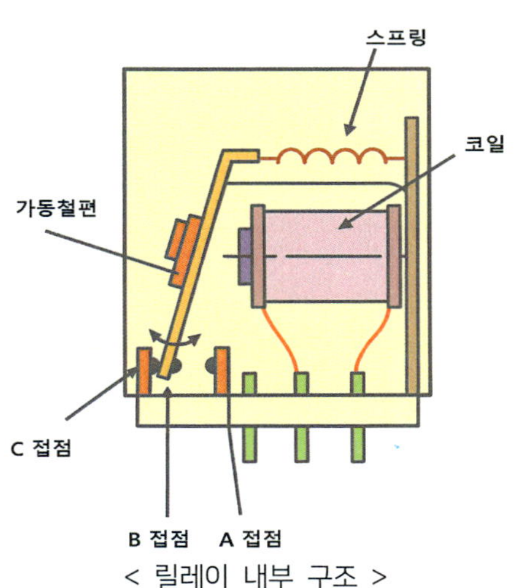

< 릴레이 내부 구조 >

릴레이는 내부에 전자석 코일이 내장된 장치로, 코일에 전류가 흐르면 자기장이 형성되어 가동 철편을 당겨 접점을 가동시키고 회로를 개폐하는 장치이다.

쉽게 말해, 전기로 작동하는 스위치라고 할 수 있으며, 전류가 차단되면 스프링의 복원력에 의해 접점이 원래 위치로 복귀된다.

4.2 릴레이 유닛

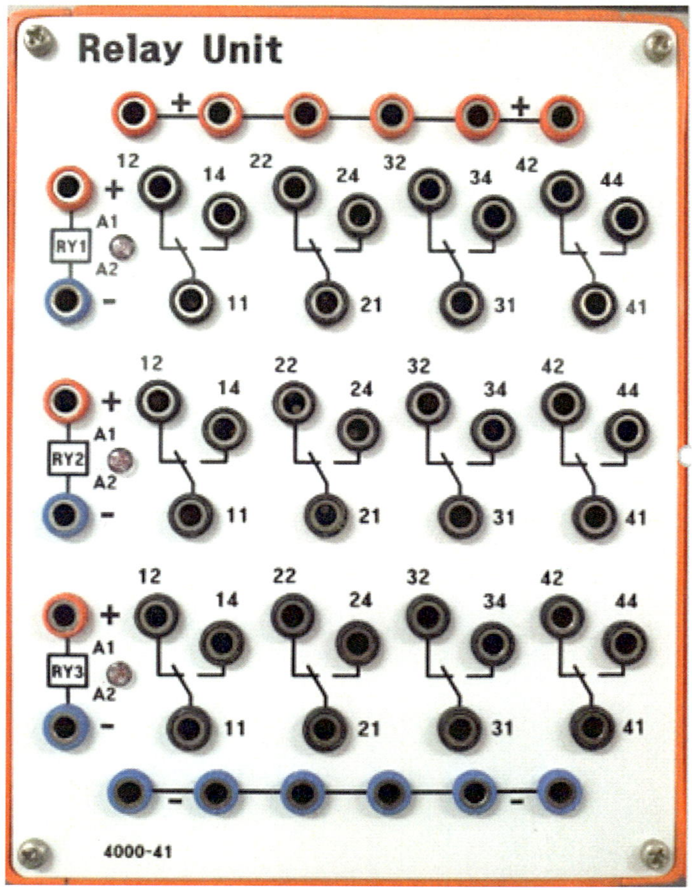

< 릴레이 유닛 >

실습장에는 유닛당 3개의 릴레이가 설치되어 있으며, 각 릴레이는 코일(전원 입력: +, −)과 4개의 C 접점으로 구성되어 있다. 시퀀스 회로를 구성하는 핵심 요소로서, 한 개의 릴레이 코일에는 독립적인 4개의 접점이 존재한다. 이를 활용하면 여러 부하를 개별적으로 제어할 수 있으며, 자기 자신의 접점을 이용해 자기 유지 회로를 구성할 수도 있다.

이러한 특성 덕분에 릴레이는 자동화 회로를 구성하는 데 필수적인 핵심 부품으로 사용된다.

릴레이를 활용한 기초적인 회로 작성을 통하여 릴레이의 개념과 동작 원리에 대한 이해도를 높여 보자.

4.3 릴레이를 이용한 램프 점등 회로

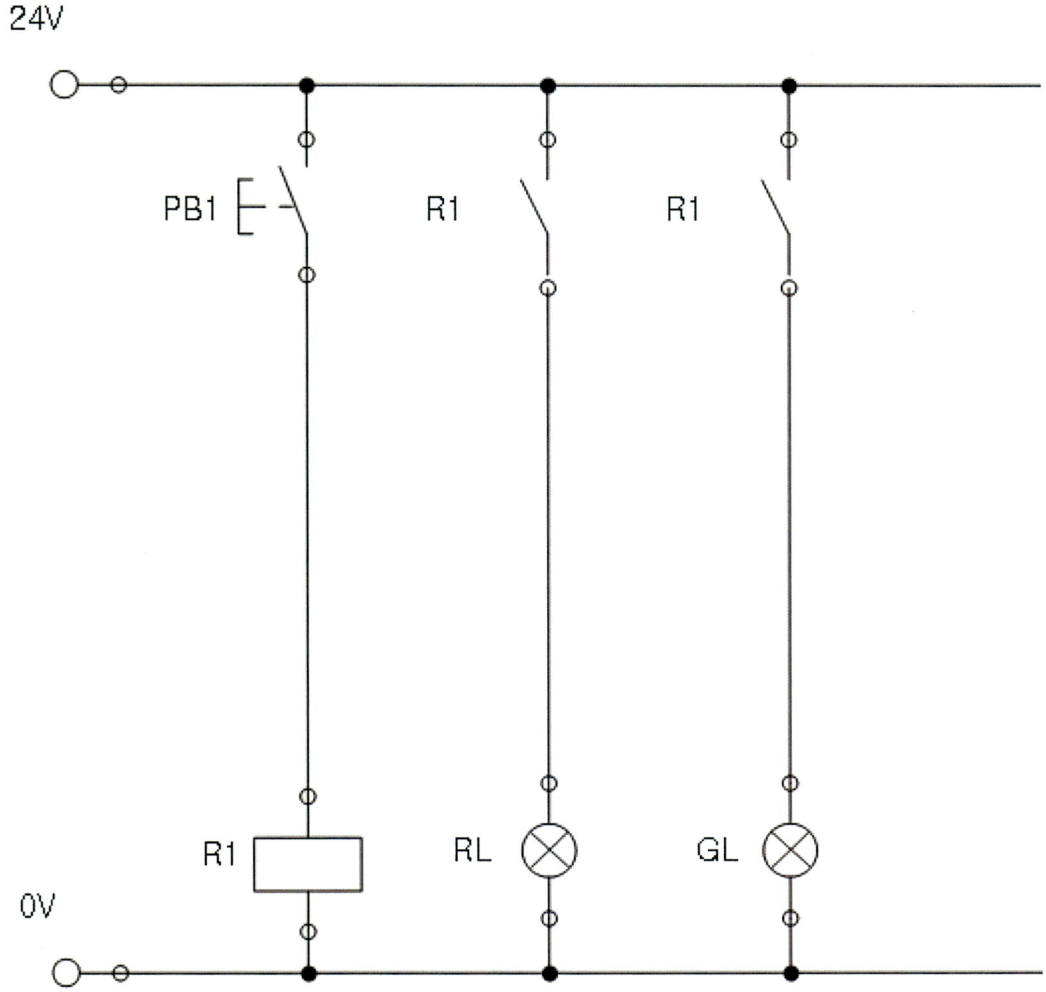

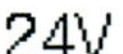

< 릴레이를 이용한 램프 점등 회로 >

회로 설명

푸시버튼 스위치를 ON 하여 릴레이 코일을 가동하고, 릴레이의 접점을 이용하여 램프를 점등하는 회로이다. 동작 상태는 다음과 같다.

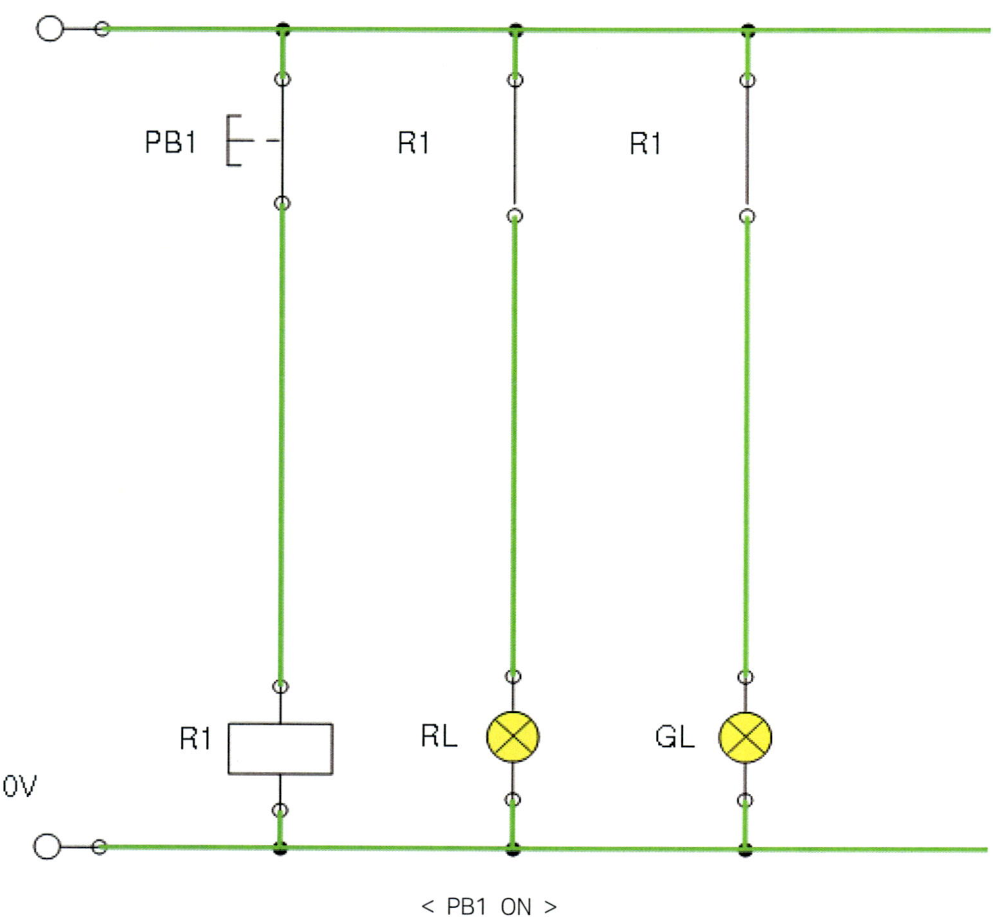

동작 설명

푸시버튼(PB1)을 누르면 릴레이 코일에 전류가 인가되어 릴레이가 동작한다. 이때 초기 상태에서 열려 있던 A 접점이 닫히면서 램프(RL, GL)로 전류가 흐르게 되어 램프가 점등된다. 릴레이에는 접점이 4개 있기 때문에 하나의 릴레이로 두 개의 램프를 동시에 점등할 수 있는 특징이 있다.

본 회로에서는 스위치에서 손을 떼면 릴레이에 공급되던 전류가 차단되어 릴레이가 OFF 되고, 이에 따라 접점도 다시 열리면서 램프가 꺼지게 된다.

그렇다면 스위치를 잠깐 눌렀다가 떼더라도 램프가 계속 점등되도록 할 수는 없을까?

램프가 계속 점등되도록 하기 위해서는 자기 유지 회로가 필요하다. 다음 장에서는 자기 유지 회로에 대해 살펴보자.

4.4 자기 유지 회로

자기 유지 회로란, 한 번 스위치를 눌러 기계를 작동시키면 스위치를 계속 누르고 있지 않아도 기계가 지속적으로 작동을 유지하도록 만들어 주는 회로이다.

즉 한 번 누른 버튼으로 동작을 시작하면 그 상태를 스스로 유지하는 구조이다.

예를 들어, 전동 펌프를 작동시킬 때, 푸시버튼을 잠깐만 ON-OFF 해도 펌프가 계속 작동하도록 자기 유지 회로로 구성할 수 있다. 작동을 멈추고 싶을 때는 정지 버튼을 눌러 회로를 차단하면 된다.

또 다른 예로 프레스 기계나 컨베이어 같은 장비는 작업자가 버튼을 계속 누르고 있지 않아도, 연속 동작이 필요한 경우가 많다.

이때 자기 유지 회로를 활용하면 한 번만 버튼을 눌러 시작하면 장비가 스스로 반복 작동하게 할 수 있다. 이러한 방식은 자동화 설비에서 매우 유용하게 사용되며, 효율적인 운전 및 작업자의 편의성을 높이는 데 큰 역할을 한다.

이러한 이유로 자기 유지 회로는 자동화 시스템에서 매우 유용하게 활용되며, 기계의 지속적 운전, 효율성 향상, 작업자의 부담 경감에 큰 기여를 한다.

다음은 자기 유지 회로를 직접 구성해 보고, 해당 회로가 어떻게 동작 상태를 유지하는지 살펴보도록 하자.

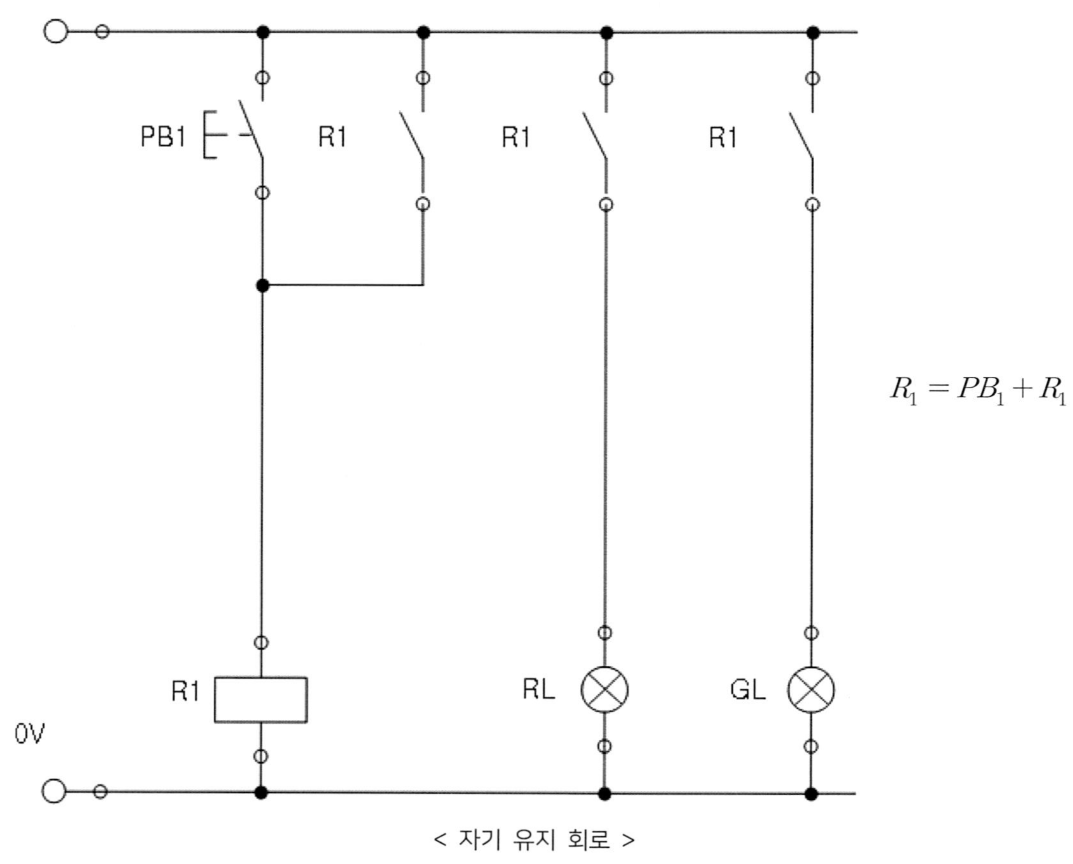

< 자기 유지 회로 >

회로 설명

자기 유지 회로는 자신의 접점을 이용하여 자기 코일에 지속적으로 전류를 공급하는 것이 특징이다.

이를 위해 PB1과 병렬로 R1의 자기 유지용 A 접점을 연결함으로써 PB1을 ON-OFF 하더라도 R1 코일에 전류가 계속 흐르도록 회로를 구성할 수 있다. 이러한 구성은 스위치를 잠깐만 눌러도 릴레이가 계속 동작하게 만드는 데 활용된다.

이제, 이 회로가 실제로 어떻게 동작하는지 그 상태를 단계별로 살펴보도록 하자.

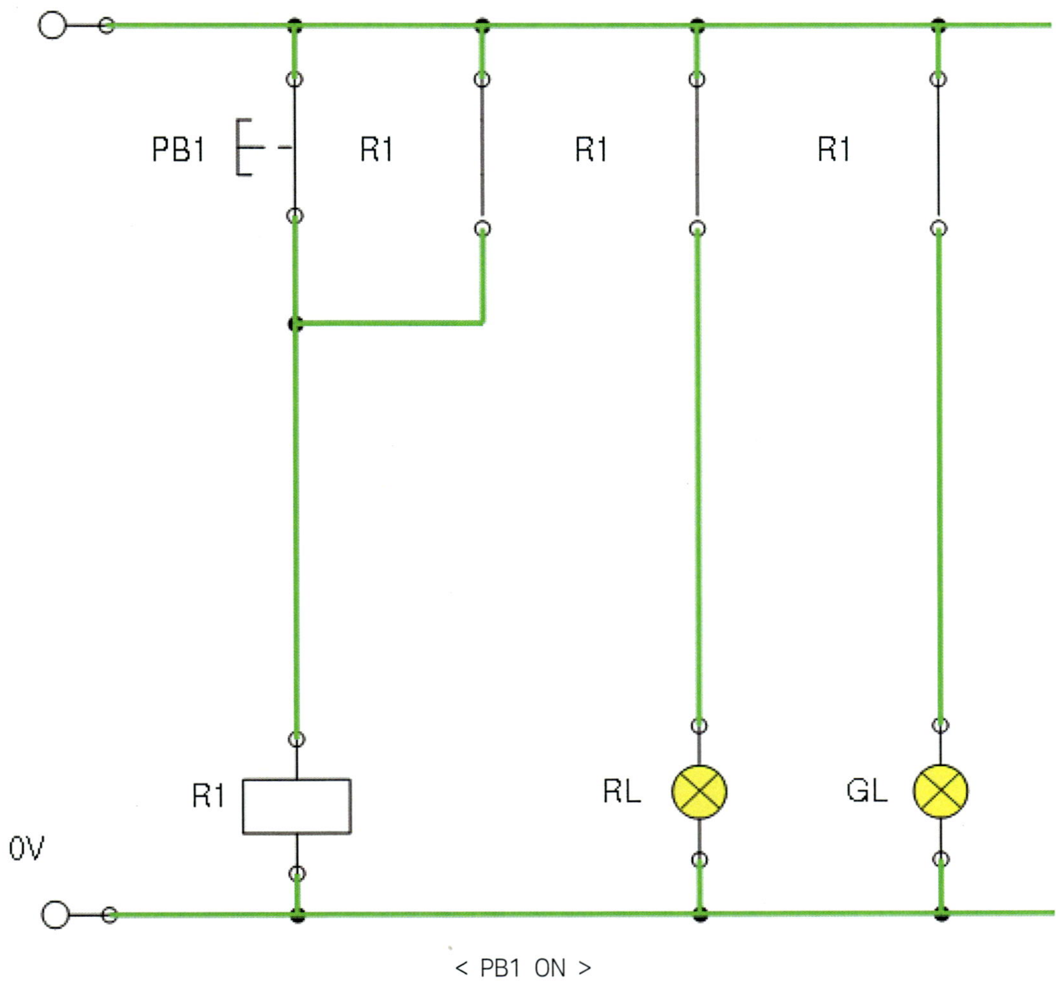

동작 설명

PB1을 누르고 있으면 R1 코일에 전원이 인가되어 릴레이가 동작하고, 이에 따라 R1의 접점들이 작동된다. 그 결과, 릴레이의 자기 유지 접점과 램프(RL, GL) 연결 접점이 닫히면서, 코일과 램프에 지속적으로 전류가 공급되어 점등 상태가 유지된다.

PB1을 눌렀다가 OFF 했을 때 회로는 어떤 동작을 보일까?

다음은 PB1을 OFF 했을 때의 동작 원리와 회로의 상태 변화에 대해 살펴보자.

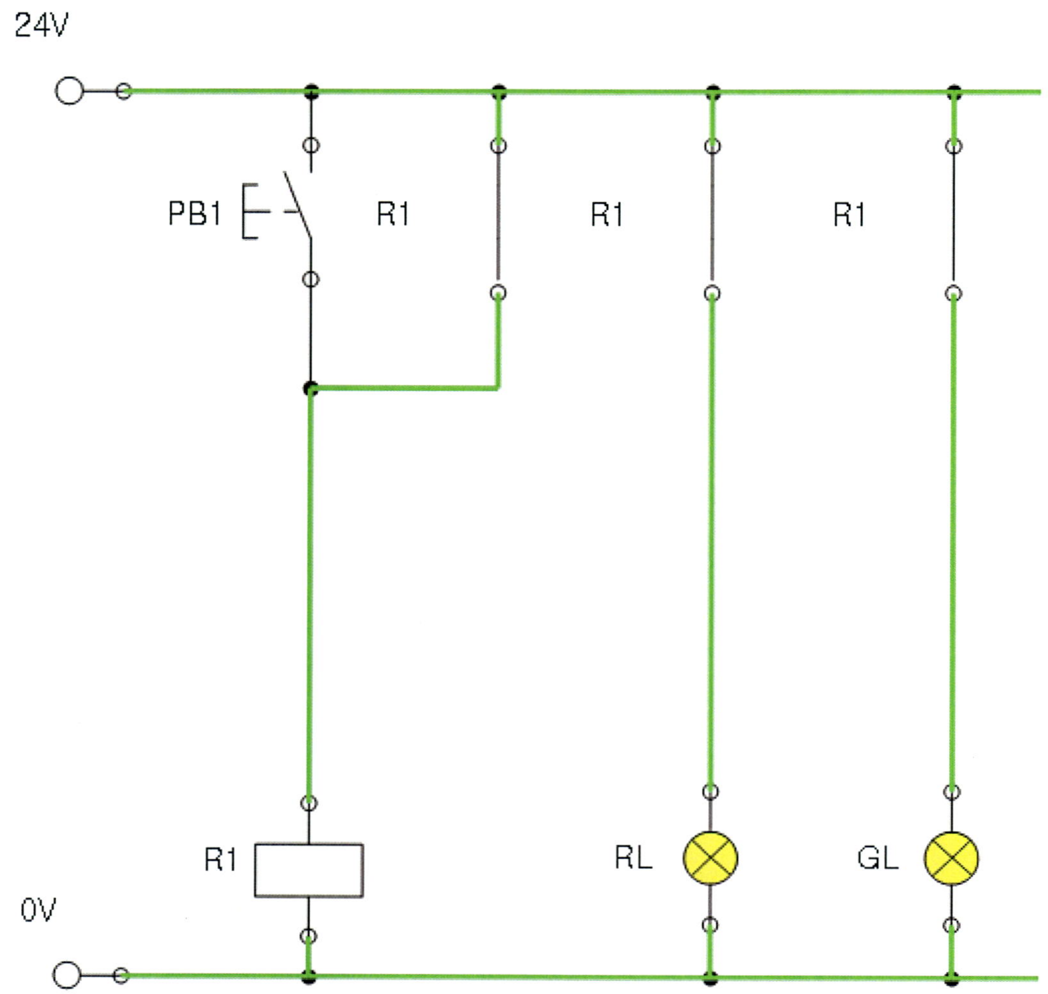

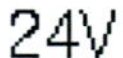

동작 설명

PB1을 OFF 하더라도, PB1과 병렬로 연결된 R1의 자기 유지용 접점에 의해 R1 코일에는 계속 전류가 공급되기 때문에 릴레이는 ON 상태를 유지한다. 이에 따라 램프(RL, GL)에 연결된 R1 접점도 닫힌 상태를 유지하게 되어 스위치의 ON-OFF 상태와 관계없이 램프에는 지속적으로 전류가 공급되고 점등 상태가 계속 유지된다.

그렇다면, 계속 켜져 있는 램프는 어떻게 꺼야 할까?

다음 회로에서 그 방법을 함께 살펴보자.

4.5 자기 유지 해제 회로

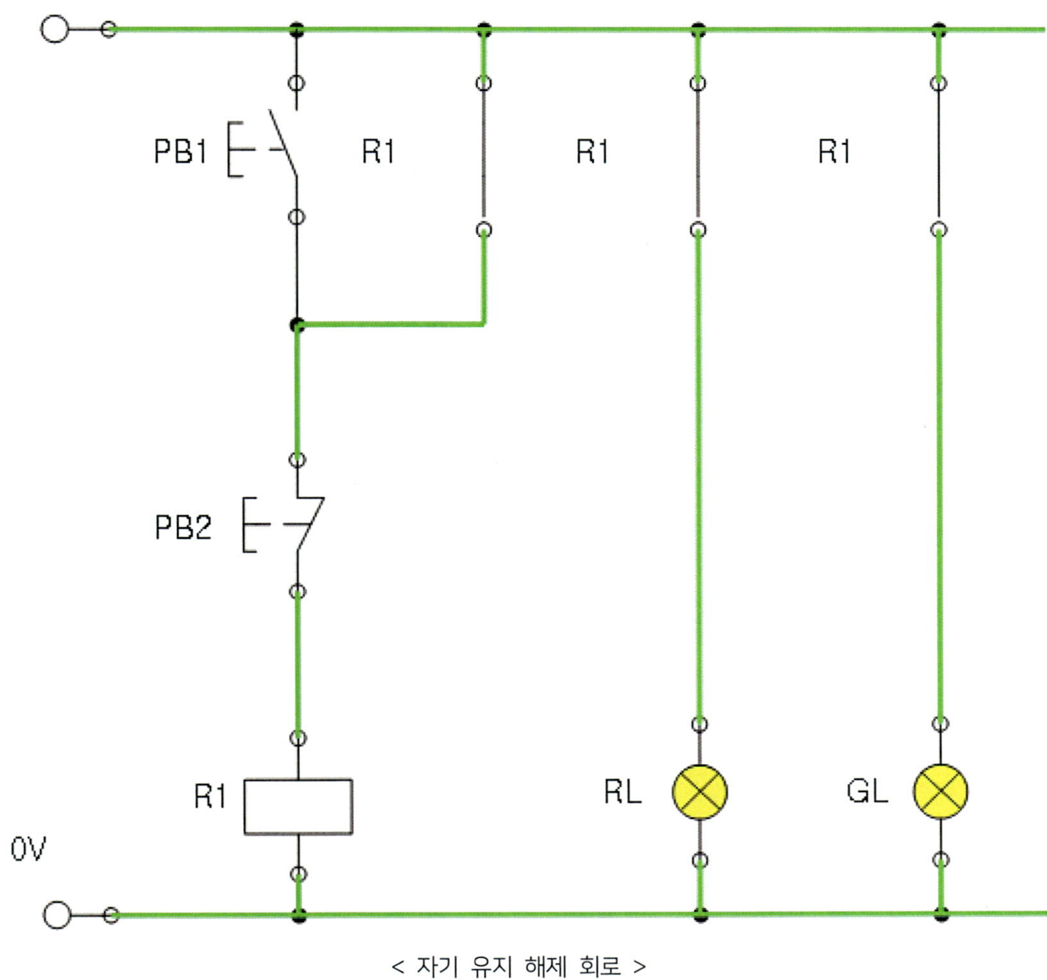

< 자기 유지 해제 회로 >

회로 설명

자기 유지를 해제하는 원리는 릴레이에 공급되는 전류를 차단해 주는 것이다. 이를 위해 PB2 B 접점(NC, 평소에 닫힌 접점)을 R1 릴레이 코일과 직렬로 연결하면, PB2를 누르는 순간 B 접점이 열리면서 R1 코일에 전류 공급이 차단되고, 그 결과 릴레이의 자기 유지가 해제되어 램 프(RL, GL)가 소등된다.

즉 PB1로 점등, PB2로 소등하는 제어 회로가 구성된다.

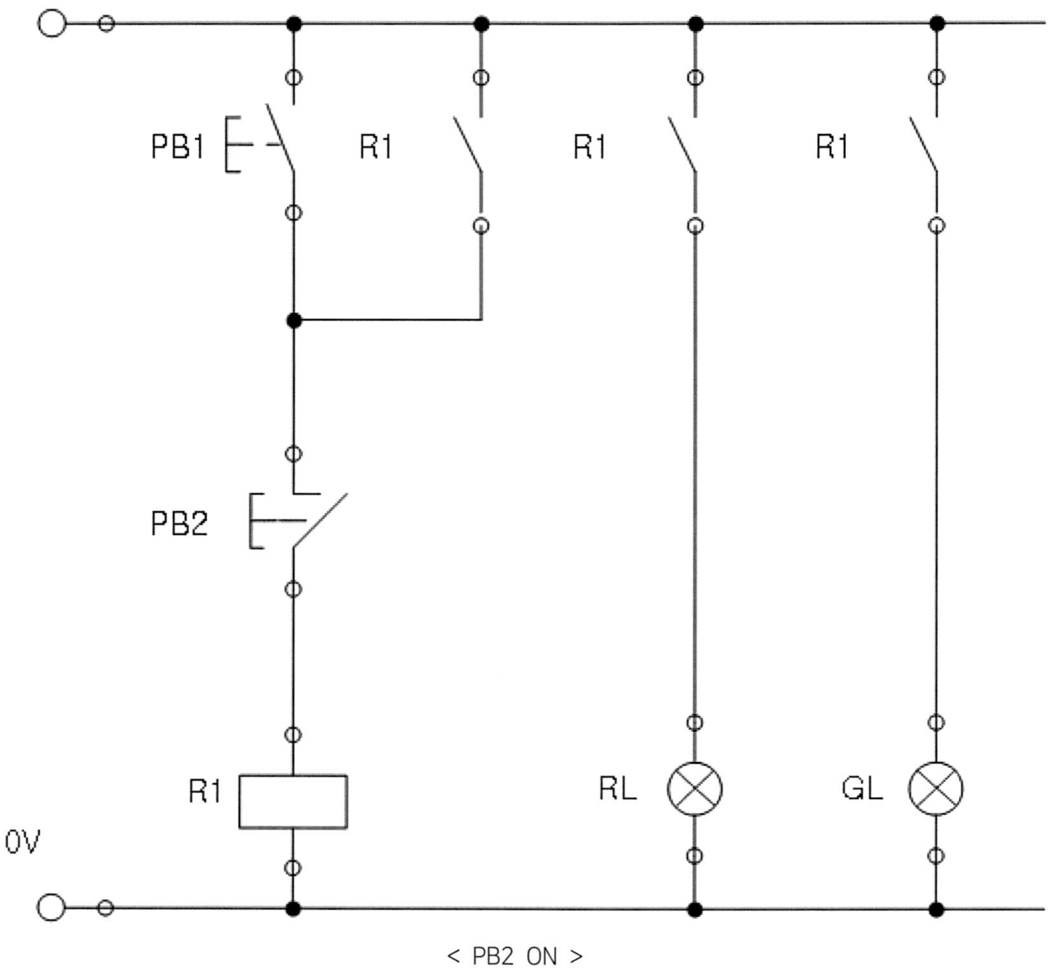

동작 설명

PB2를 누르는 순간, B 접점이 열리게 되어 R1 코일에 공급되던 전류가 차단되고, 이로 인해 릴레이가 OFF 되며 자기 유지가 해제되어 R1의 접점들도 원래의 열림 상태로 돌아가게 된다.

결과적으로, 램프(RL, GL)에는 전류가 더 이상 공급되지 않게 되어 소등된다.

이제 실습을 통해 자기 유지 회로가 어떻게 결선되고 동작하는지 직접 체험하며 익혀 보도록 하자.

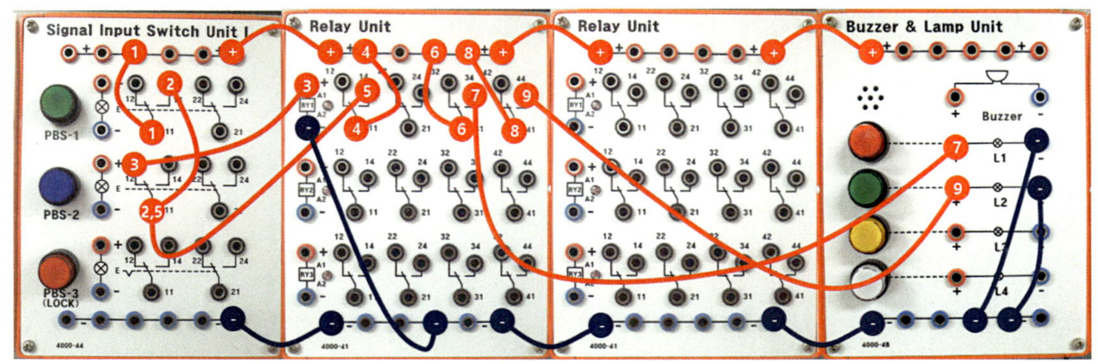

< 전체 결선도 >

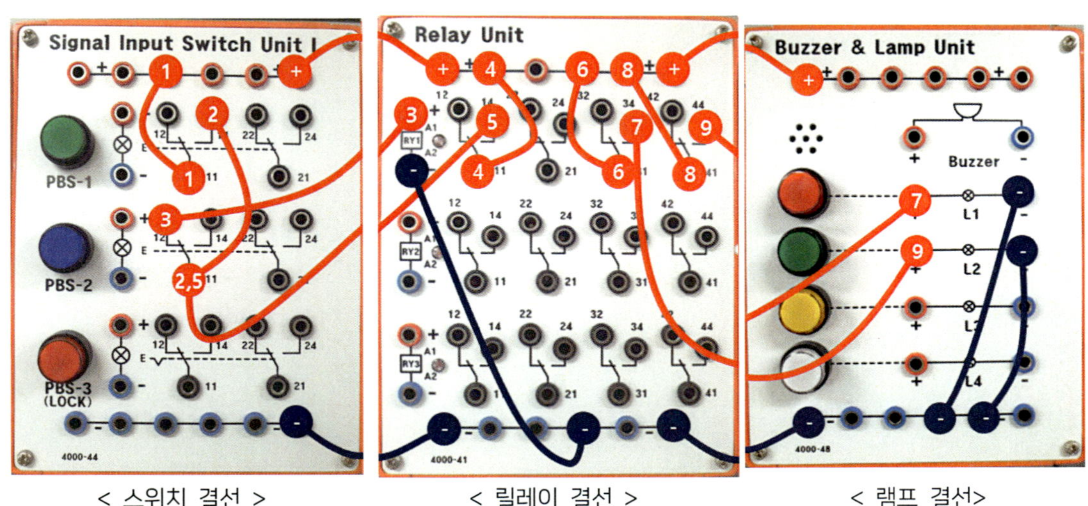

< 스위치 결선 >   < 릴레이 결선 >   < 램프 결선>

결선 방법

1. PB1과 PB2을 직렬로 연결한다.

2. 릴레이의 첫 번째 A 접점은 PB2에 병렬로 연결하여 자기 유지 접점으로 사용한다.

3. 릴레이의 두 번째 세 번째 A 접점은 각각 적색 램프와 녹색 램프에 연결하여 완성한다.

실제 산업기사 공개 문제 풀이 또한 이와 유사한 패턴이 계속 반복되는 형식이다.

주의 사항은 배선을 할 때 항시 C 접점에 먼저 결선하는 것을 권장한다.

향후 B 접점을 활용하여야 하는 경우를 대비함과 C 접점을 제작 목적에 맞게 사용하기 위함이다.

4.6 정지 우선 회로와 기동 우선 회로

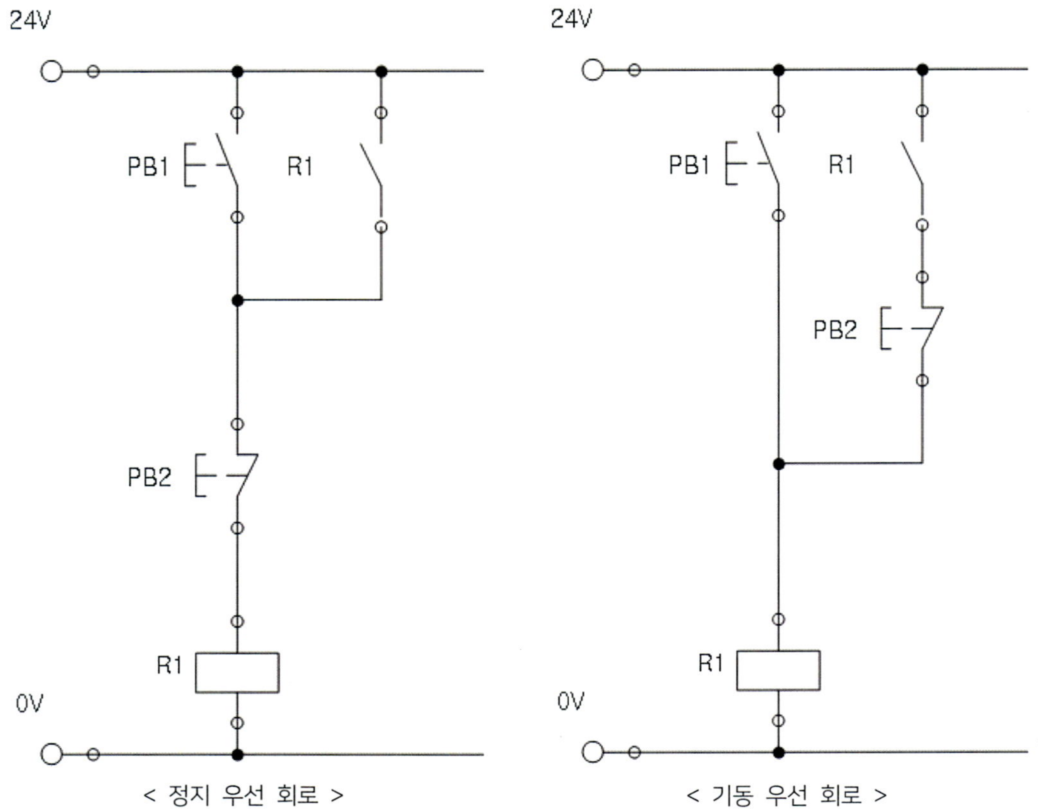

1) 정지 우선 회로

정지 우선 회로는 두 입력이 동시에 눌렸을 때 정지를 우선하는 회로이다.
주로 비상 상황에서 설비를 긴급히 멈춰야 할 때 적용된다.

$$R_1 = \left(PB_1 + R_1\right) \times \overline{PB_2}$$

2) 기동 우선 회로

기동 우선 회로는 특정 입력이 우선적으로 동작해야 하는 경우에 사용된다.

$$R_1 = PB_1 + R_1 \times \overline{PB_2}$$

예를 들어, 화재 발생 시 비상 스위치를 눌러서 전기가 차단되었더라도 스프링쿨러 또는 안
전장치가 반드시 작동해야 하는 경우가 있다.

이때 기동 스위치를 동작하면 스프링클러 및 안전장치의 작동이 우선시되어 동작하는 방식이다. 즉 정지된 상태에서도 안전 장비가 즉시 활성화되도록 설계된 회로이다.

시퀀스 설계자는 상황에 따라 적절한 회로를 구성할 수 있어야 한다. 정지 우선 회로와 기동 우선 회로의 동작 원리를 살펴보자.

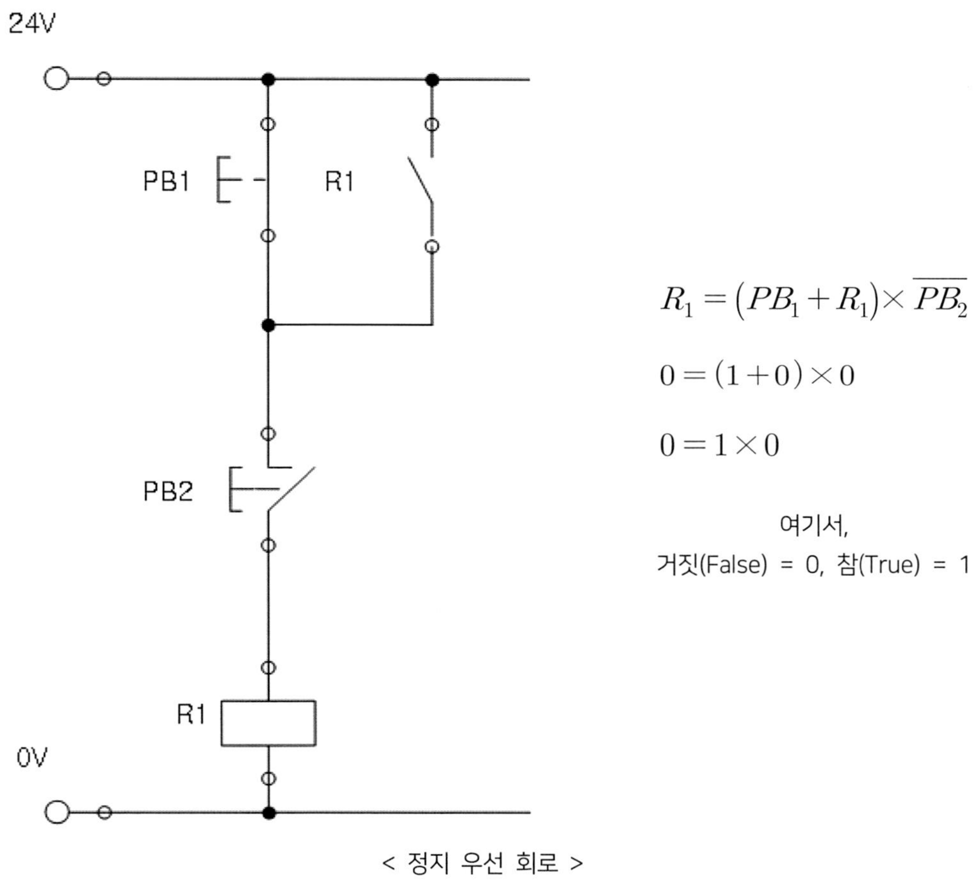

$$R_1 = \left(PB_1 + R_1\right) \times \overline{PB_2}$$

$$0 = (1 + 0) \times 0$$

$$0 = 1 \times 0$$

여기서,
거짓(False) = 0, 참(True) = 1

< 정지 우선 회로 >

동작 설명

회로와 같이 PB1(기동 스위치)과 PB2(정지 스위치)가 동시에 눌려지는 경우, PB2의 B 접점 (NC 접점)에 의해 릴레이(R1)로 공급되는 전류가 차단되므로 릴레이는 동작할 수 없다.

이처럼 정지 신호가 우선적으로 동작하도록 설계되어 있기 때문에 이 회로를 정지 우선 회로라고 한다. 또한, PB1을 눌러 기계를 동작시키더라도 사용자가 PB2를 누르면 릴레이로의 전류가 즉시 차단되며, 기계가 정지하도록 되어 있어 정지 명령이 항상 시작 명령보다 우선시되는 회로임을 알 수 있다.

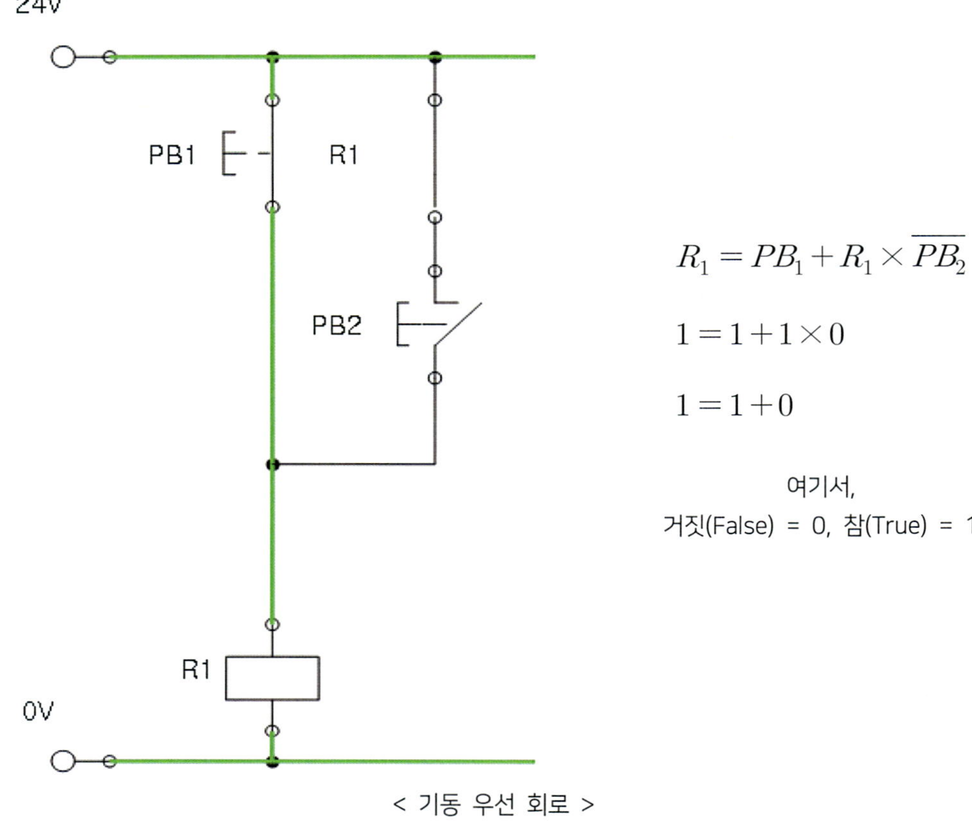

< 기동 우선 회로 >

동작 설명

회로에서 PB1(기동 스위치)과 PB2(정지 스위치)가 동시에 눌려지는 경우, PB1의 A 접점 (NO 접점)이 동작하여 릴레이(R1)에 전류가 공급되고 이후 PB2의 B 접점(NC 접점)이 열리 더라도 릴레이는 이미 PB1을 통해 전원이 유지되기 때문에 릴레이는 동작을 한다.

이처럼 기동 신호가 정지 신호보다 우선적으로 동작하도록 구성된 회로를 기동 우선 회로라 고 한다.

PB1을 눌러 R1이 자기 유지 상태에 들어가 설비가 가동 중인 상황에서, PB2를 눌러 자기 유 지를 해제하고 전원을 차단할 수도 있다.

그러나 PB2가 눌려 정지된 상태라 하더라도, 다시 PB1을 누르면 안전 시스템은 즉시 동작을 재개할 수 있도록 설계되어 있다.

즉 정지 상태보다 기동 명령을 우선 적용할 수 있는 구조이다.

이러한 회로는 긴급 자동 기동 또는 특정 조건 하에서 정지 신호를 무시하고, 설비를 계속 동작시켜야 하는 상황에 적합하게 사용된다.

4.7 인터록 회로

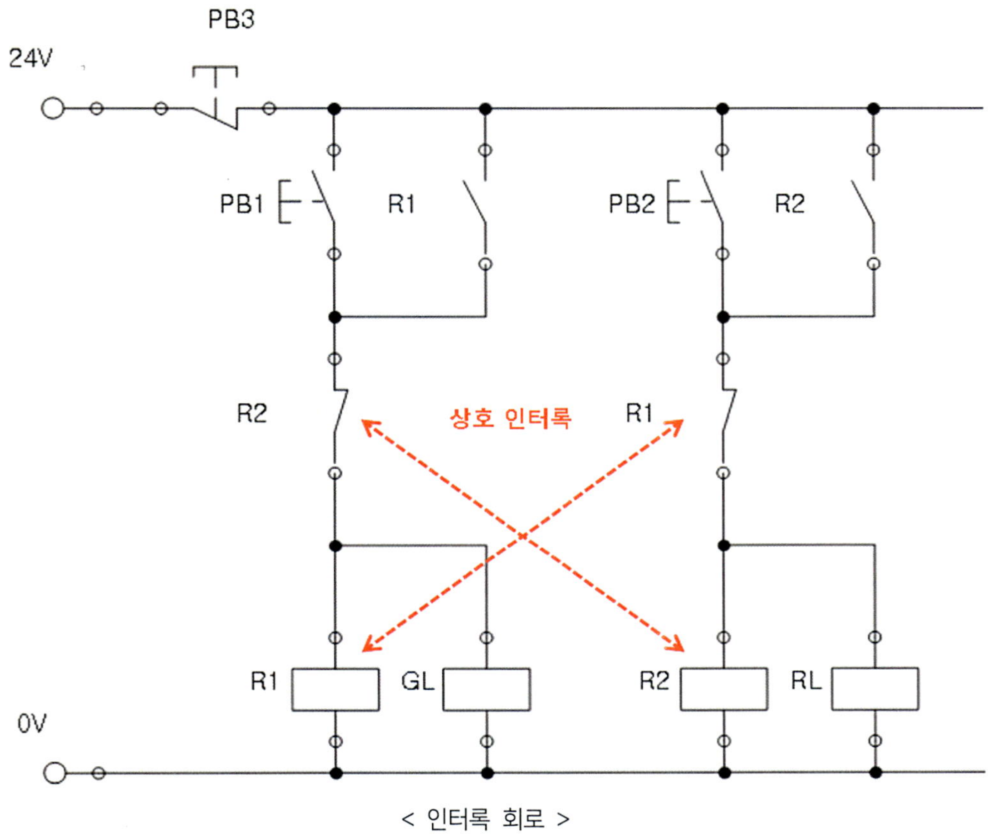

< 인터록 회로 >

회로 설명

인터록 회로란, 하나의 장치가 동작 중일 때 다른 장치가 동시에 작동하지 않도록 방지하는 제어 회로로, 기계 간 충돌 방지, 우선순위 제어, 작업 안전 확보 등을 위해 사용된다.

인터록 회로의 개념을 쉽게 이해하기 위해 퀴즈 프로그램에 응용해 이해해 보자.

예를 들어, TV 퀴즈 프로그램에서 두 명의 참가자(A, B)가 문제를 듣고, 먼저 버튼을 누른 사람만 정답을 말할 수 있도록 하고자 한다.

즉 먼저 누른 사람만 회로가 동작하고 나중에 누른 사람은 버튼을 눌러도 반응이 없어야 한다.

이를 위해 서로의 회로를 서로의 B 접점을 이용해 차단하는 인터록 회로를 구성하면 먼저 누른 참가자의 회로만 동작하고, 상대방의 회로는 자동으로 차단되도록 설정할 수 있다.

이와 같이 R1과 R2는 서로의 B 접점을 이용해 전류 공급을 차단하는 구조로 되어 있으며, 이를 인터록(Interlock) 회로라고 한다.

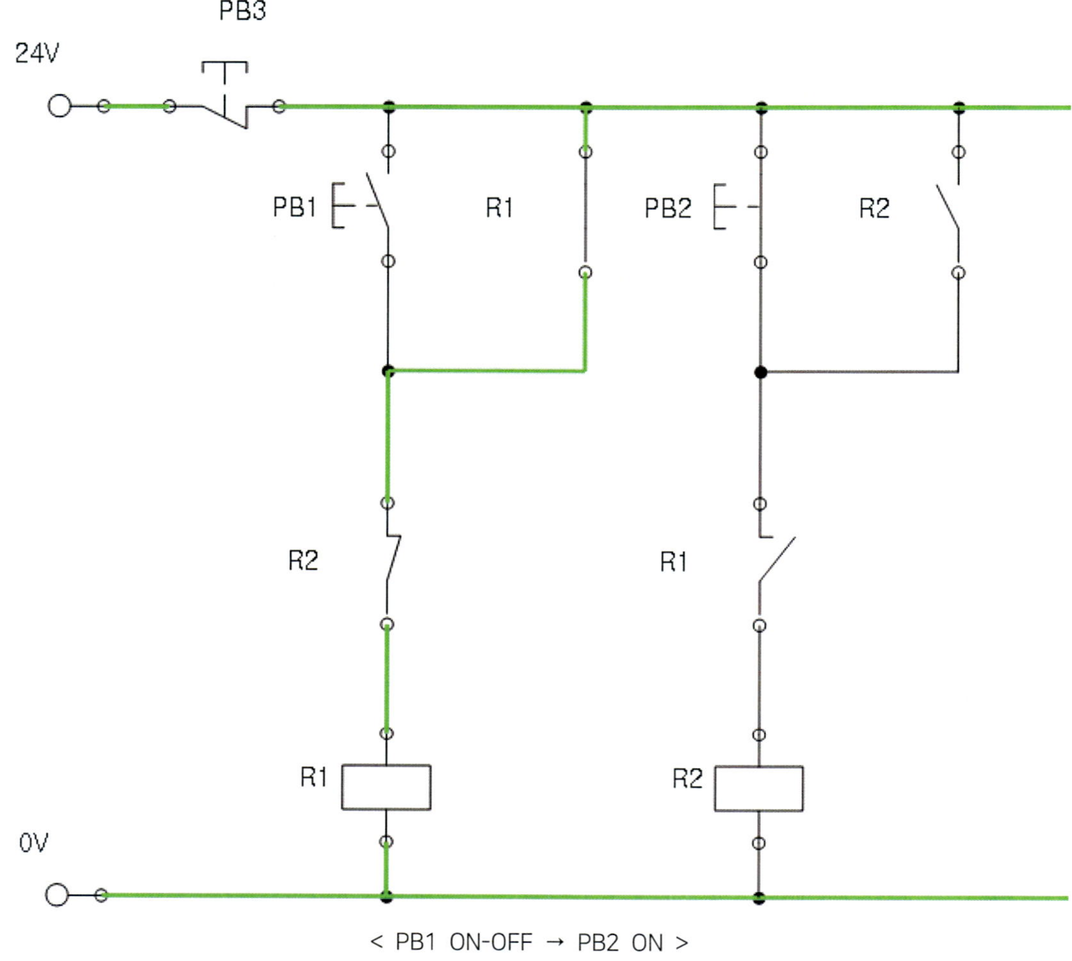

동작 설명

PB1(기동 스위치)을 ON-OFF 하면, R1 릴레이가 동작하고 자기 유지된다.

즉 PB1을 잠깐 눌렀다가 떼더라도 R1의 A 접점(NO)이 자기 유지를 형성하여, R1은 계속 동작 상태를 유지하게 된다.

이 상태에서 PB2를 ON 하더라도, PB2와 직렬로 연결된 R1의 B 접점(NC)이 이미 열려 있기 때문에 R2 릴레이에는 전류가 흐르지 않아 동작하지 못한다.

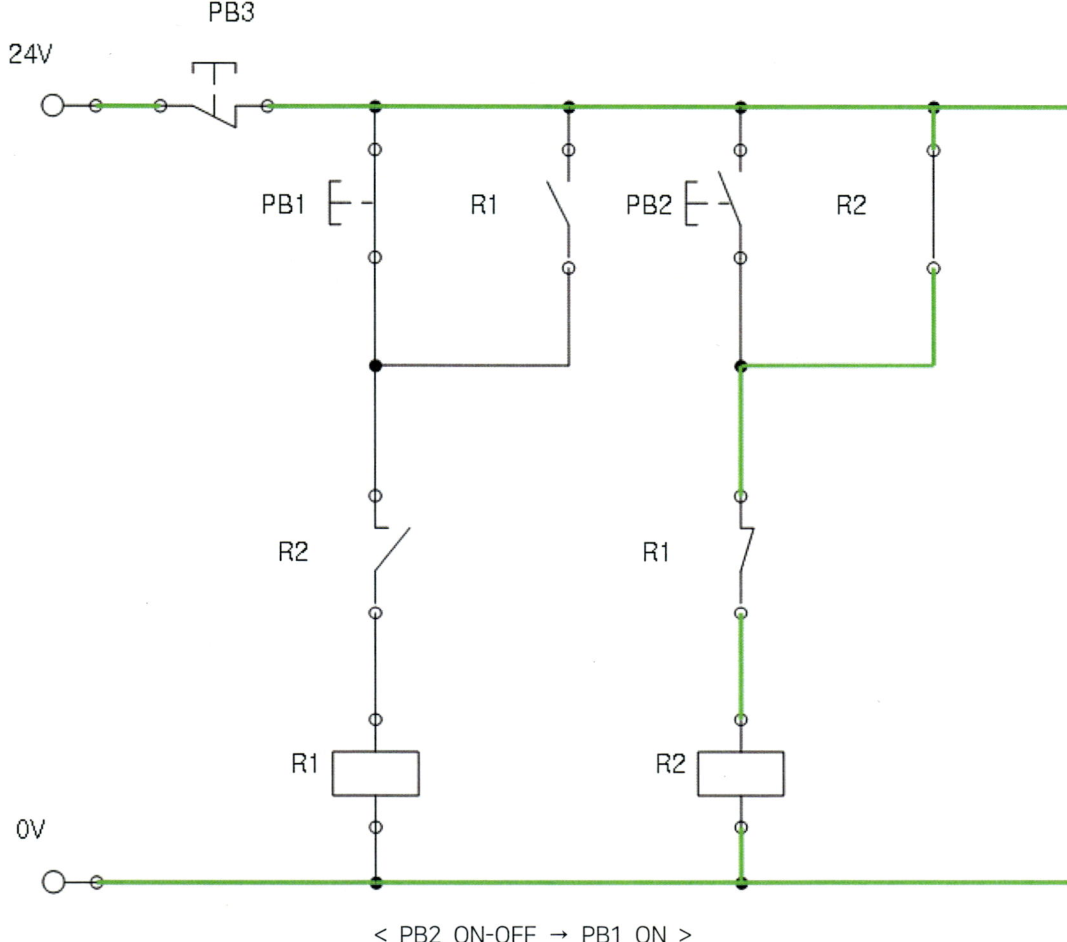

동작 설명

반대로 PB2(기동 스위치)를 ON-OFF 하면, R2 릴레이가 동작하고 자기 유지된다.

즉 PB2를 잠깐 눌렀다가 떼더라도 R2의 A 접점(NO)이 자기 유지를 형성하여, R2는 계속 동작 상태를 유지하게 된다.

이 상태에서 PB1을 ON 하더라도, PB1과 직렬로 연결된 R2의 B 접점(NC)이 이미 열려 있기 때문에 R1 릴레이에는 전류가 흐르지 않아 동작하지 못한다.

4.8 순차 동작 회로

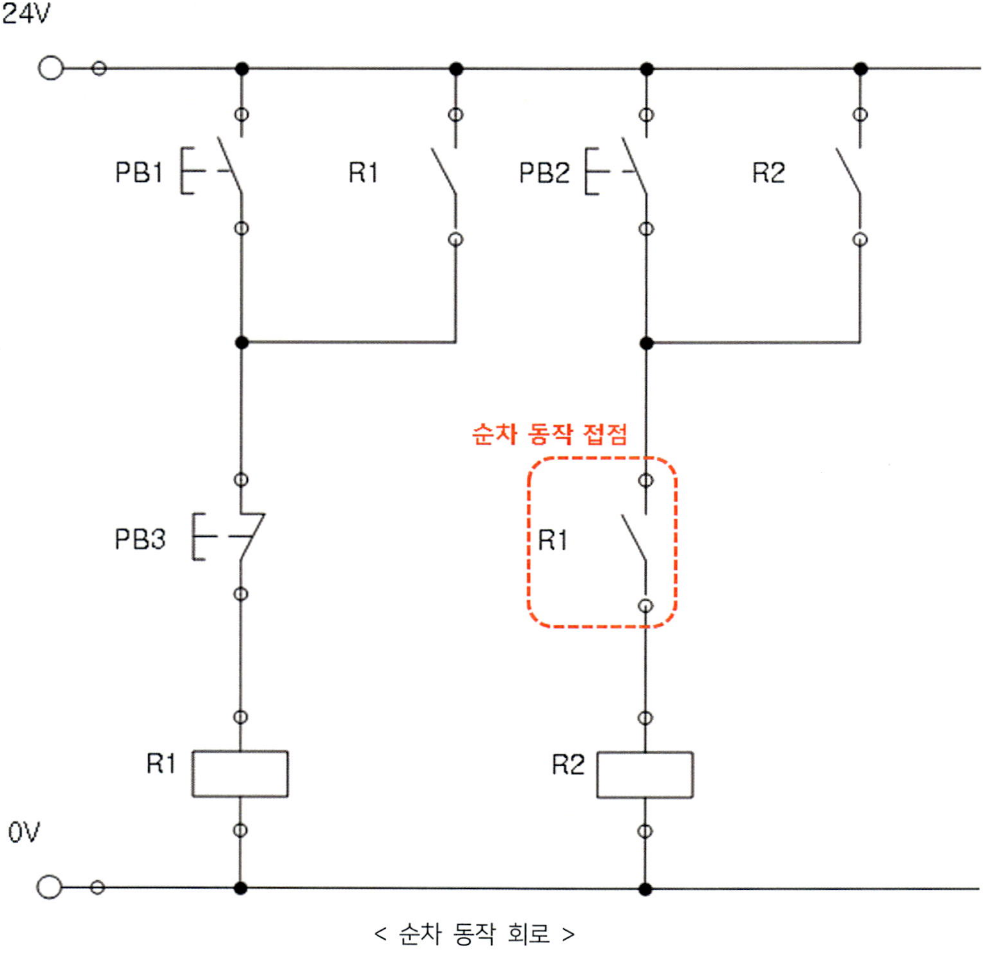

< 순차 동작 회로 >

회로 설명

순차 동작 회로란, 여러 개의 기계나 장치가 정해진 순서대로 하나씩 차례로 동작하도록 구성된 회로이다. 즉 앞선 동작이 완료되어야만 다음 동작이 진행되며, 이로 인해 장치 간의 정확한 순서와 안전성을 확보할 수 있다.

각 공정은 이전 공정의 완료 신호(순차 동작 접점)가 ON 되어야만 작동한다.

이를 위해 이전 공정의 릴레이 접점 또는 센서 접점을 다음 회로에 직렬 연결하여 순차 동작을 구현한다. 공정 누락이나 두 공정의 동시 작동을 방지할 수 있어 기계 고장이나 사고를 예방할 수 있으며, 전체 공정이 논리적으로 흐르기 때문에 문제가 발생했을 때 어디서 멈췄는지 쉽게 확인할 수 있다.

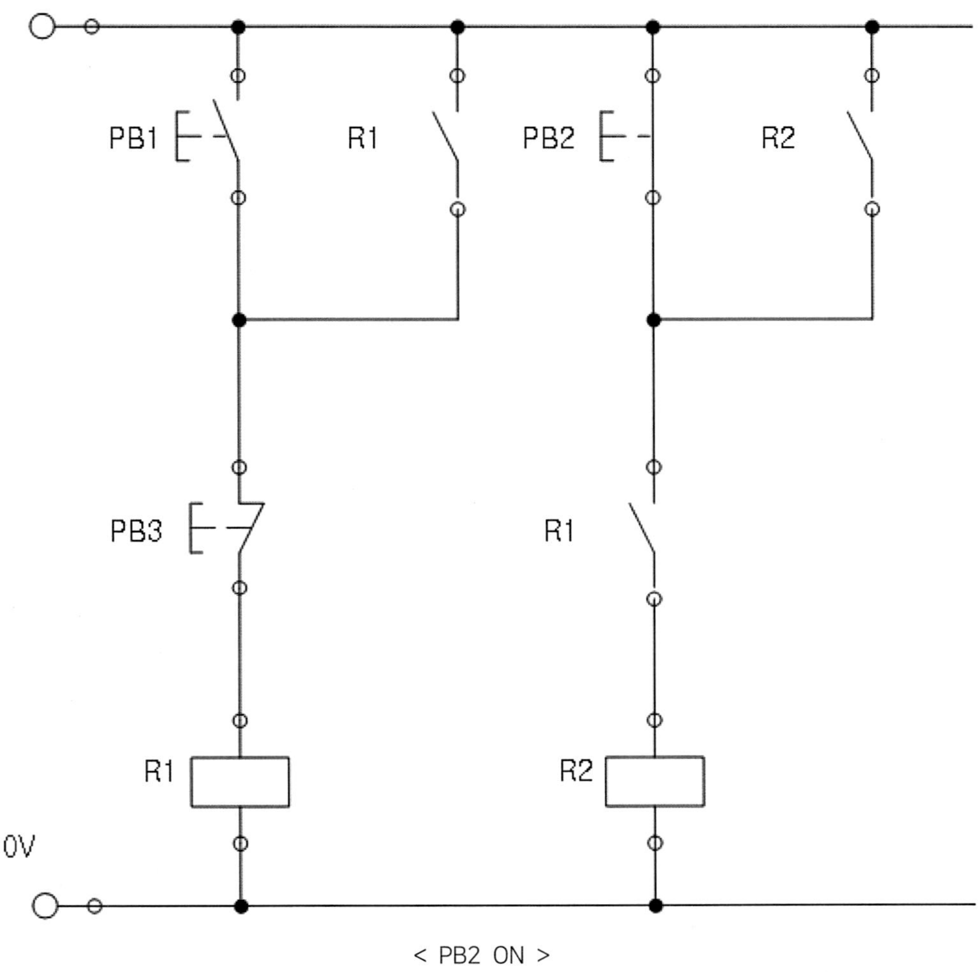

동작 설명

회로에서 R2를 동작시키기 위해 PB2를 ON 한 상태이다.

그러나 이 회로는 단순히 PB2만 눌렀다고 해서 R2가 바로 동작되지는 않는다. 먼저, R1 릴레이가 선행하여 동작 중이어야 하며, R1의 A 접점이 닫힌 상태여야만 PB2를 눌렀을 때 릴레이(R2)에 전류가 흐르고 릴레이(R2)가 동작한다.

따라서 RL이 켜지기 위한 선행 조건은 R1의 동작이며, 이는 순차 동작 회로의 기본 원리를 보여 주는 구조이다.

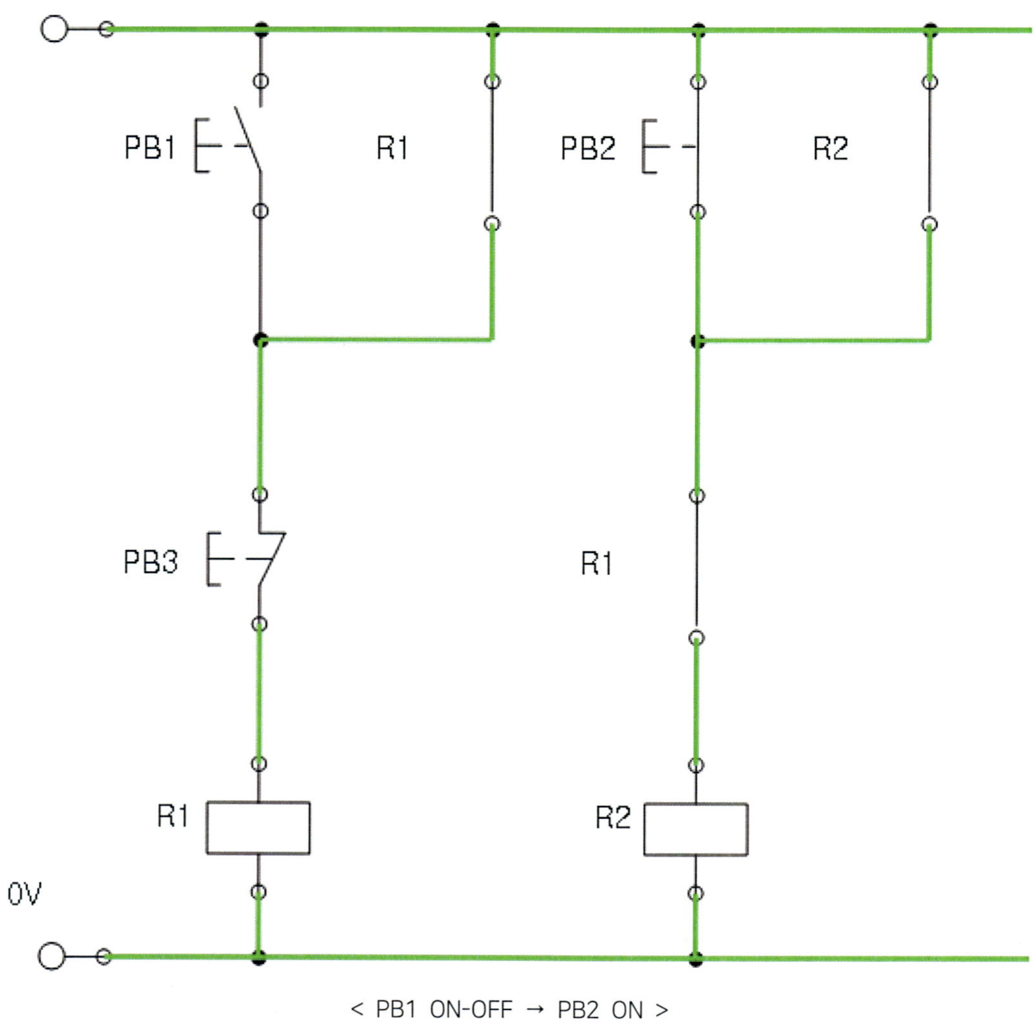

동작 설명

본 회로에서는 PB1을 먼저 ON-OFF 한 후 PB2를 ON 하였다. 이때 PB2와 직렬로 연결된 순차 동작 접점인 R1의 A 접점(NO)이 이미 ON 상태이므로, PB2를 누르면 R2 릴레이에 전류가 흐르게 되어 R2가 동작하는 것을 확인할 수 있다.

이와 같이 이전 단계(R1)의 완료 신호가 선행되어야만 다음 단계(R2)가 작동하는 구조는, 공정의 순서를 강제하고 장치 간 충돌을 방지하는 순차 동작 회로의 대표적인 예시이다.

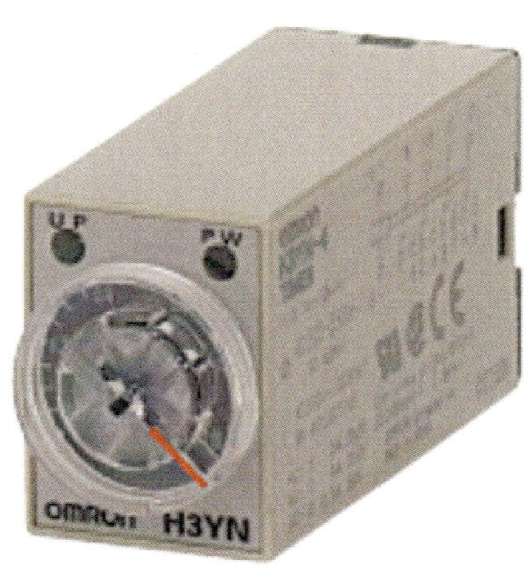

< 타이머 >

5.1 타이머

타이머는 설정된 시간 동안 전류의 흐름을 지연시키거나 유지하는 역할을 하는 기기로, 시퀀스 회로에서 자동화와 제어를 위한 핵심적인 요소로 사용된다. 타이머는 전원이 인가된 후 일정 시간이 지나야 접점이 작동되기 때문에, 예를 들어, 5초 뒤에 릴레이를 켜는 동작을 구현할 수 있다.

또한, 일정 시간이 지나면 접점을 끊어 릴레이를 끄는 동작도 가능하여 지연 작동이나 자동 정지 같은 제어에 유용하게 활용된다.

시퀀스 회로에서 타이머의 활용 예시는 다음과 같다.
ⓐ 모터 기동 후 일정 시간 후에 벨트 컨베이어 작동
ⓑ 기계 정지 후 냉각 팬이 일정 시간 동안 계속 동작
ⓒ 경광등이 일정 간격으로 점멸
ⓓ 전동기 과부하 시 일정 시간 후 차단

5.2 타이머 유닛

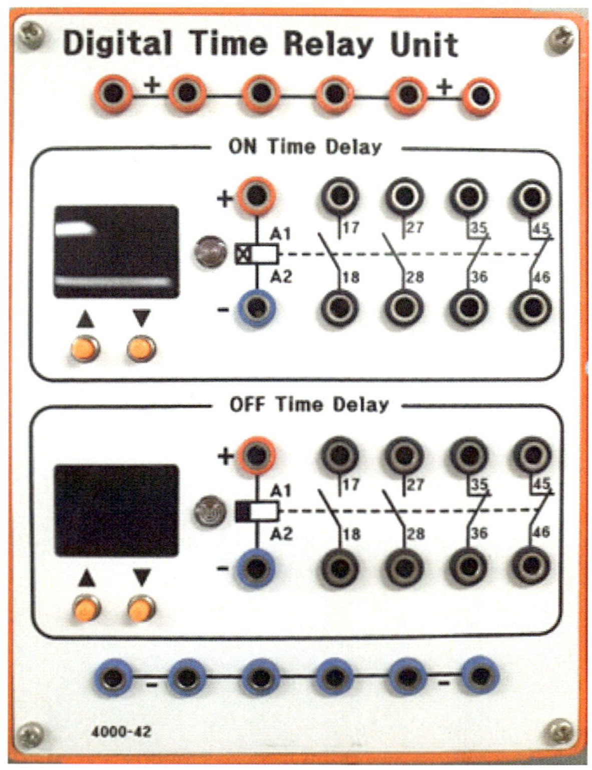

< 타이머 유닛 >

1) ON 지연 타이머(TON, Timer ON Delay)

설정된 시간이 지난 후 출력이 ON 되는 방식이다. 타이머 코일에 전원이 공급되면 설정된 시간이 경과한 후에 접점이 동작한다. 예를 들어, 전등 스위치를 켠 뒤 몇 초 후에 불이 켜지도록 설정할 수 있다. 이런 방식은 사람이 문을 열고 들어온 후 일정 시간이 지난 뒤에 조명이 켜지게 하는 자동 조명 시스템 등에 활용된다.

2) OFF 지연 타이머(TOFF, Timer OFF Delay)

전원이 꺼진 후에도 일정 시간 동안 접점이 유지되는 타이머이다. 예를 들어, 방 안의 불을 끈 뒤에도 몇 초간 조명이 유지되도록 설정할 수 있으며, 이는 복도나 계단 조명처럼 사람이 안전하게 이동할 수 있도록 도와주는 데 활용된다. 타이머는 코일, 2개의 A 접점과 B 접점으로 구성되며, 상·하 버튼으로 설정 시간을 조절할 수 있다.

타이머를 이용한 기초 회로를 구성해 보자.

5.3 타이머 기초 회로

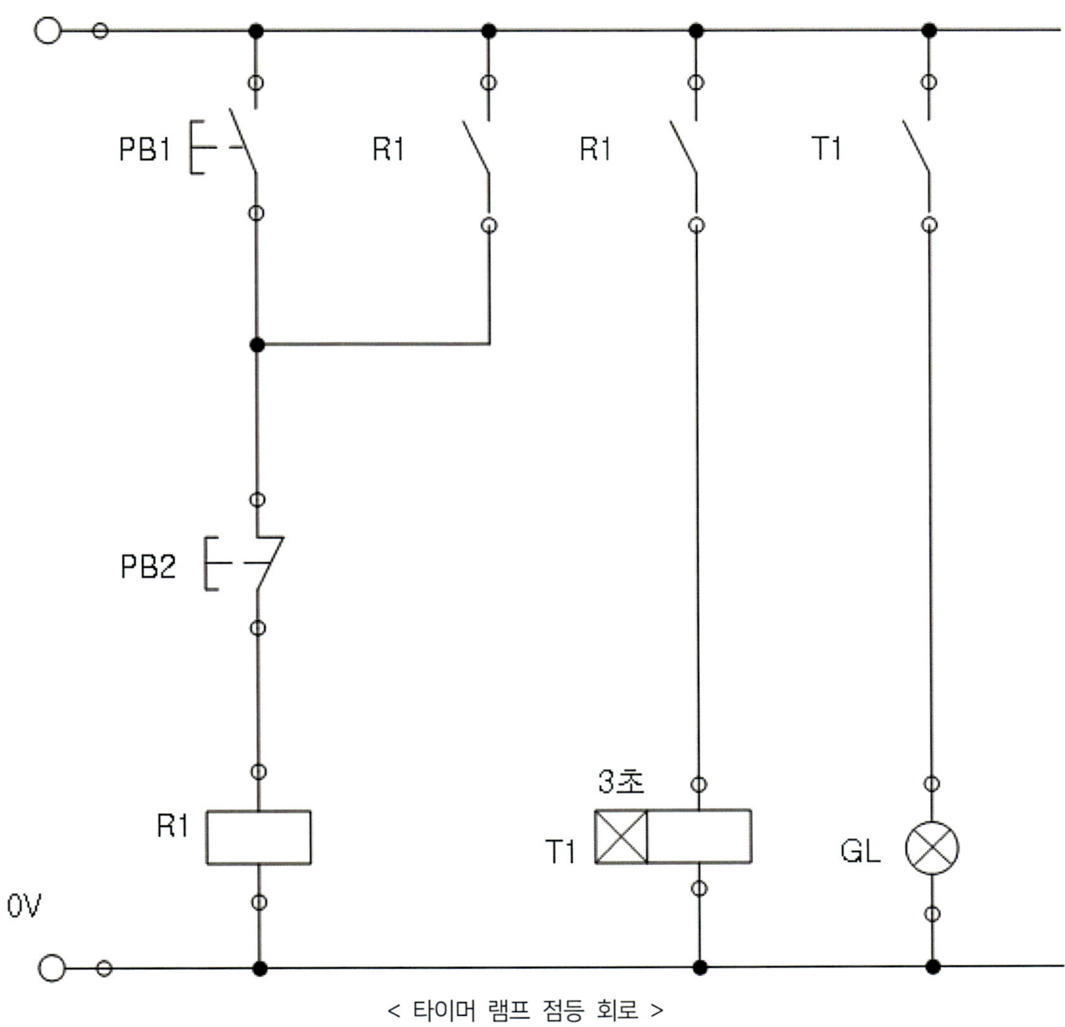

< 타이머 램프 점등 회로 >

회로 설명

    이 회로는 타이머를 이용해 램프가 3초 후에 점등되도록 구성된 회로이다. 램프에는 타이머의 A 접점(T1)이 연결되어 있어, 스위치를 눌러도 즉시 점등되지 않고, 타이머 코일에 전류가 3초 동안 공급된 후, T1 A 접점이 동작하면서 램프가 점등된다.

    자동화 회로에서 지연 동작이 필요한 상황에 자주 활용되는 회로이다.

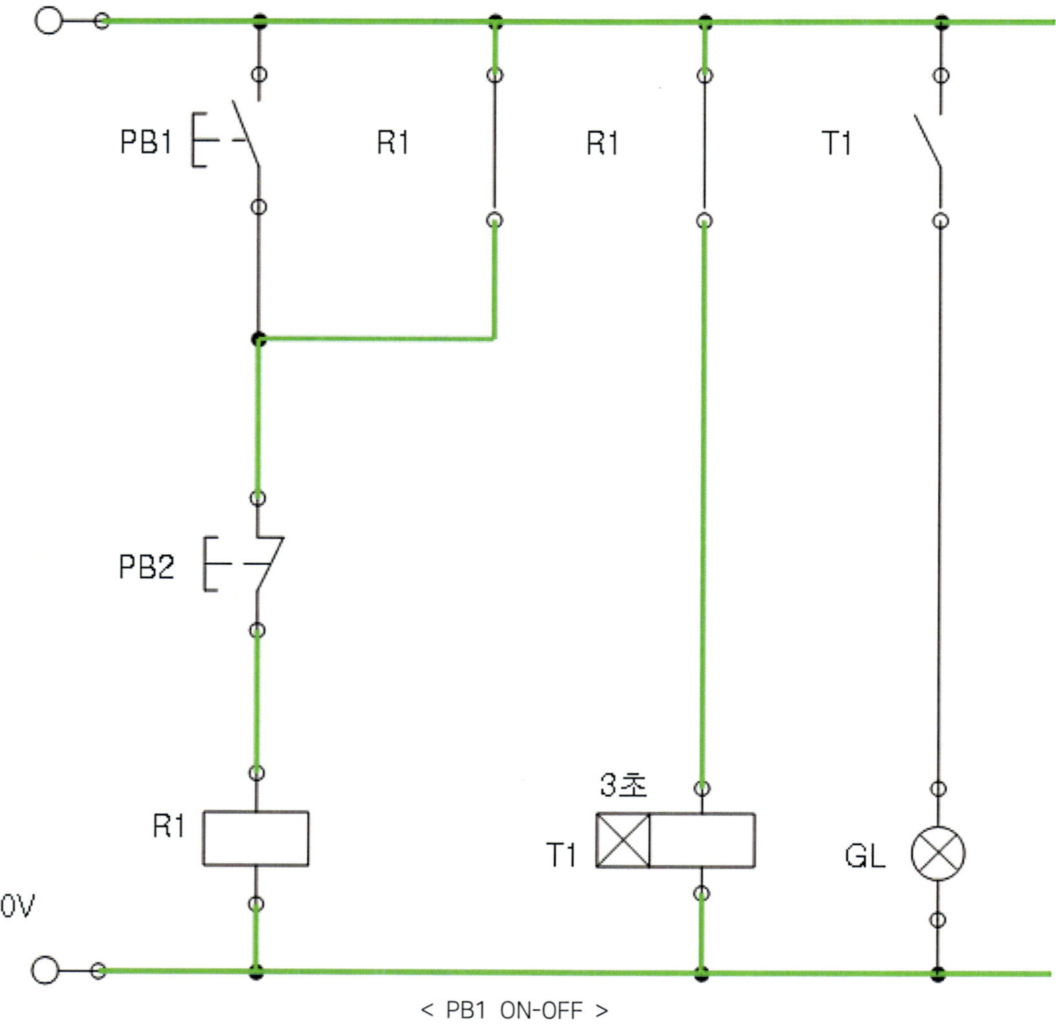

동작 설명

PB1을 ON-OFF 하면 R1이 자기 유지되며, R1의 A 접점을 통해 타이머 T1 코일에 전류가 공급된다.

이때 T1의 A 접점은 타이머 설정값인 3초가 경과한 후에 동작하므로 램프(GL)는 즉시 점등되지 않는다.

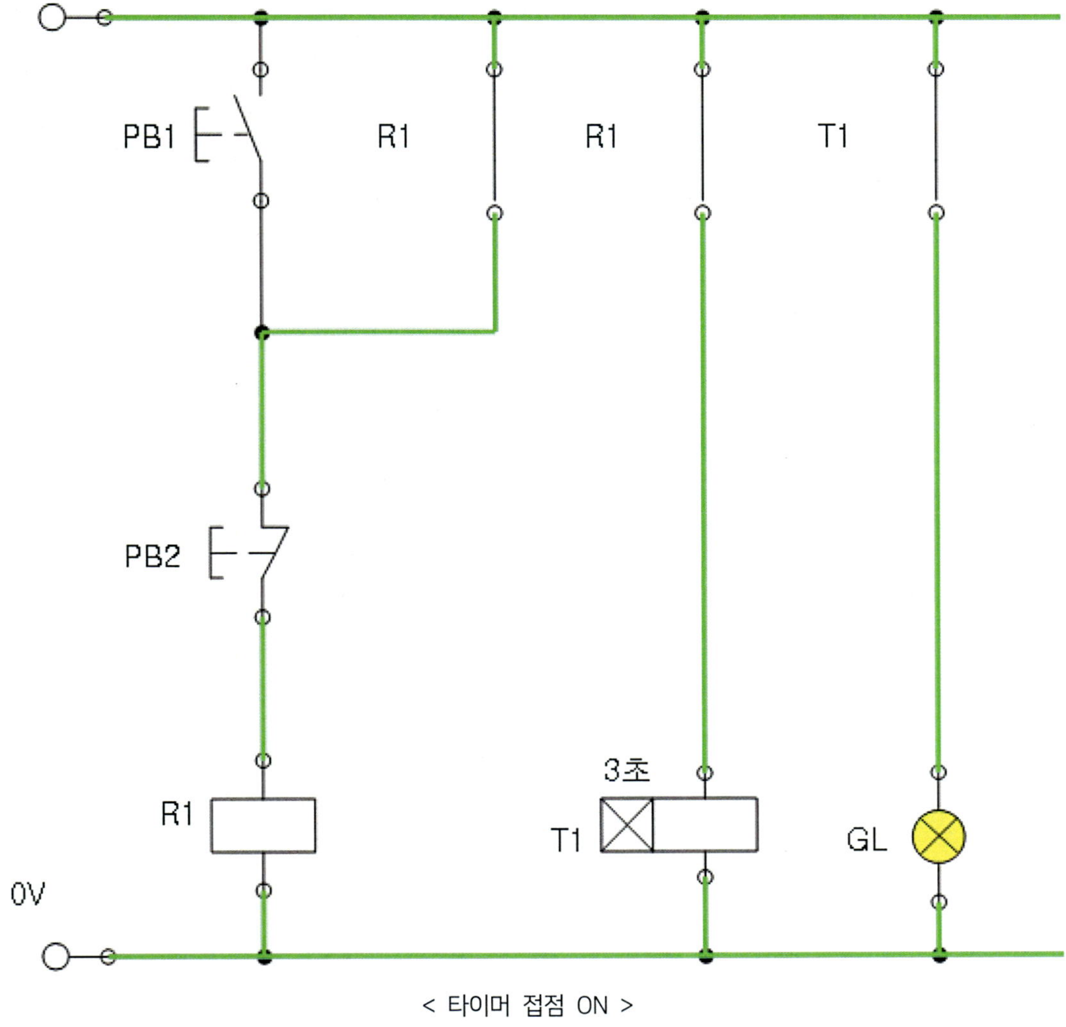

동작 설명

T1에 전류가 공급된 후 3초가 경과하면, T1의 A 접점이 동작하여 램프(GL)에 전류가 공급되고 GL이 점등된다. 회로의 초기화는 PB2를 ON-OFF 함으로써 가능하다.

회로 설계 문제

지금까지 학습한 내용을 바탕으로 하나의 회로를 설계해 보자.
정답을 확인하기 전에, 배운 내용을 충분히 고민하여 직접 회로를 작성해 볼 것을 권장한다.

연습 문제

PB1, 릴레이, 타이머(TON)를 이용하여 일정 시간이 지난 후 램프가 자동으로 OFF 되는 회로를 설계하시오.

동작 조건

1. PB1 스위치를 ON-OFF 하면 램프가 점등된다.
2. 램프가 점등된 후, 3초 후 자동으로 소등된다.
3. 스위치를 ON-OFF 할 때마다 위 동작이 반복된다.

회로 기입란

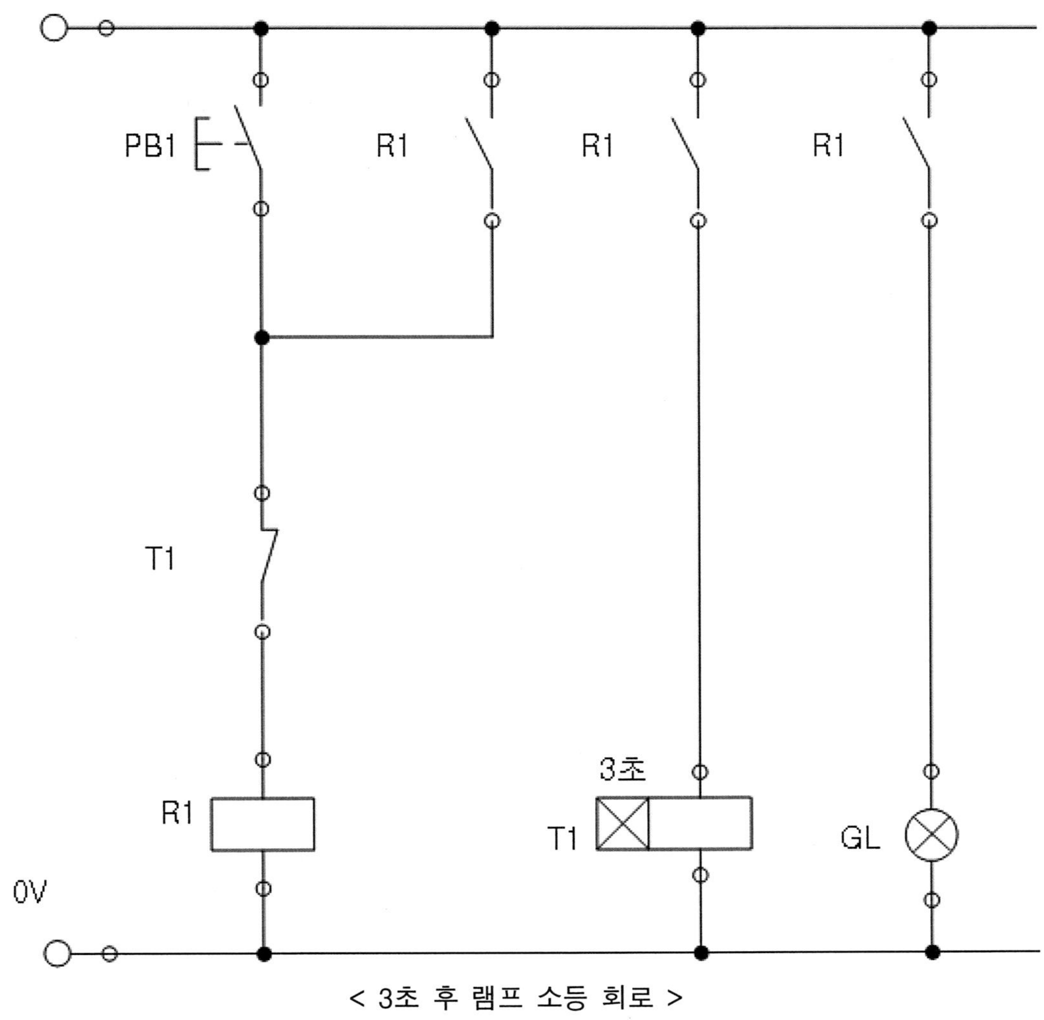

< 3초 후 램프 소등 회로 >

회로 설명

PB1을 ON-OFF 하면 R1이 자기 유지되고, R1의 A 접점에 의해 타이머 코일이 동작하고, 램프 또한 즉시 점등된다. 타이머 설정값인 3초가 경과하면, 타이머의 B 접점이 동작하여 R1의 자기 유지를 해제하고, 이에 따라 램프는 3초 후에 자동으로 소등된다.

이는 기존에 PB2의 B 접점을 이용해 수동으로 자기 유지를 해제하던 방식과 달리, 타이머의 B 접점을 활용하여 설정된 시간 후 자동으로 자기 유지가 해제되도록 구성된 회로이다.

이러한 회로는 자동화 시스템에서 정지 지연 동작이 필요한 상황에서 자주 사용된다.

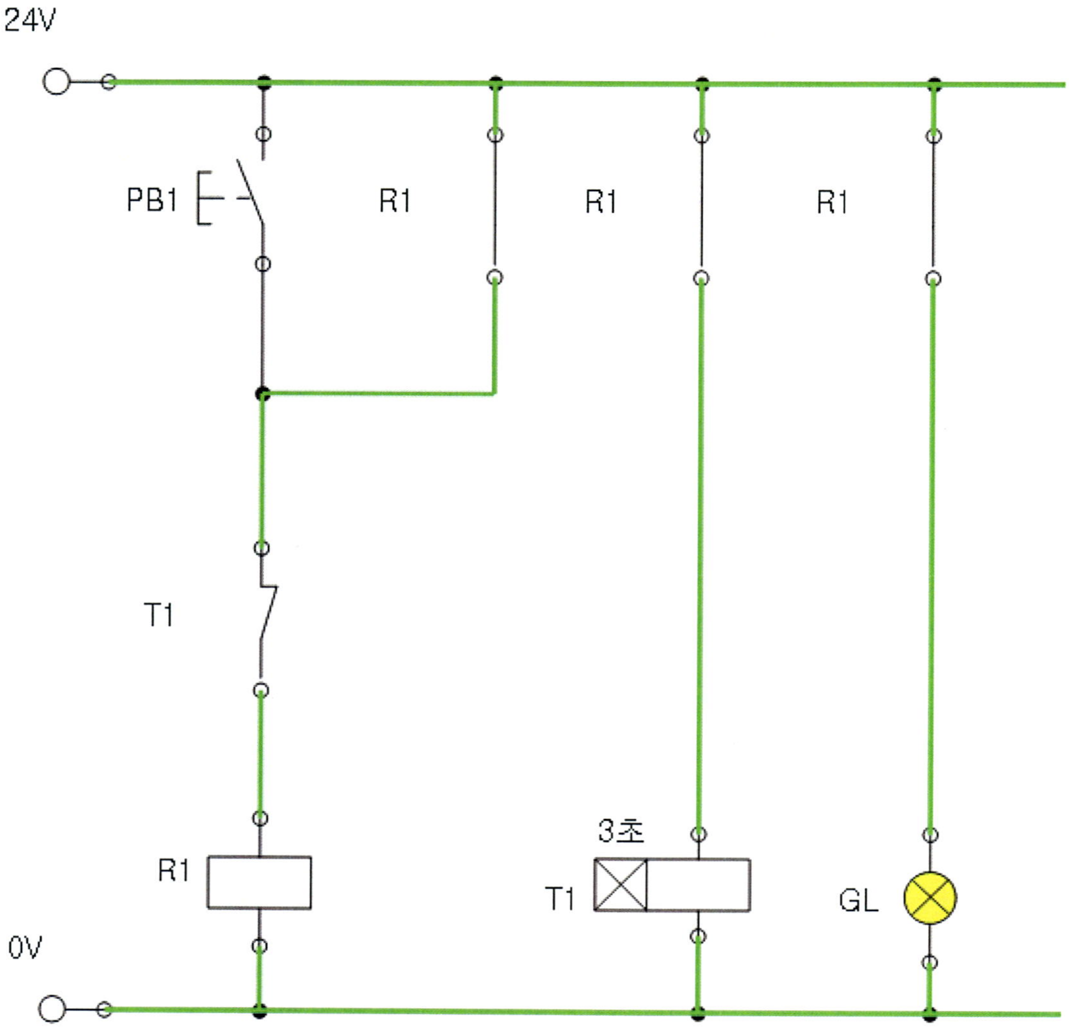

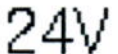

동작 설명

PB1 스위치를 누르면 R1 코일에 전류가 공급되어 R1이 자기 유지되고, 자기 유지가 이루어짐과 동시에 램프(GL)가 점등되며, 타이머 T1 코일도 작동한다.

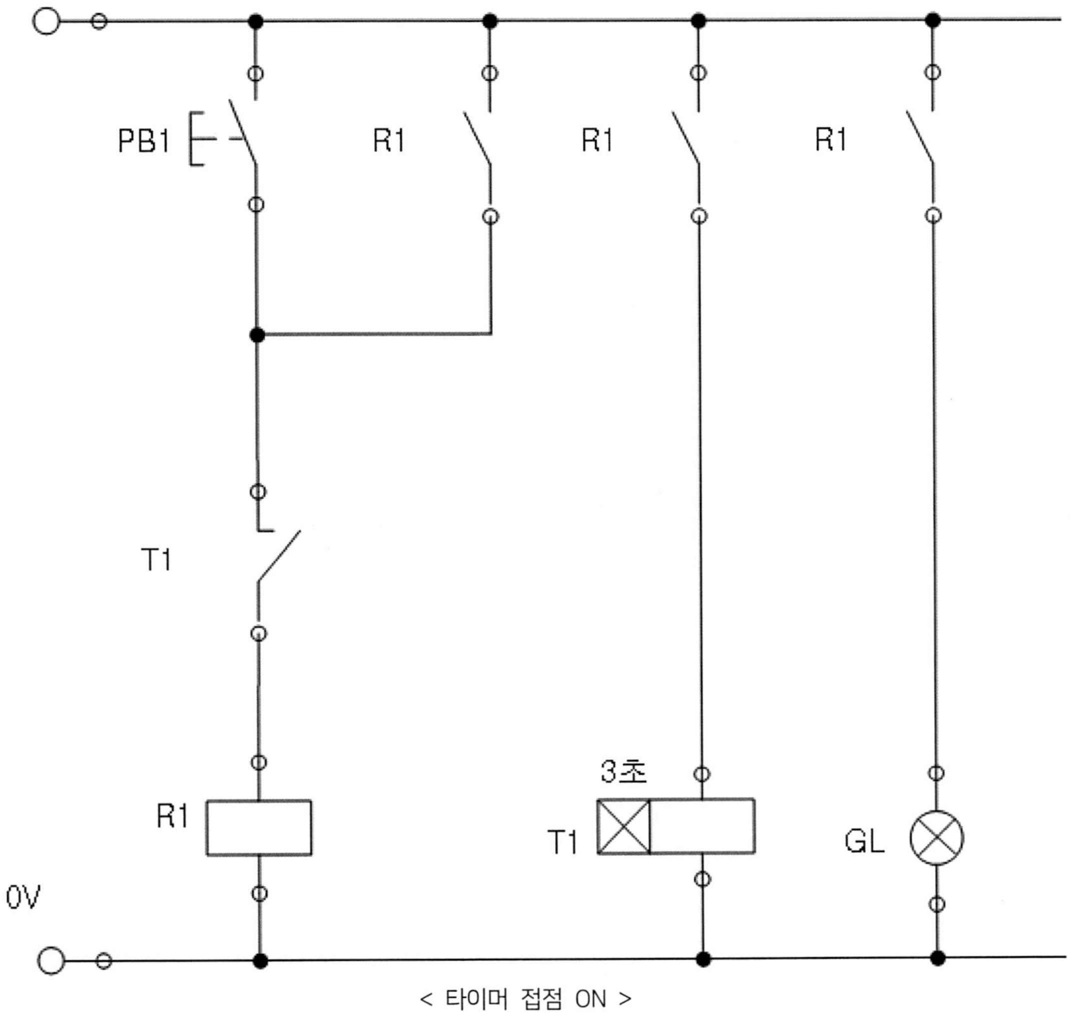

동작 설명

타이머 코일에 전류가 인가되어 설정된 3초에 도달하면, 타이머의 B 접점이 동작한다.

이때 R1에 연결된 T1의 B 접점이 열리면서, R1로 공급되던 전류가 차단되고 회로는 초기화된다.

< 카운터 >

6.1 카운터

카운터는 입력된 신호의 횟수를 카운터하여, 그 값이 설정값과 일치할 경우 출력 접점을 동작시키는 제어 장치이다. 동작 방식에 따라 업 카운터, 다운 카운터, 업/다운 카운터 등 여러 종류가 있으며, 입력 신호의 누적 횟수가 설정값에 도달하면 릴레이를 동작시키거나, 전원을 차단하는 등의 제어 기능을 수행한다.

주로 제품 수량 집계, 공정 횟수 기록, 사이클 관리 등에 활용되며, 특정 횟수 도달 시 자동 운전 정지와 같은 작업 흐름 제어에도 사용된다.

6.2 카운터 유닛

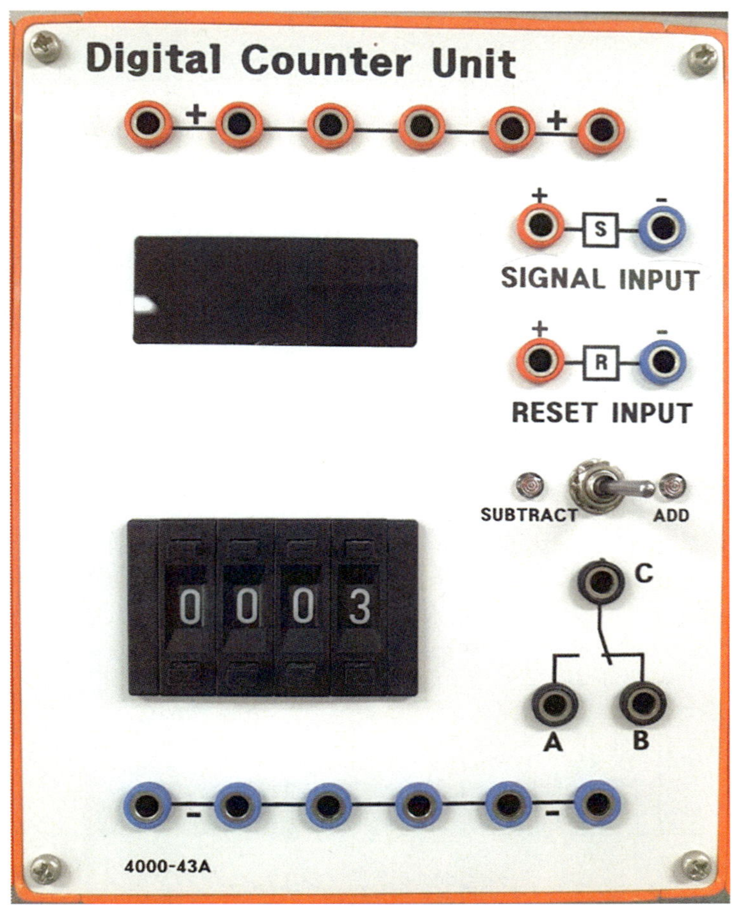

< 카운터 유닛 >

동작 원리

SIGNAL에 신호가 입력될 때마다 카운터 값이 1씩 증가한다. 카운터 현재값이 설정값(3)에 도달하면, 카운터 접점이 ON 된다.

RESET에 신호가 입력되면, 카운터의 현재값이 초기화되고 접점은 OFF 된다. 설비보전산업기사 실기 문제에서는 카운터가 연속 동작을 정지시키는 용도로 활용된다.

이제 카운터를 이용한 기초 제어 회로를 구성해 보자.

6.3 카운터를 이용한 기초(정지) 회로

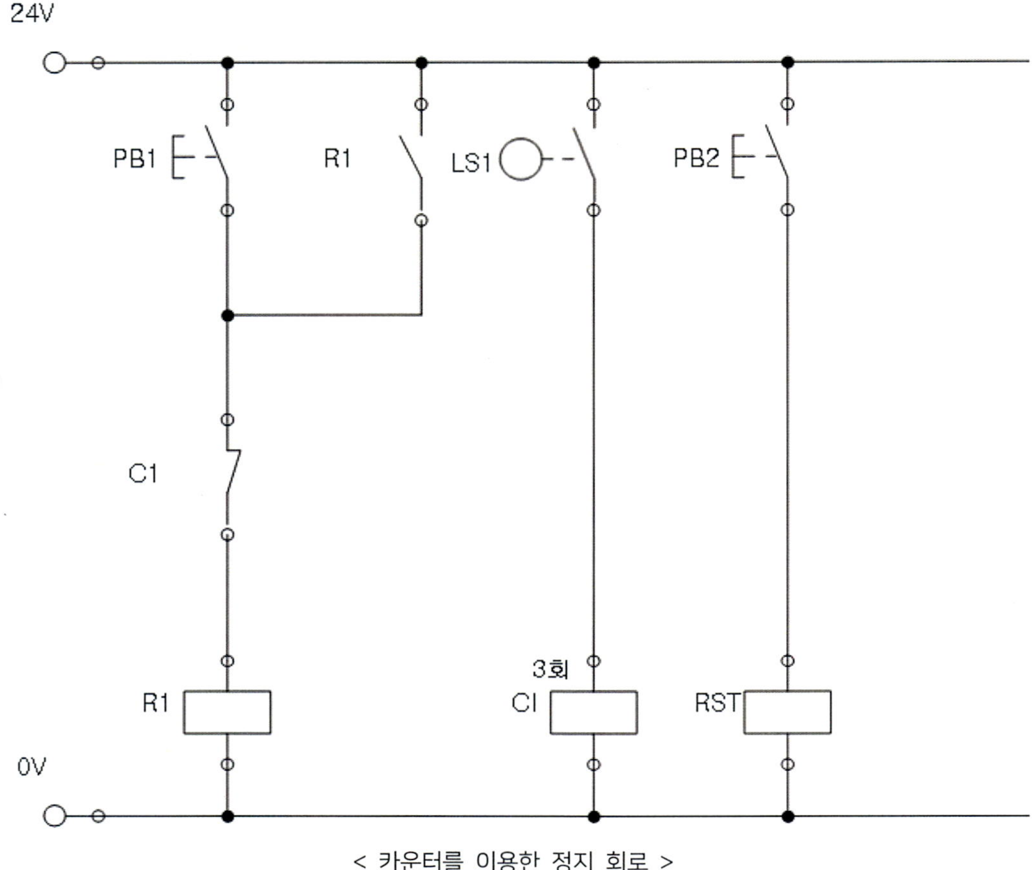

< 카운터를 이용한 정지 회로 >

회로 설명

위 회로를 PB1 ON 시 컨베이어가 구동되는 장치라고 가정해 보자.

PB1 스위치를 누르면 릴레이 코일에 전류가 흐르며, 모터가 회전하여 컨베이어가 구동된다. (R1 접점으로 컨베이어 모터가 가동된다고 가정)

컨베이어를 통해 이송되는 제품이 LS1에 의해 검출될 때마다 카운터 C1에 전류가 입력되어 카운터 현재값이 1씩 증가하여 카운터의 설정값인 3개 제품이 검출되면 C1 코일이 동작한다.

카운터 코일이 동작하면, 동시에 카운터의 B 접점 C1이 동작하여 R1의 자기 유지가 해제되고, 컨베이어가 정지한다. PB2를 눌러 RST(리셋) 신호를 입력하면 카운터 현재값이 0으로 초기화되고 C1 B 접점이 복귀된다. 이후 PB1을 다시 ON-OFF 하면 컨베이어가 재가동되며 동일한 공정이 반복된다.

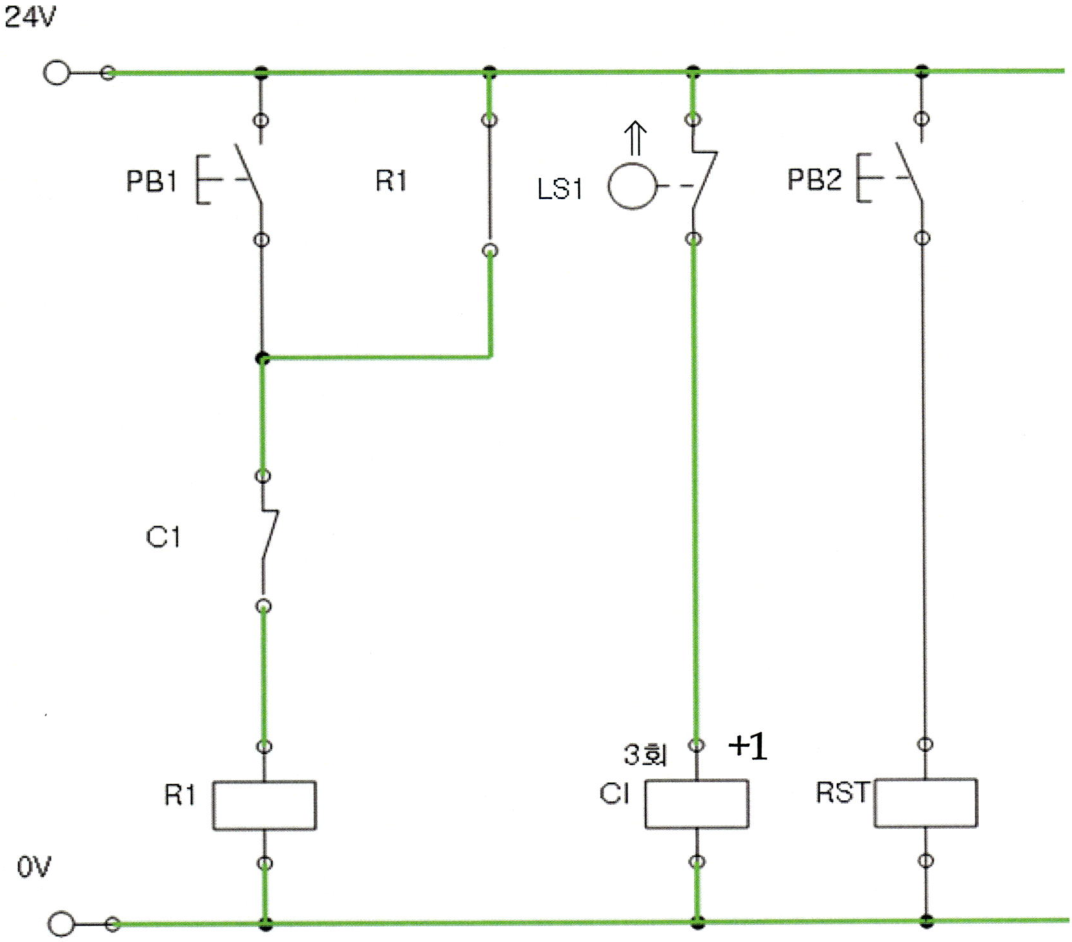

< 제품 1회 검출 >

동작 설명

PB1을 ON-OFF 하면 R1이 자기 유지되며 컨베이어가 구동되고, 이송 중인 제품이 LS1 센서에 감지되면, C1 코일에 전류가 공급되어 카운터 현재값이 1 증가하는 것을 확인할 수 있다. 제품이 감지될 때마다 LS1이 ON 되며, 카운터의 현재값이 증가한다.

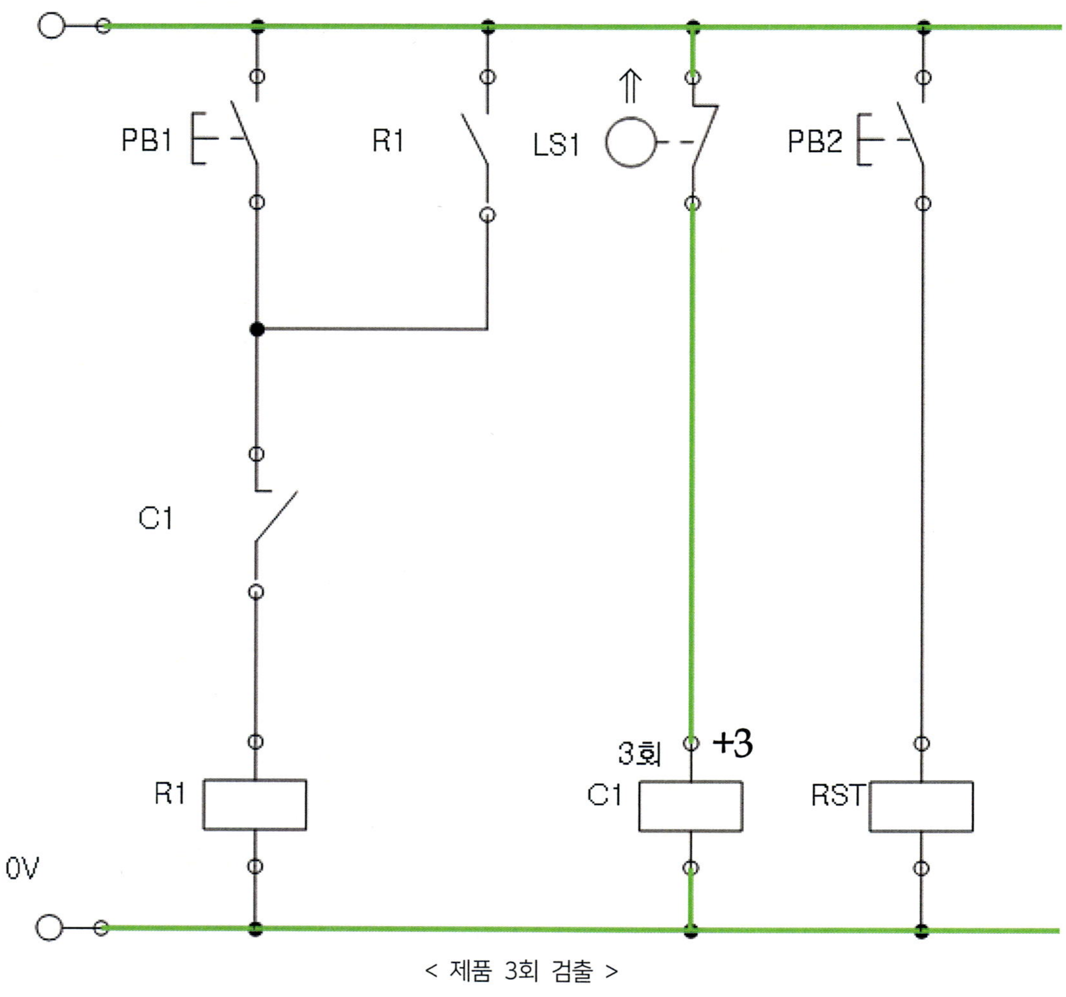

< 제품 3회 검출 >

동작 설명

컨베이어를 통해 제품이 3개 검출되어, 카운터의 현재값이 +3으로 증가한 것을 확인할 수 있다.

카운터의 설정값인 3회에 도달하면, 카운터의 B 접점이 동작하여 R1로 공급되는 전류를 차단하고, 이에 따라 컨베이어는 정지하게 된다.

이때 PB1을 ON-OFF 하더라도 C1의 B 접점이 전류를 차단하고 있기 때문에 컨베이어는 작동하지 않는다.

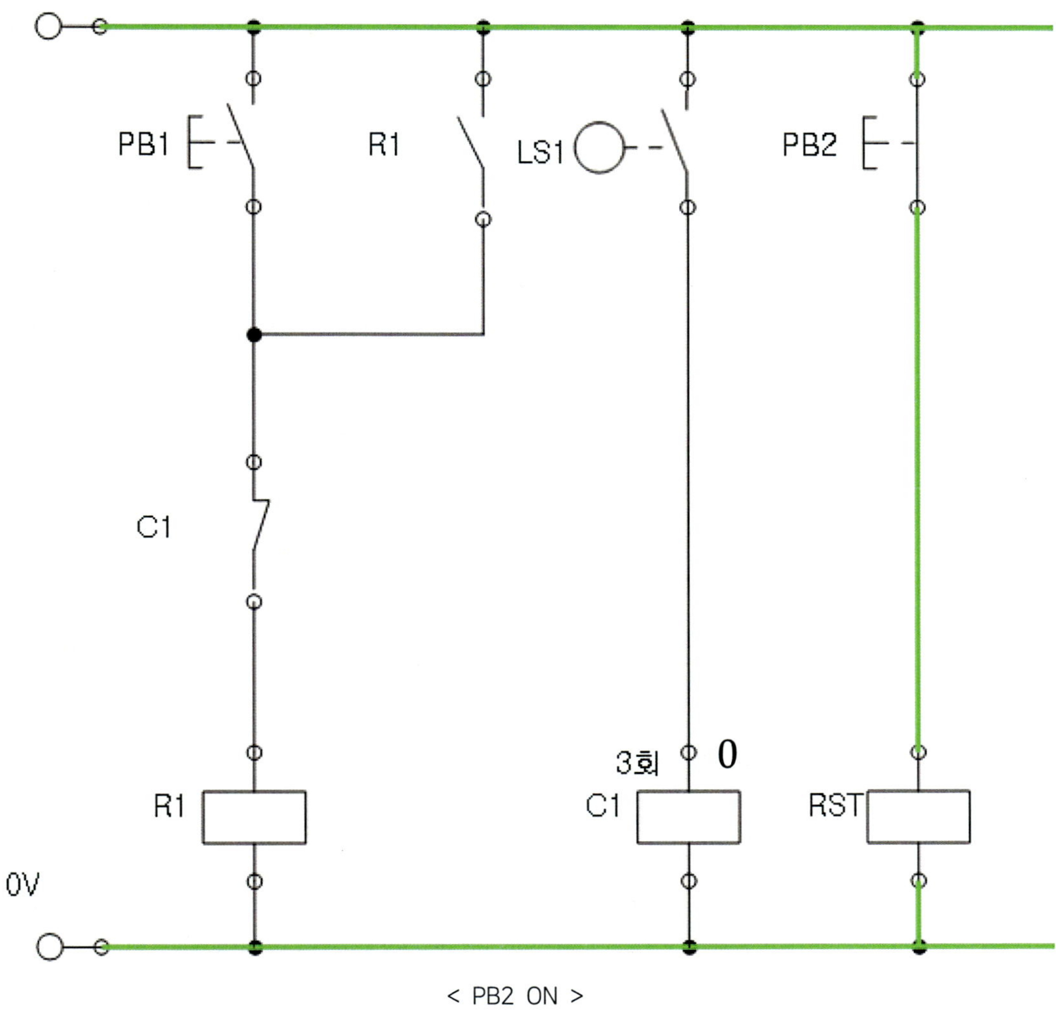

동작 설명

PB2를 ON 하면 RST 코일에 전류가 인가되어 카운터 현재값이 0으로 초기화되며, 이에 따라 C1의 B 접점도 초기 상태로 복귀하여 R1에 전류를 다시 공급할 수 있게 된다.

그 결과, PB1을 다시 ON-OFF 하면 컨베이어를 재가동할 수 있다.

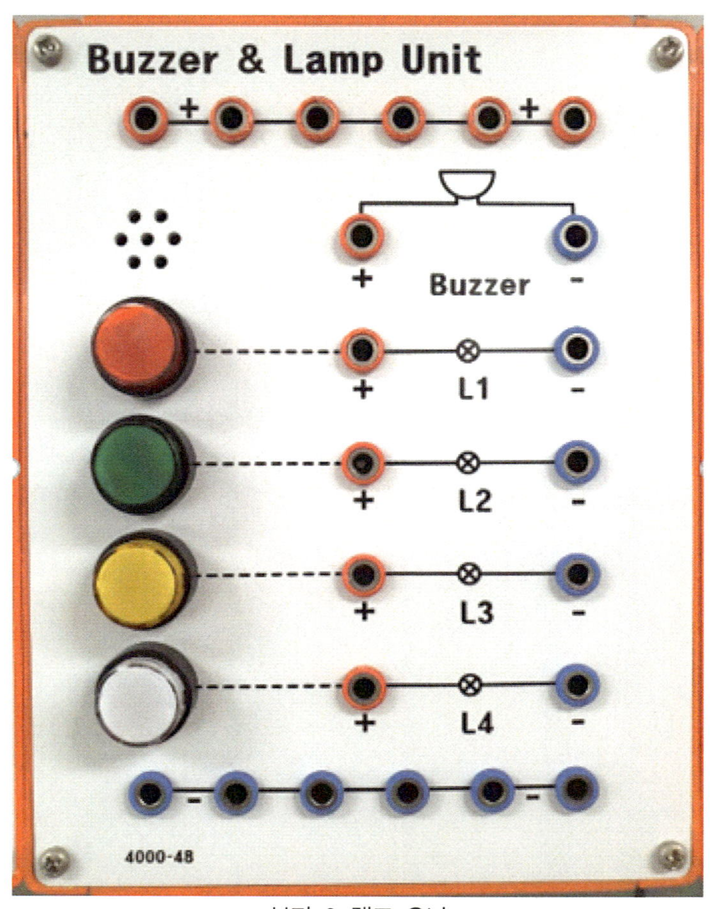

< 부저 & 램프 유닛 >

기동 상태를 확인하거나 비상 상태 등 상태를 확인하기 위한 용도로 주로 사용된다.

램프의 활용 예시

ⓐ 작동 표시 - 컨베이어 동작 시 작동 램프(녹색) ON

ⓑ 제품 감지 - 제품이 LS1에서 감지될 때마다 신호 램프(황색) 깜빡임

ⓒ 설정값 도달 - 카운터 값이 설정된 값(예: 3)에 도달하면 완료 램프(적색) ON

ⓓ 초과 감지 경고 - 설정값을 초과하는 경우 경고 램프(적색) 점멸

ⓔ 오류 발생 시 - 센서 이상 또는 비정상 작동 시 경고 램프(적색) 깜빡이며 경고

PART 02

공기압 장치

가. 공기압회로도

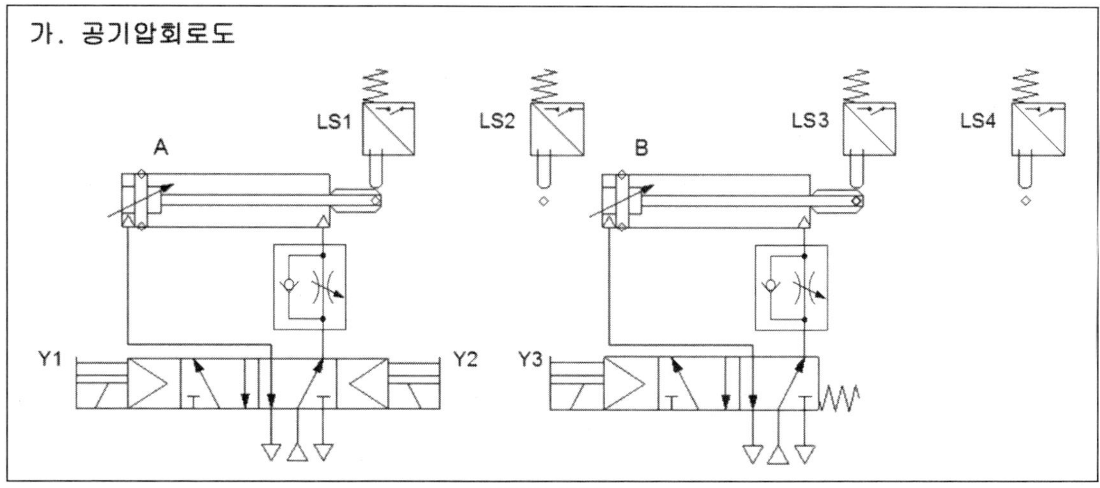

< 공기압 회로도 >

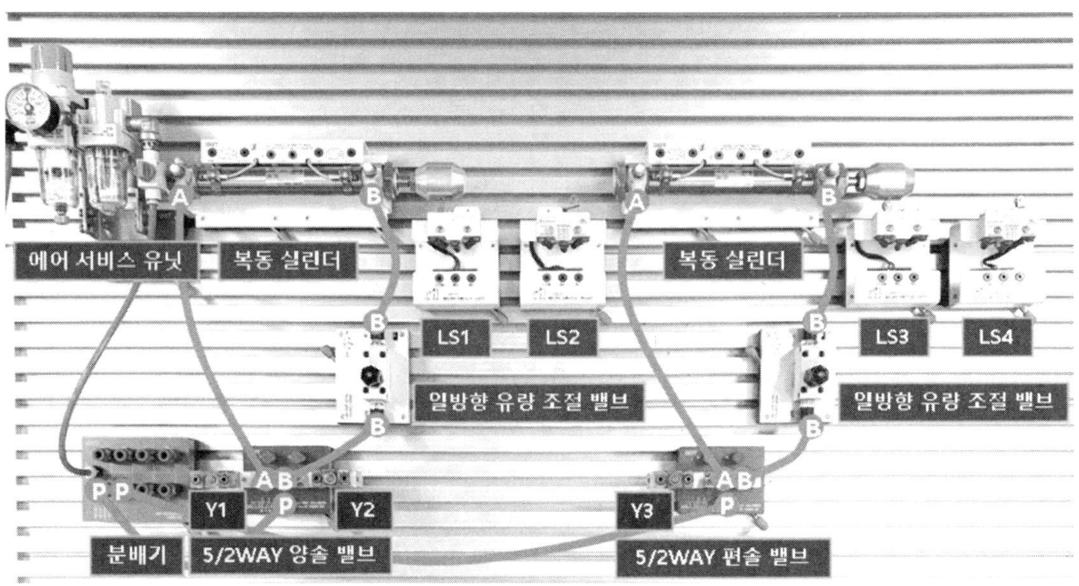

< 공기압 회로 결선도 >

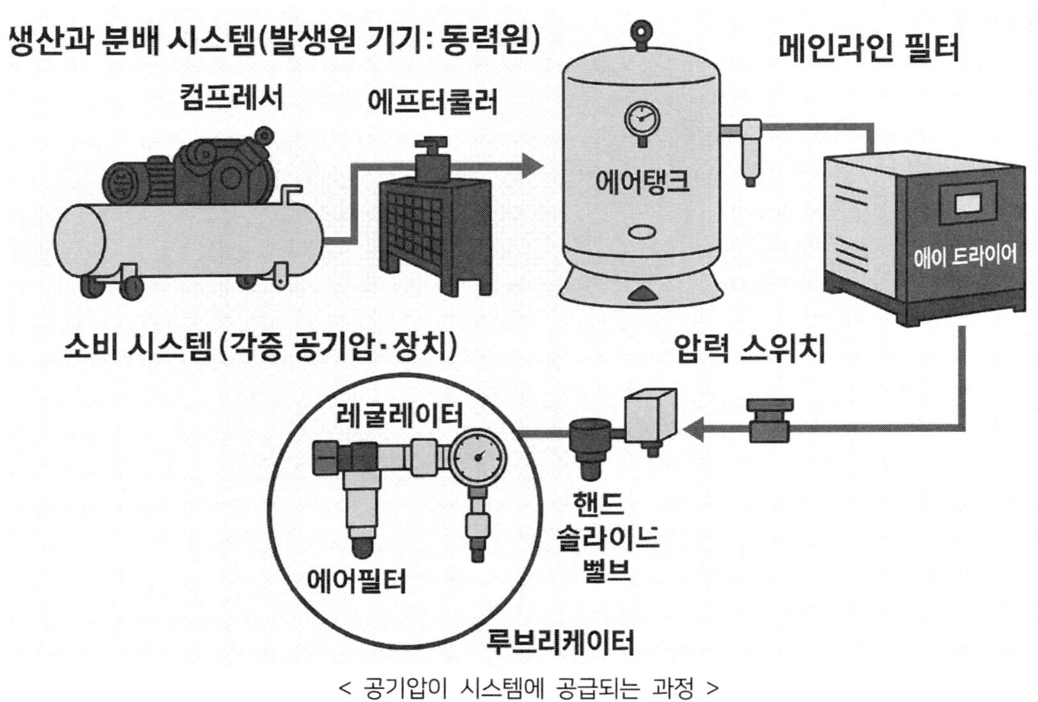

공기압은 일반적으로 기계실에서 다음과 같은 단계를 거쳐 실습장의 레귤레이터에 공급된다.

1. 컴프레셔(압축): 공기를 압축하여 고압의 에너지를 생성한다.
2. 에프터 쿨러(냉각): 압축 과정에서 발생한 열을 식혀 공기의 온도를 낮춘다.
3. 에어탱크(저장): 일정한 압력을 유지하고, 필요한 순간 안정적으로 공기를 공급하기 위해 저장소 역할을 한다.
4. 메인라인 필터(먼지 제거): 공기 중에 포함된 먼지 및 이물질을 제거하여 시스템 보호 및 효율성을 높인다.
5. 에어 드라이어(습기 제거): 공기 중 수분을 제거하여 시스템 내부의 부식을 방지하고, 장비의 성능을 유지한다.
6. 에어 서비스 유닛(압력 조절): 최종적으로 실습장의 에어 서비스 유닛 을 통해 원하는 압력으로 조절하여 실습 장비에 공급한다.

2.1 에어 서비스 유닛

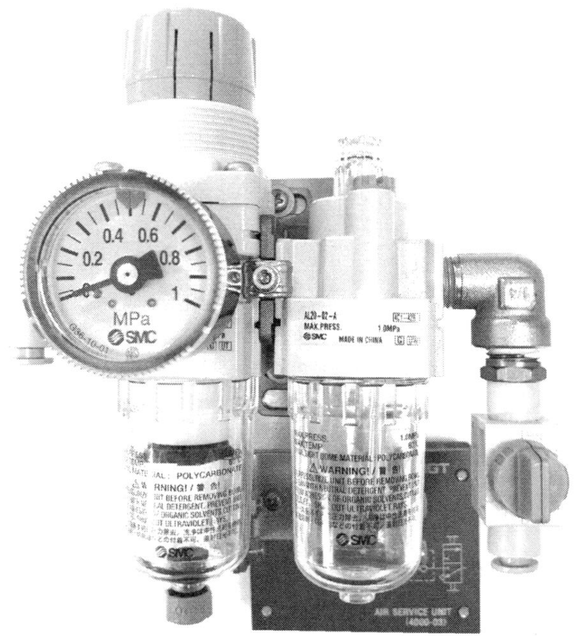

< 에어 서비스 유닛 >

에어 서비스 유닛은 공기압 시스템에서 압력을 일정하게 유지하고 조절하는 장치로, 공기압 장비가 안정적이고 효율적으로 작동할 수 있도록 돕는 중요한 역할을 한다.

공급되는 압력을 사용 목적에 맞게 조절하고, 과도한 압력 상승을 방지하여 시스템 내 압력을 균일하게 유지함으로써 공기압 장비의 성능을 향상시키고 수명을 연장하는 데 효과적이다.

에어 서비스 유닛에서 조절된 압력은 공압 분배기를 통해 각 장치로 안정적으로 공급되어 전체 시스템이 원활하게 동작할 수 있도록 한다.

압력 조절을 위해 조절 노브(캡)를 위로 당긴 후, 시계 방향 또는 반시계 방향으로 돌려 원하는 압력으로 설정한다.

설정이 완료되면, 다시 눌러 고정시켜 압력이 임의로 변경되지 않도록 잠금할 수 있다.

2.2 공압 분배기

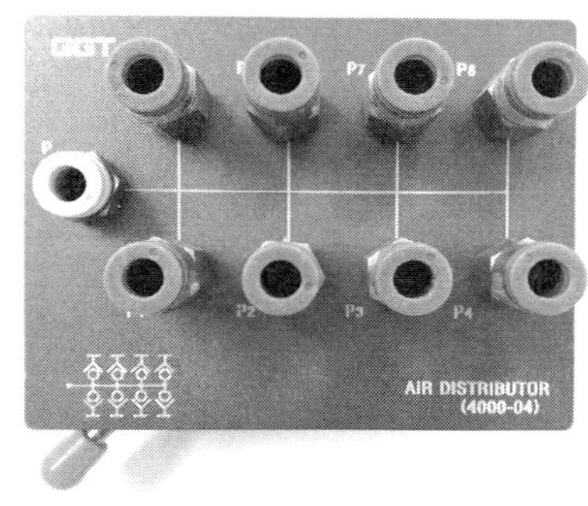

< 공압 분배기 >

공압 분배기는 에어 서비스 유닛에서 공급받은 공기를 여러 공압 장치에 나누어 보내는 역할을 한다.

2.3 공압 실린더

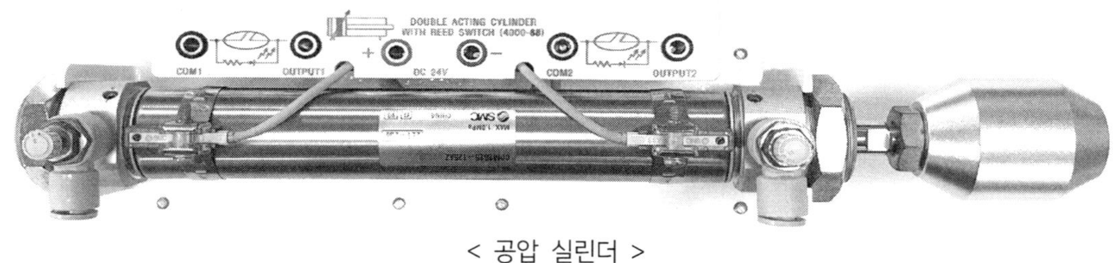

< 공압 실린더 >

공압 실린더는 압축 공기의 힘을 이용해 직선 운동을 만들어 내는 기계 장치로, 주로 자동화 설비에서 물체를 이동시키거나 힘을 전달하는 역할을 한다. 이 장치는 공기의 압력을 기계적 운동으로 변환하여 기계 장비의 작동을 보조하며, 다양한 산업 현장에서 자동화 시스템의 핵심 구성 요소로 폭넓게 활용되고 있다. 공압 실린더는 여러 가지 장점을 가지고 있다.

구조가 단순하여 유지보수가 쉽고 반응 속도가 빠르기 때문에 고속 동작이 필요한 작업에 적합하다.

또한, 유압 시스템에 비해 오일을 사용하지 않아 더 청결하고 환경 친화적이며, 정확한 위치 제어와 안정적인 힘 전달이 가능하다는 점에서도 높은 신뢰성을 제공한다.

3.1 솔레노이드 밸브

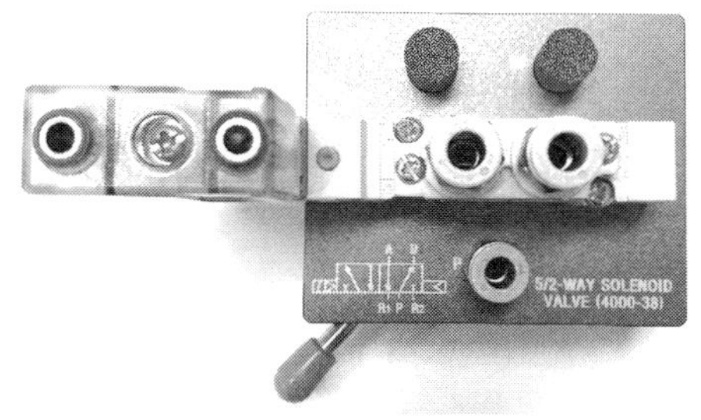

< 5/2WAY 편측 솔레노이드 밸브 >

< 5/2WAY 양측 솔레노이드 밸브 >

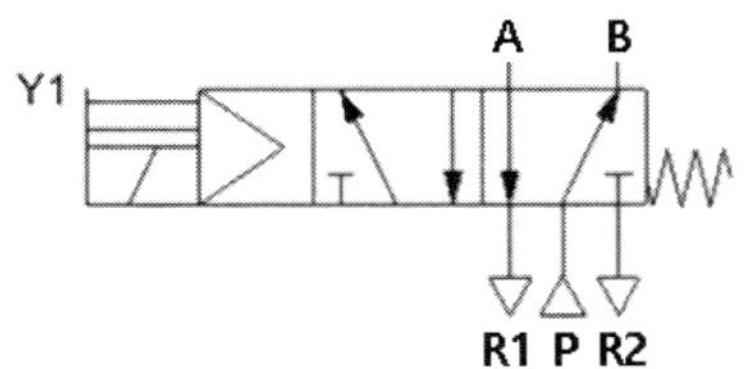

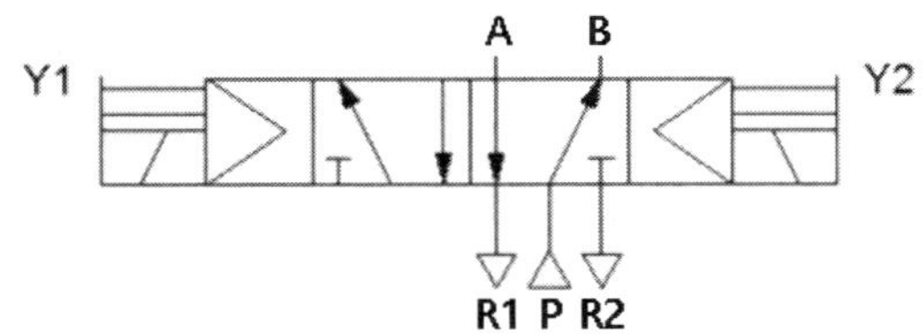

< 공압 기호 >

5/2 WAY 방향 제어 밸브는 5개의 포트와 2개의 위치를 가지는 공압 제어 밸브로, 공압 실린더의 방향 전환 및 공기 흐름을 조절하는 핵심 부품이며, 편측 솔레노이드 밸브와 양측 솔레노이드 밸브의 종류가 있다.

포트 변환에 따라 공압이 나오는 위치가 변경되므로 공압 실린더 전/후진을 위하여 사용된다. 포트(Ports)의 구조는 다음과 같다.

  ⓐ P(공급 포트): 압축 공기가 공급되는 포트

  ⓑ A(작동 포트 1): 실린더 후진 시 공기를 공급하는 포트 (초기 상태)

  ⓒ B(작동 포트 2): 실린더 전진 시 공기를 공급하는 포트 (동작 상태)

  ⓓ R1(배기 포트 1): 사용된 공기를 배출하는 포트

  ⓔ R2(배기 포트 2): 사용된 공기를 배출하는 포트

3.2 편측 솔레노이드 밸브

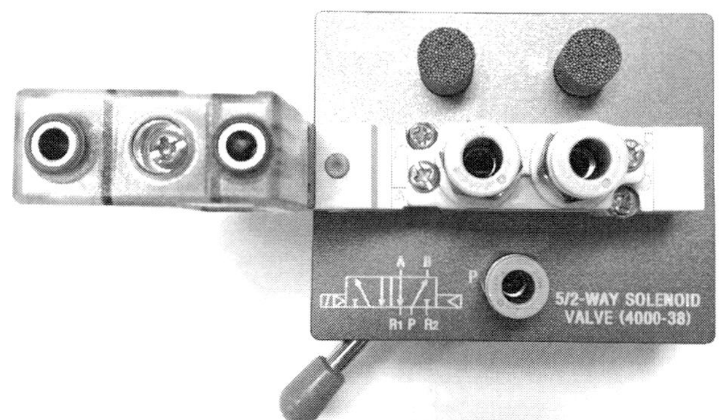

< 5/2WAY 편측 솔레노이드 밸브 >

편측 솔레노이드 밸브의 작동 원리

편측 솔레노이드 밸브란, 한쪽에만 솔레노이드(전기 자석 코일)가 장착되어 있고, 반대쪽은 스프링으로 구성되어 있어 전기를 인가하면 동작하고, 전원을 차단하면 스프링의 힘으로 자동 복귀하는 방향 제어 밸브이다.

1) 무전원 상태(기본 상태)

전원이 인가되지 않으면 스프링의 복원력으로 인해 밸브는 초기 위치를 유지한다.

2) 전원 인가 시

솔레노이드 코일에 전류가 흐르면 자력이 발생하고, 이 자력으로 밸브 내부의 스풀(막대)이 이동하면서 공기 흐름이 바뀌고, 이에 따라 실린더가 전진하는 동작을 수행한다.

3) 전원 차단 시

자력이 사라지고 스프링의 힘으로 스풀이 원위치로 돌아가며, 공기 흐름도 다시 기본 상태로 바뀌고 실린더는 복귀한다. 이러한 특징으로 인해 정전 상황이 발생했을 때 자동 복귀 기능이 있어 가스 공급 장치, 가공 실린더 등 안전 확보와 기기 보호가 필요한 곳에 자주 사용된다.

또한, 코일이 하나만 필요하기 때문에 양측 솔레노이드 밸브보다 원가 절감 측면에서도 유리하다.

3.3 양측 솔레노이드 밸브

< 5/2WAY 양측 솔레노이드 밸브 >

양측 솔레노이드 밸브의 작동 원리

두 개의 코일을 가지고 있으며, 코일 동작 시 밸브 내의 스풀이 이동하여 포트의 위치를 변경한다. 코일 동작 시 스풀이 이동하여 유지되며, 복귀는 반대 측 코일을 동작시킴으로써 이루어진다. 양측 코일에 신호가 동시에 입력될 경우, 먼저 입력된 코일이 동작을 유지된다.

1) 좌측 솔레노이드에 전원 인가 시

좌측 코일에 전류가 흐르면 자력이 발생하고, 스풀이 오른쪽으로 이동하면서 공기 흐름이 바뀌어 실린더가 전진하게 된다.

2) 우측 솔레노이드에 전원 인가 시

우측 코일에 전류가 흐르면 스풀이 왼쪽으로 이동하고, 공기 흐름이 반대로 바뀌어 실린더가 복귀하게 된다.

3) 양쪽 모두 전원이 차단된 경우

스프링이 없기 때문에 스풀은 현재 위치에 그대로 유지된다.

편측 솔레노이드 밸브는 정전 시 자동으로 복귀되지만, 양측 솔레노이드 밸브는 정전이나 비상 상황에서도 마지막 상태를 유지할 수 있기 때문에 가스 공급 유지, 제품 클램프 유지를 통한 제품 낙하 방지 등 작동 상태를 유지해야 하는 시스템에 주로 사용된다.

4.1 편측 솔레노이드 밸브 공기압 회로

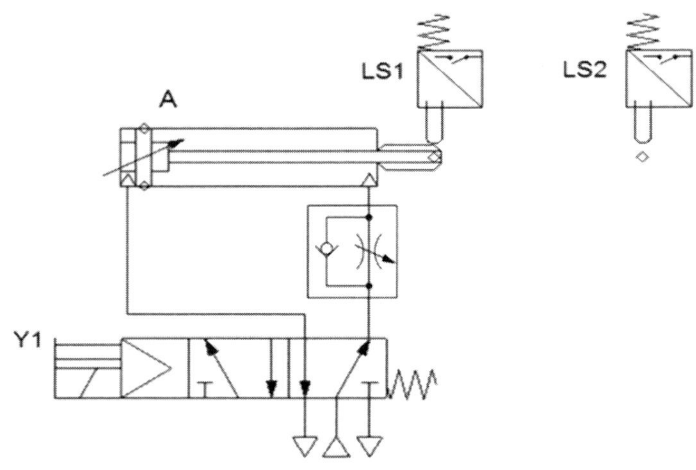

< 편측 솔레노이드 밸브 공기압 회로 >

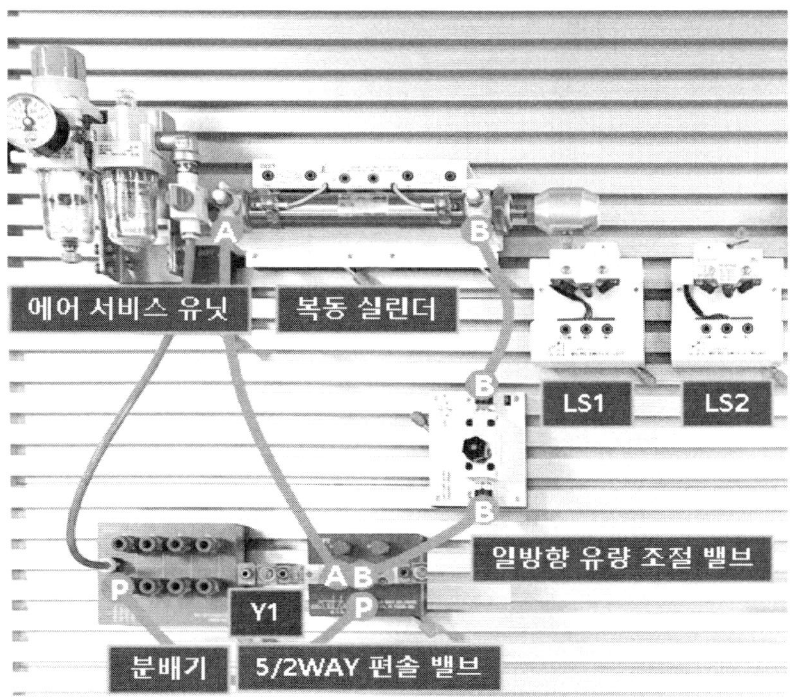

< 공기압 회로 결선도 >

4.2 편측 솔레노이드 밸브 전기 회로

< 편측 솔레노이드 밸브 전기 회로도 >

회로 설명

편측 솔레노이드 밸브의 기본 동작 회로이다. PB1을 ON 하면 Y1 솔레노이드에 전류가 공급되어 실린더가 전진하고, PB1을 OFF 하면 전류가 차단되어 실린더는 스프링의 복귀력에 의해 후진한다.

이처럼 전류가 끊기면 밸브 내부 스풀이 스프링에 의해 원위치로 돌아가는 특징이 있으므로, 실린더를 전진 상태로 유지하려면 자기 유지 회로를 구성해야 한다.

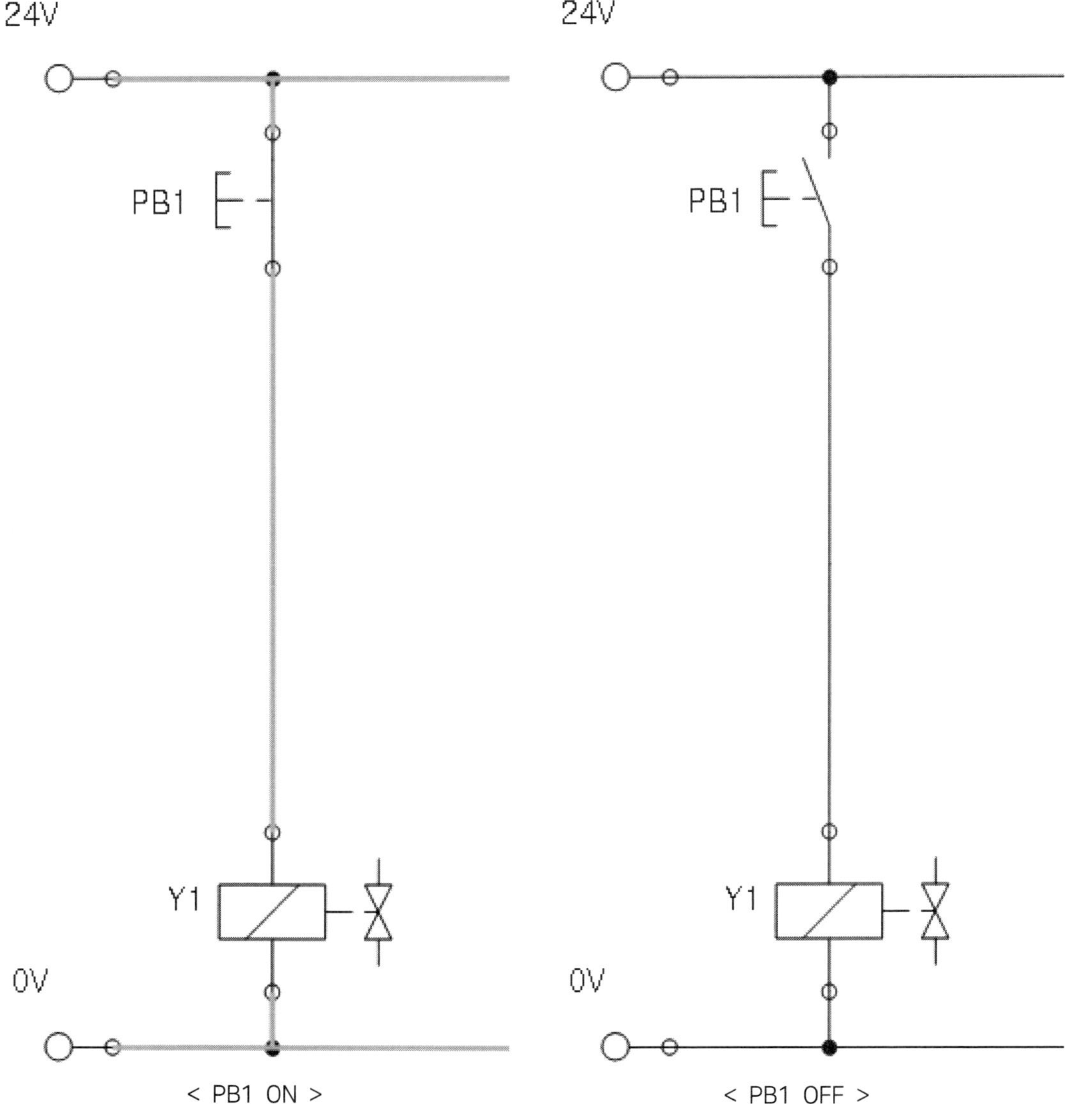

동작 설명

회로와 같이 PB1을 누르고 있으면 실린더가 전진한다. PB1을 OFF 하는 순간 Y1에 공급되던 전류가 차단되어 밸브는 스프링에 의해 복귀되고 실린더는 후진한다.

4.3 양측 솔레노이드 밸브 공기압 회로

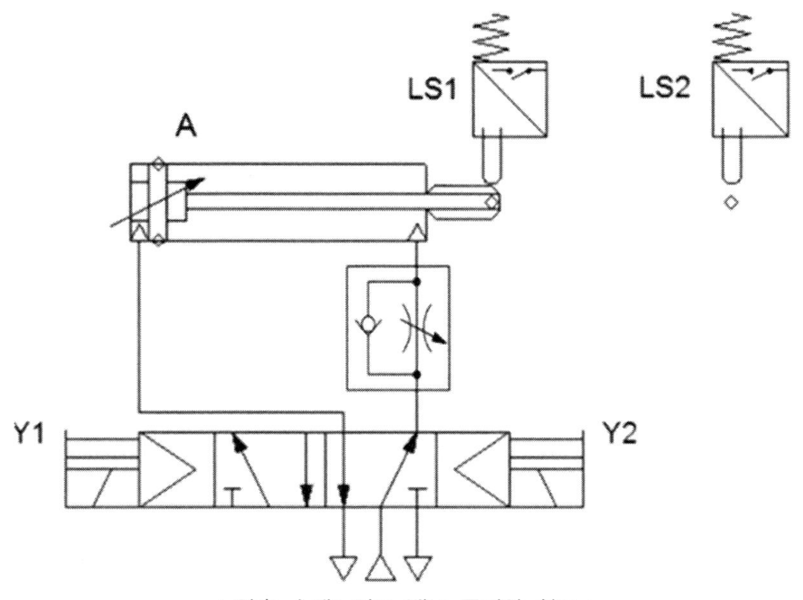

< 양측 솔레노이드 밸브 공기압 회로 >

< 공기압 결선도 >

4.4 양측 솔레노이드 밸브 전기 회로

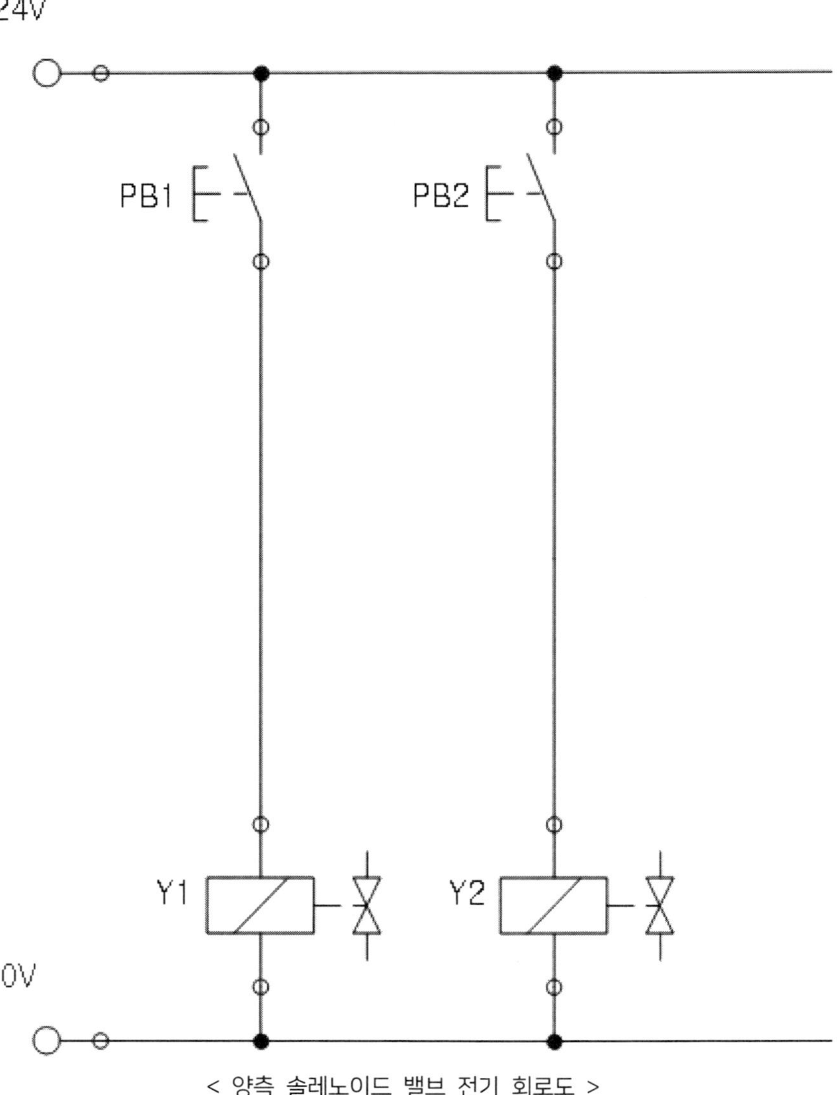

< 양측 솔레노이드 밸브 전기 회로도 >

회로 설명

양측 솔레노이드 밸브의 기본 동작 회로이다. PB1을 ON 하면 Y1 솔레노이드에 전류가 공급되어 실린더는 전진하고, PB2를 ON 하면 Y2 솔레노이드에 전류가 공급되어 실린더는 후진한다.

양솔 밸브는 스프링 복귀 기능이 없기 때문에, 전원이 차단되면 스풀이 마지막 상태를 유지하게 되며, 이를 통해 실린더도 마지막 위치에서 정지 상태를 유지한다.

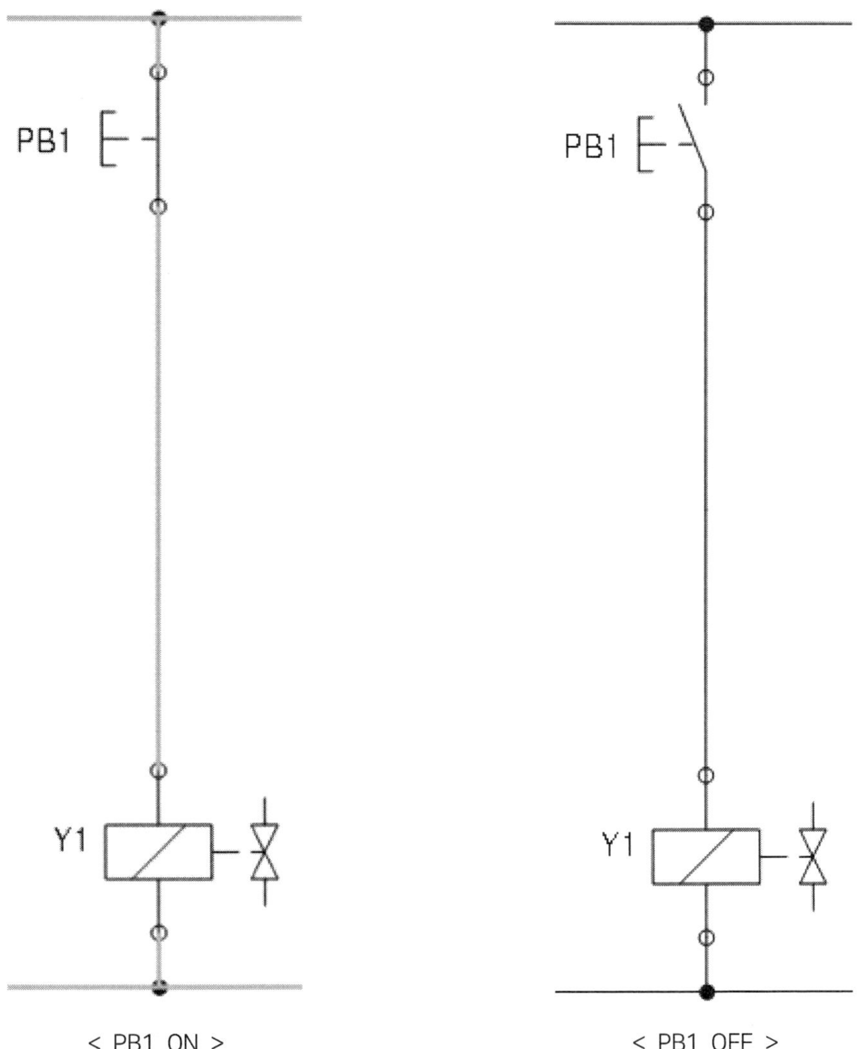

동작 설명

PB1을 ON 하면 Y1 코일이 동작하여 실린더가 전진한다. PB1을 OFF 하여 전류가 차단되더라도, 양측 솔레노이드 밸브는 스프링 복귀 기능이 없기 때문에 밸브 스풀은 기존 위치를 유지하고, 실린더는 전진 상태를 유지한다.

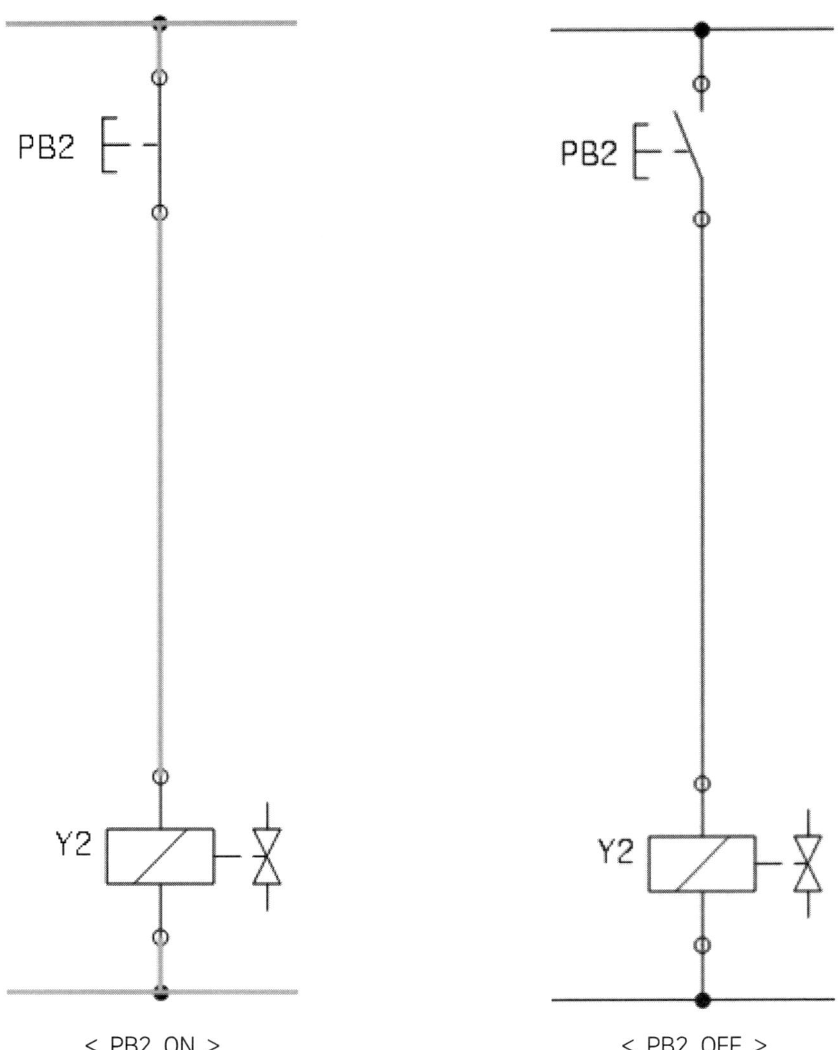

동작 설명

PB2를 ON 하면 Y2 코일이 동작하여 실린더가 후진한다. PB2를 OFF 하여 전류가 차단되더라도 양측 솔레노이드 밸브는 스프링 복귀 기능이 없기 때문에 밸브 스풀은 기존 위치를 유지하고, 실린더는 후진 상태를 유지한다.

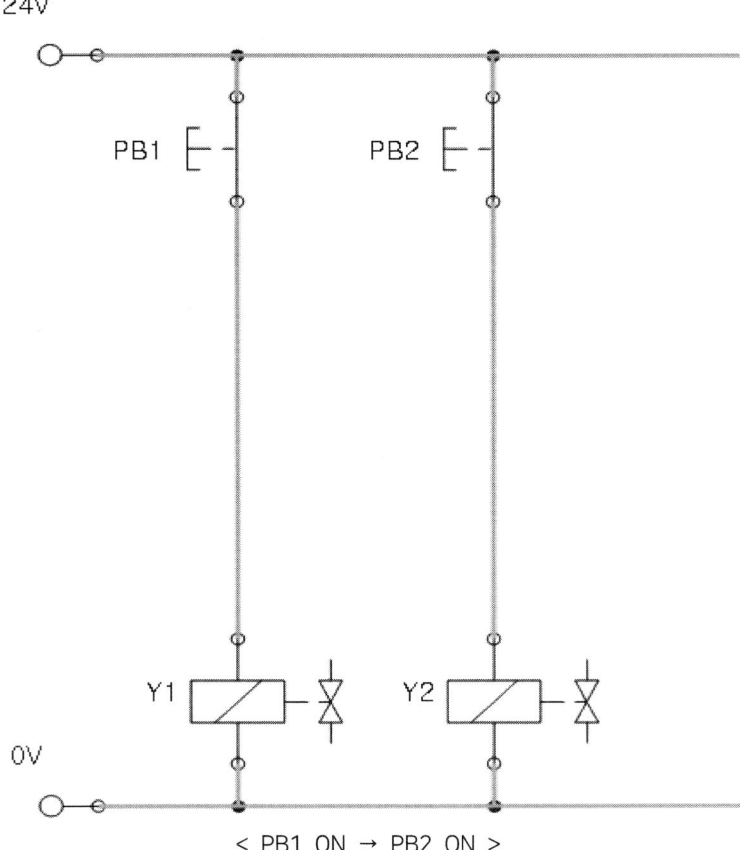

동작 설명

PB1을 먼저 ON 하면 Y1 솔레노이드 코일에 전류가 공급되어 밸브 스풀이 전진 위치로 이동하고, 이에 따라 실린더는 전진하게 된다. 이 상태에서 PB2를 눌러도 PB1이 여전히 ON 상태라면, Y1에도 계속 전류가 공급되기 때문에 Y2 코일에 전류가 공급되더라도 밸브 스풀은 이동하지 않고, 실린더는 계속 전진 상태를 유지한다.

즉 먼저 동작한 신호(PB1)가 우선적으로 작용하며, 후에 눌린 PB2는 신호가 입력되더라도 동작하지 않는다. 따라서 실린더를 후진시키기 위해서는 먼저 PB1을 OFF 하여 Y1의 전류 공급을 차단해야 한다.

그 후에 PB2를 ON 하면 Y2 코일이 동작하고, 밸브 스풀이 후진 위치로 이동하여 실린더가 후진하게 된다. 반대로 PB2를 먼저 누른 경우도 마찬가지이다. 그러므로 어느 쪽이든 먼저 눌린 쪽의 신호가 우선적으로 동작하며 반대쪽 동작을 하기 위해서는 기존 입력 신호(PB1 또는 PB2)를 반드시 OFF 해야 한다.

5.1 일방향 유량 제어 밸브

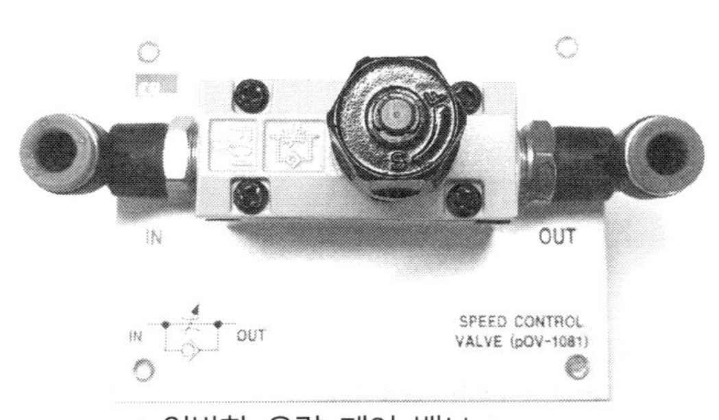

< 일방향 유량 제어 밸브 >

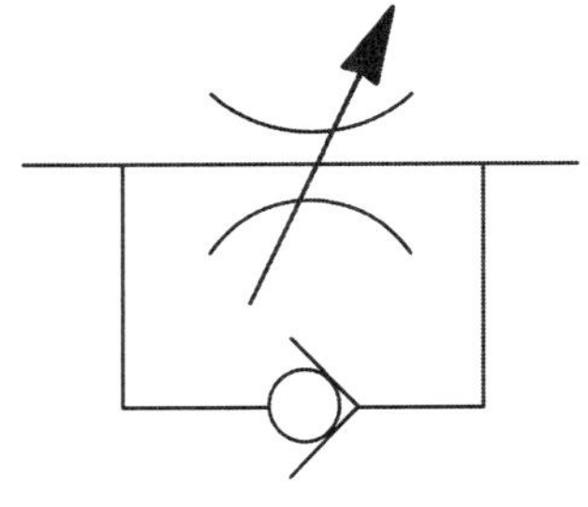

< 공압 기호 >

동작 원리

일방향 유량 제어 밸브는 일방향으로는 유량을 조절하고, 반대 방향으로는 유체가 자유롭게 흐를 수 있도록 설계된 밸브이다. 주로 속도 조절에 중요한 역할을 하며, 실린더의 동작을 효율적으로 제어할 수 있다.

조절 밸브(Flow Control Valve)를 통해 유체의 유량을 조절하여 작동 속도를 제어하며, 체크 밸브(Check Valve)를 통해 한쪽 방향으로만 유체가 흐르도록 하고 반대 방향은 차단한다.

일방향 유량 제어 밸브는 한쪽 방향에서는 유량 조절이 가능하고, 반대 방향에서는 체크 밸브를 통해 자유롭게 유체가 흐르기 때문에 실린더의 전진 속도 또는 후진 속도만 개별적으로 제어하고자 할 때 주로 사용된다.

일방향 유량 제어 밸브는 화살표 방향으로는 유체가 흐를 수 없도록 설계되어 있다. 따라서 화살표 방향으로는 유량이 이동하지 않는다고 생각하면 이해하는 데 도움이 된다.

설치할 때에는 반드시 공기압 회로도에 표시된 화살표 방향과 실제 설치 방향이 일치하도록 주의해야 한다.

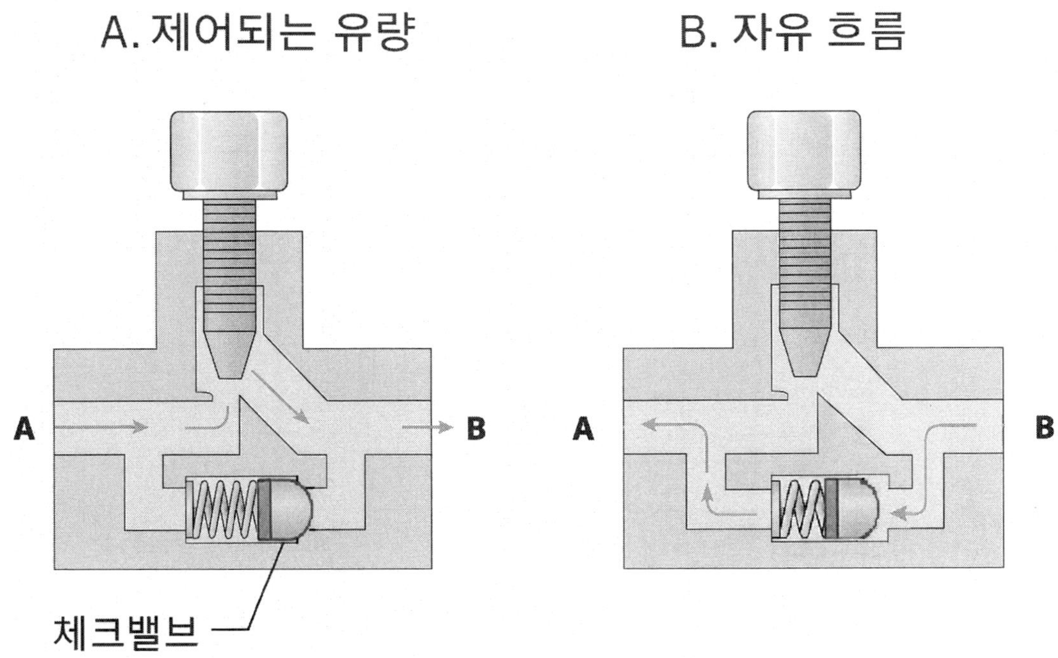

< 일방향 유량 제어 밸브 내부 구조 >

동작 원리

A에서 B로 흐르는 유체는 체크 밸브에 막혀 바로 흐르지 못하고, 상단의 조절 밸브를 통해 우회하게 된다. 조절 밸브에서 유량을 조절하기 때문에 실린더로 가는 유체의 양이 조절되고, 그에 따라 실린더의 속도가 제어된다.

B 포트에서 A 포트로의 유체 흐름 시, 유체의 압력이 체크 밸브 내부의 스프링을 밀어내면서 밸브가 열리고, 이 경로를 통해 유체는 조절 밸브를 우회하여 제한 없이 A 포트로 빠르게 이동할 수 있다.

5.2 미터인 제어 방식

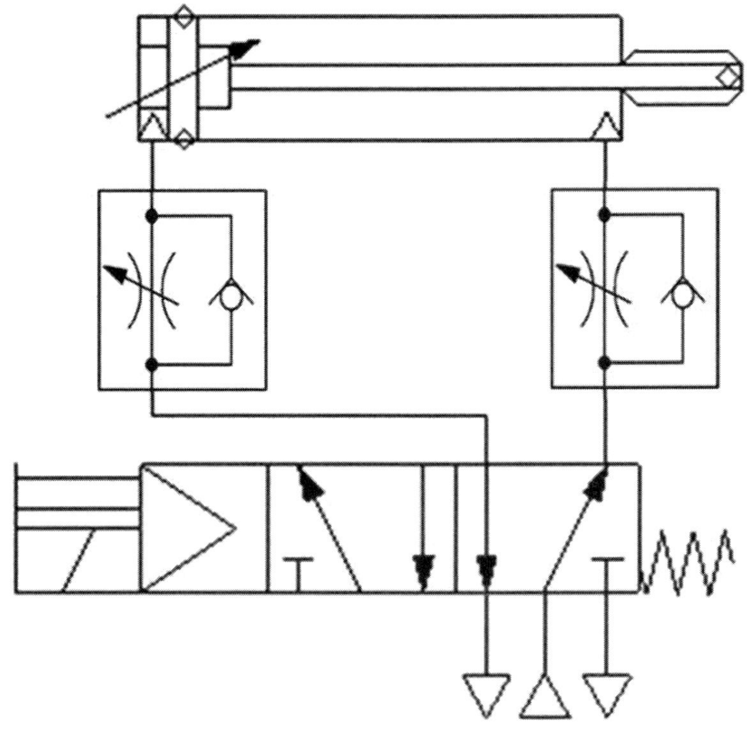

< 미터인 제어 방식 >

동작 원리

미터인 방식은 유체가 실린더로 공급되는 유량을 조절하여 속도를 제어하는 방식이다. 실린더로 공급되는 유량이 체크 밸브 기능으로 인하여 체크 밸브 라인으로 흐르지 못하고, 유량 제어 밸브 라인을 통과하며 유량이 조절되어 실린더로 공급되어 실린더의 속도 조절이 된다.

반면, 실린더에서 배출되는 유량은 체크 밸브 라인으로 통과할 수 있으므로 유량 제어 밸브의 영향을 받지 않는다.

5.3 미터아웃 제어 방식

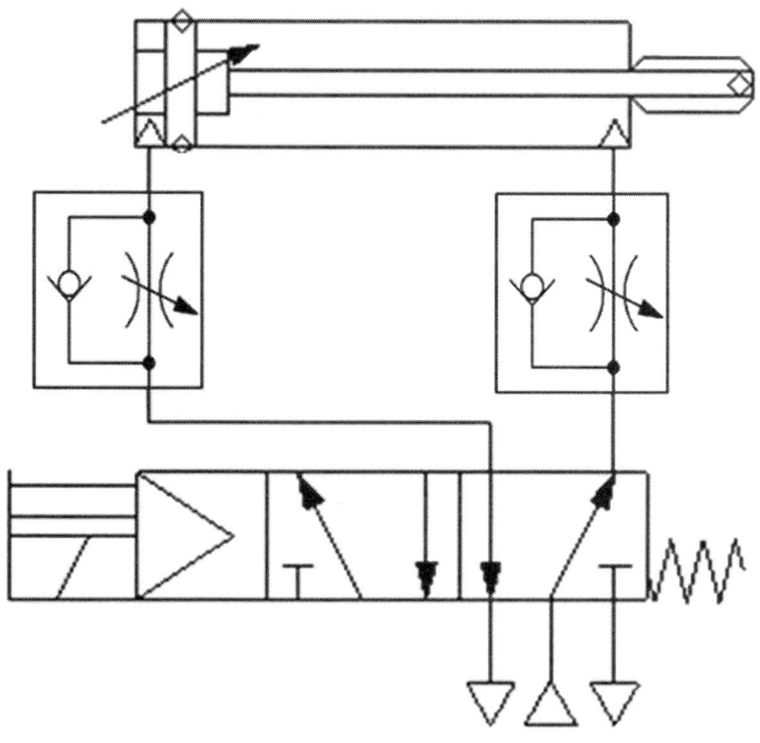

< 미터아웃 제어 방식 >

동작 원리

미터아웃 방식은 실린더에서 배출되는 유량을 조절하여 속도를 제어하는 방식이다. 실린더에서 배출되는 유량이 체크 밸브 기능으로 인하여 체크 밸브 라인으로 흐르지 못하고 유량 제어 밸브 라인을 통과하며 유량이 조절되어 배출되면서 실린더의 속도 조절이 된다.

반면, 밸브에서 공급되는 유량은 체크 밸브 라인으로 통과할 수 있으므로, 유량 제어 밸브의 영향을 받지 않는다.

PART 03

공기압 장치
공개 문제
풀이 및 정답

1장 요구 사항

※ 지급된 재료 및 시설을 사용하여 아래 작업을 완성하시오.

※ 한번 제출한 작품의 재작업은 허용되지 않습니다.

가. 공기압 회로도 구성

1) 공기압 회로도와 같이 기기를 선정하여 고정판에 배치하시오.

　가) 기기는 수평 또는 수직 방향으로 수험자가 임의로 배치하고, 리밋 스위치
　　　는 방향성을 고려하여 설치하시오.

2) 공기압 호스를 적절한 길이로 절단 및 사용하여 기기를 연결하시오.

　가) 공기압 호스가 시스템 동작에 영향을 주지 않도록 정리하시오.

3) 작업 압력(서비스 유닛)을 0.5±0.05 MPa로 설정하시오.

나. 기본 동작

1) PB1을 1회 ON-OFF 하면 **변위단계선도(타이머 포함)**와 같이 1사이클 단속
　동작되도록 전기 회로도를 설계하여 시스템을 구성하고 시험감독위원에게
　확인받으시오.

　가) 전기 배선은 + 는 적색으로, - 는 청색 또는 흑색으로 연결하고, 전선이 시
　　　스템 동작에 영향을 주지 않도록 정리하시오.

　나) 지정되지 않은 누름버튼 스위치는 자동복귀형 스위치를 사용하시오.

다. 시스템 유지보수

1) 동작 확인 후 **유지보수 계획**과 같이 시스템을 변경하고 시험감독위원에게 확
　인받으시오.

라. 정리정돈

1) 평가 종료 후 작업한 자리의 부품 정리, 공기압 호스 정리, 전선 정리 등 모든
　상태를 초기 상태로 정리하시오.

요구 사항에 대하여 자세히 살펴보자.

[공개 문제 요구 사항]

가. 공기압 회로도 구성

1) 공기압 회로도와 같이 기기를 선정하여 고정판에 배치하시오.

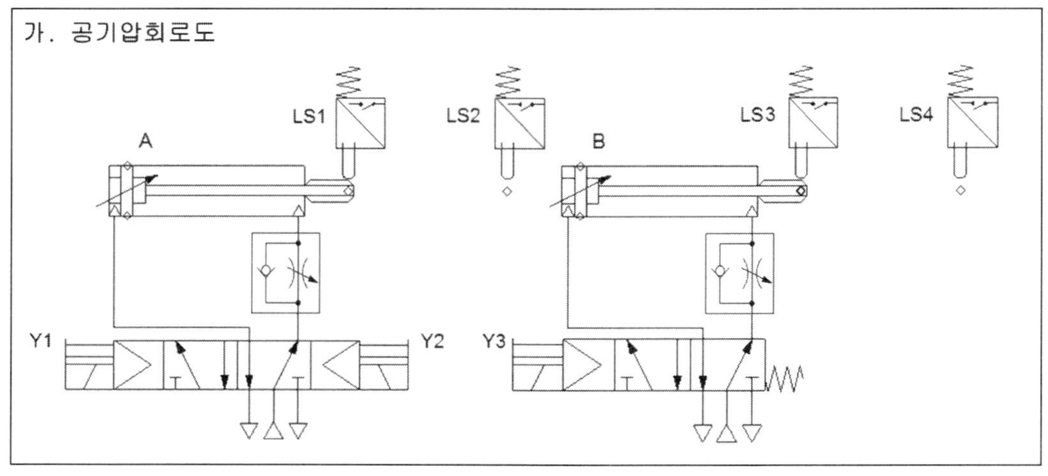

< 공기압 회로도 >

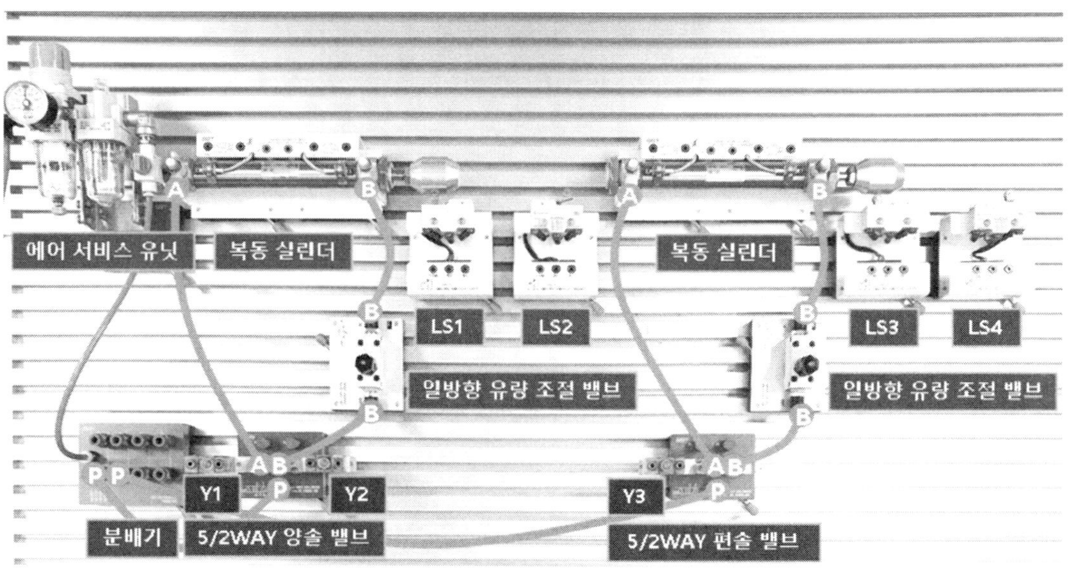

< 기기 배치 모습 >

주어진 공기압 회로도에 따라 기기를 배치해야 한다. 편측 솔레노이드 밸브와 양측 솔레노이드 밸브를 확인하고, 체크 밸브의 방향성도 반드시 고려해야 한다.

[공개 문제 요구 사항]

가) 기기는 수평 또는 수직 방향으로 수험자가 임의로 배치하고, 리밋 스위치는
　　방향성을 고려하여 설치하시오.

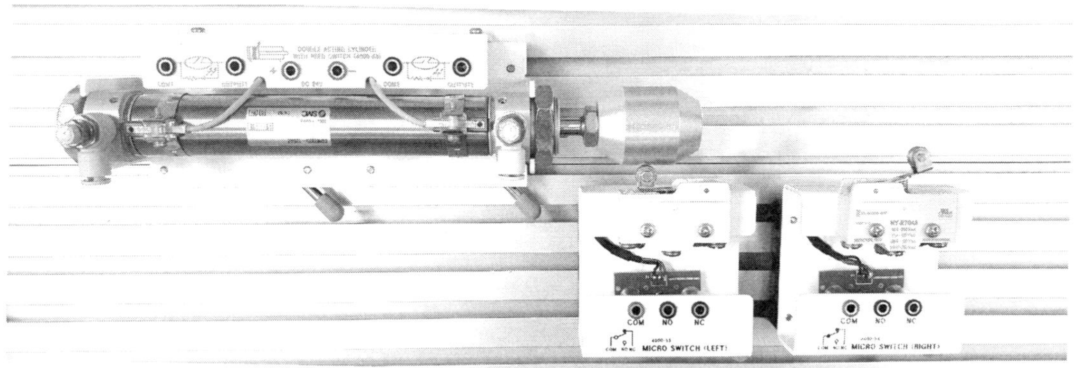

< 올바른 설치 상태 >

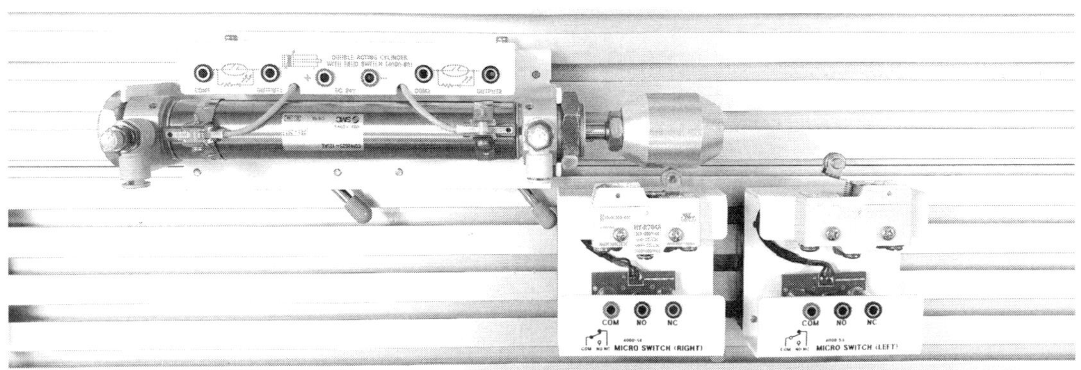

< 잘못된 설치 상태 >

실린더가 잘못 설치되어 헤드가 리밋 스위치를 밀거나 눌러 접히는 경우, 스위치의 오동
작이나 파손 위험이 발생할 수 있다.

따라서 반드시 실린더의 작동 방향과 스위치의 방향성을 정확히 맞춰 설치해야 한다.

[공개 문제 요구 사항]

2) 공기압 호스를 적절한 길이로 절단 및 사용하여 기기를 연결하시오.

적절한 길이의 공기압 호스를 사용하여야 한다.

[공개 문제 요구 사항]

가) 공기압 호스가 시스템 동작에 영향을 주지 않도록 정리하시오.

실린더 동작 시 공기압 호스가 실린더에 닿지 않도록 작업하여야 한다.

[공개 문제 요구 사항]

3) 작업 압력(서비스 유닛)을 0.5±0.05MPa로 설정하시오.

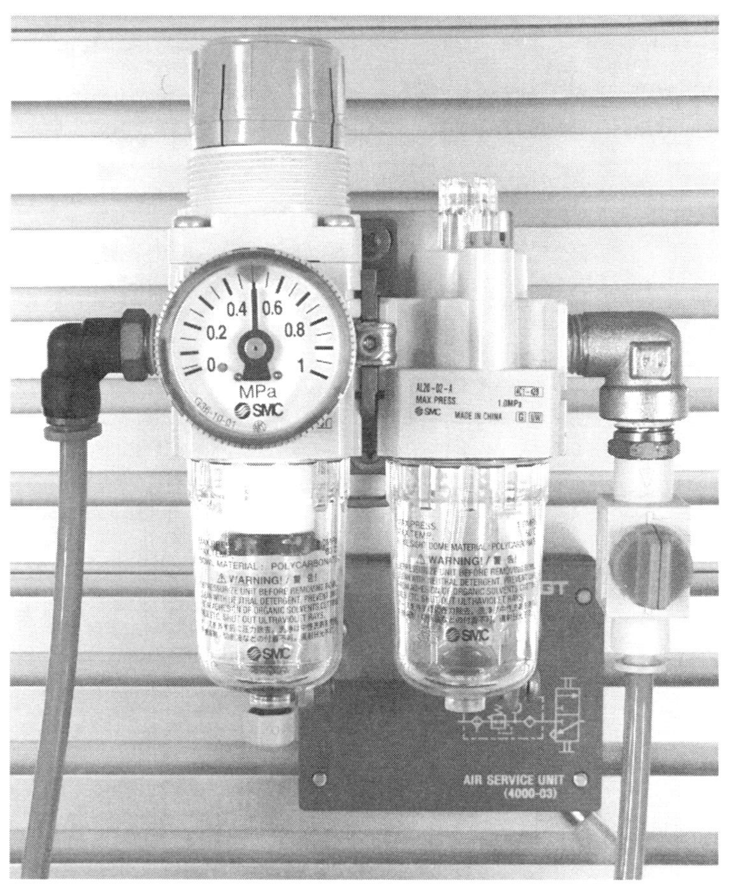

< 압력 게이지 0.5 MPa 설정 >

[공개 문제 요구 사항]

나. 기본 동작

1) PB1을 1회 ON-OFF 하면 변위단계선도(타이머 포함)와 같이 1사이클 단속 동작되도록 전기 회로도를 설계하여 시스템을 구성하고 시험감독위원에게 확인받으시오.

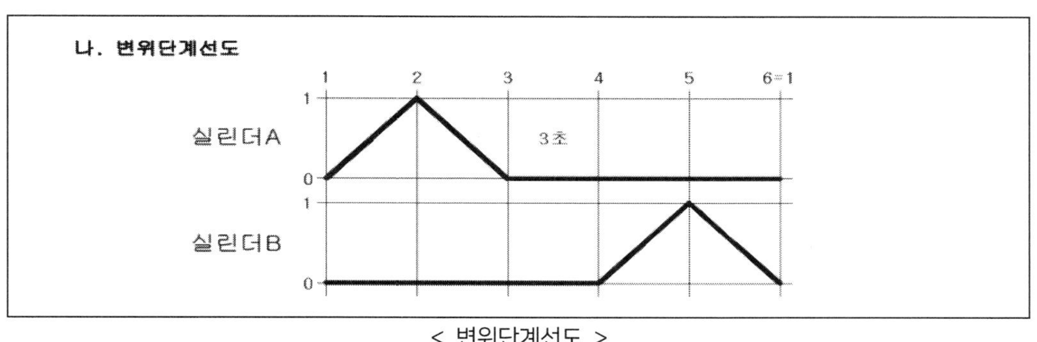

< 변위단계선도 >

PB1을 ON-OFF 하면, 변위단계선도와 같이 실린더가 동작해야 한다.

이 변위단계선도는 실린더 A 전진 → 실린더 A 후진 → 3초 후 → 실린더 B 전진 → 실린더 B 후진의 순서로 동작하며, PB1을 ON-OFF 하면 해당 순서대로 1사이클이 실행되어야 한다.

기본 동작 회로는 기동 우선 회로와 정지 우선 회로 방식으로 구성할 수 있으며, 각 방식에는 고유의 규칙이 존재하므로 해당 규칙에 따른 공식을 적용하여 회로를 설계할 수 있다.

아래에 제시된 공식을 참고하여 회로를 구성해 보자.

$$R_1 = C_1 + R_1 \times \overline{R_L}$$

$$R_{2...L} = C_{2...L} + R_{2...L} \times R_{1...L-1}$$

여기서,
R = 각 행정 Relay
C = 조건(Condition Limit Switch)
... = 에서부터
1 = 첫 행정, L-1 = 마지막 전 행정
2 = 두 번째 행정, L = 마지막 행정

< 기동 우선 회로 공식 >

$$R_n = (R_{n-1} \times C_n + R_n) \times \overline{R_{n+1}}$$

여기서,
R = 각 행정 Relay
C = 조건(Condition Limit Switch)
n = 현재 행정, 순서(Sequence)
n-1 = 이전 행정
n+1 = 다음 행정

< 정지 우선 회로 공식 >

[공개 문제 요구 사항]

가) 전기 배선은 + 는 적색으로, - 는 청색 또는 흑색으로 연결하고, 전선이 시스템 동작에 영향을 주지 않도록 정리하시오.

전선의 색상을 구분하여 작업해야 하며, 실린더 동작 시 전선이 실린더에 닿지 않도록 작업해야 한다.

[공개 문제 요구 사항]

나) 지정되지 않은 누름버튼 스위치는 자동 복귀형 스위치를 사용하시오.

비상 정지 스위치를 제외한 스위치는 복귀형 푸시버튼 스위치를 사용하면 된다.

[공개 문제 요구 사항]

다. 시스템 유지보수

1) 동작 확인 후 유지보수 계획과 같이 시스템을 변경하고 시험감독위원에게 확인받으시오.

기본 동작을 완료한 후, 시험감독위원에게 검사를 받은 뒤 시스템 유지보수 작업을 수행해야 한다.

[공개 문제 요구 사항]

라. 정리정돈

1) 평가 종료 후 작업한 자리의 부품 정리, 공기압 호스 정리, 전선 정리 등 모든 상태를 초기 상태로 정리하시오.

평가 종료 후 정리 정돈을 한다.

2장　기본 동작 풀이

나. 기본 동작

1) PB1을 1회 ON-OFF하면 변위단계선도(타이머 포함)와 같이 1사이클 단속 동작되도록 전기 회로도를 설계하여 시스템을 구성하고 시험감독위원에게 확인받으시오.

　가) 전기 배선은 + 는 적색으로, - 는 청색 또는 흑색으로 연결하고, 전선이 시스템 동작에 영향을 주지 않도록 정리하시오.

　나) 지정되지 않은 누름버튼 스위치는 자동 복귀형 스위치를 사용하시오.

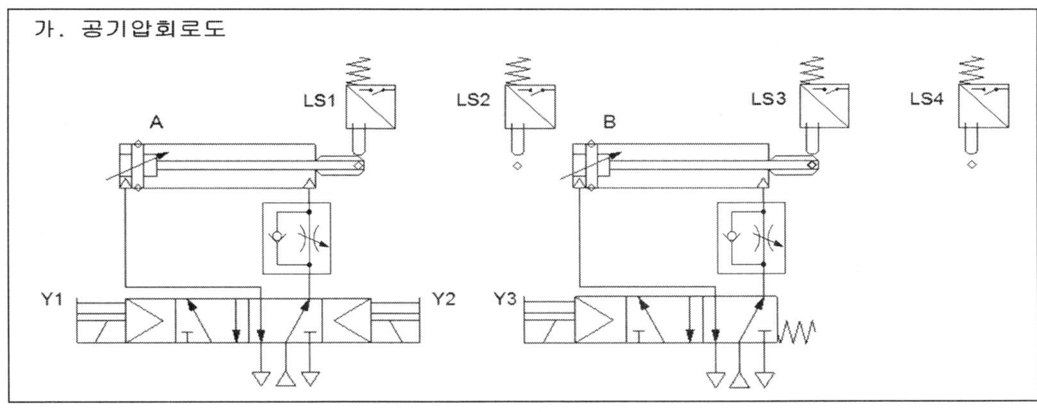

< 공기압 회로도 >

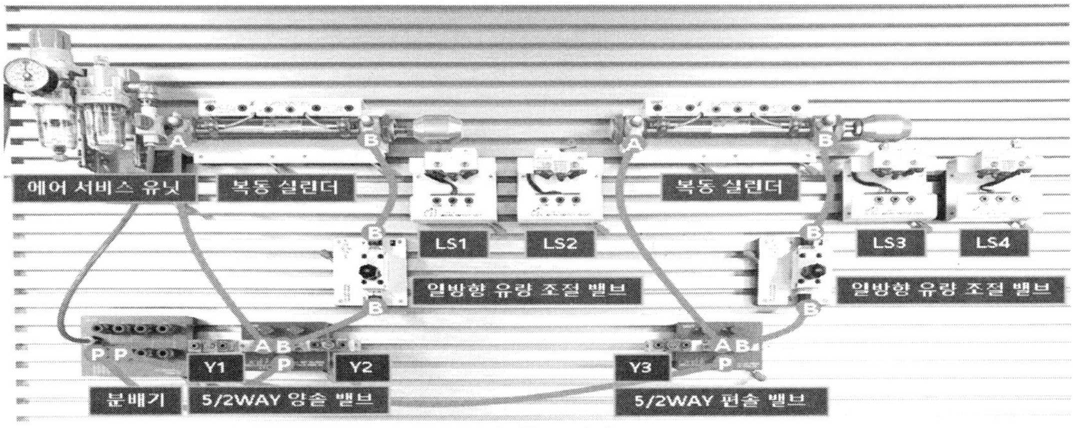

< 공기압 회로 결선도 >

기본 동작 회로(기동 우선 회로)

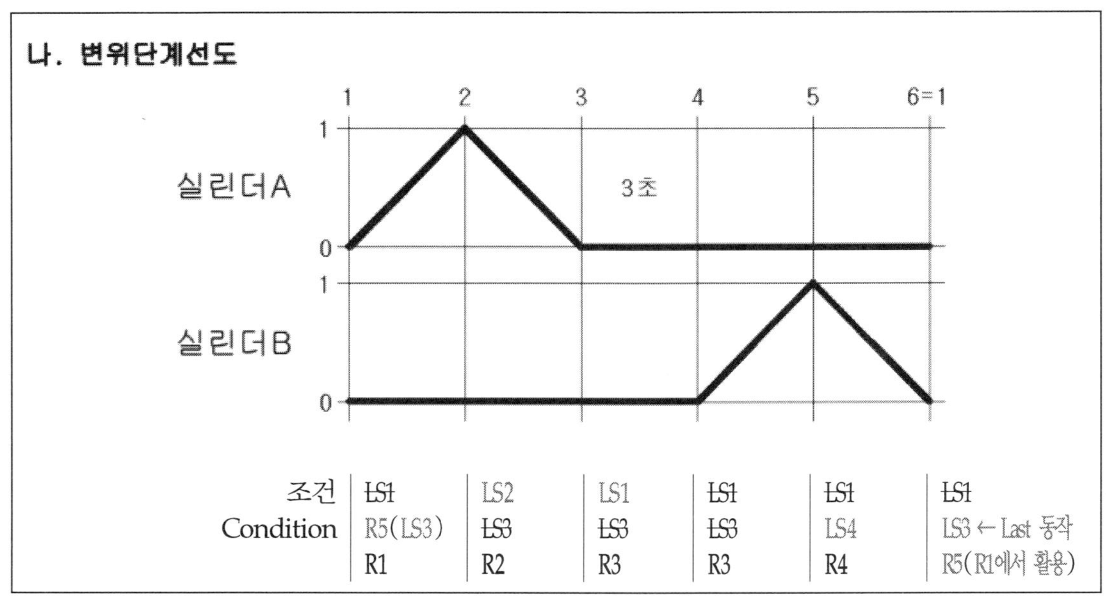

< 변위단계선도 >

기본 동작 회로 작성

기본 동작은 PB1을 1회 ON-OFF하면 변위단계선도(타이머 포함)와 같이 1사이클 단속 동작
되도록 전기 회로도를 설계하여 시스템을 구성하고 시험감독위원에게 확인받으시오. 를 수행
하여야 한다.

변위단계선도에 따라 동작(행정) 순서는 다음과 같다.

A 실린더 전진 → A 실린더 후진 → 3초 후 → B 실린더 전진 → B 실린더 후진 → 초기화

기동 우선 회로의 공식을 활용하여 실린더를 변위 단계 순서에 맞추어, 한 단계씩 순차적으
로 동작시켜 보자.

$$R_1 = C_1 + R_1 \times \overline{R_L}$$

$$R_{2\ldots L} = C_{2\ldots L} + R_{2\ldots L} \times R_{1\ldots L-1}$$

여기서,
R = 각 행정 Relay
C = 조건(Condition Limit Switch)
… = 에서부터
1 = 첫 행정, L-1 = 마지막 전 행정
2 = 두 번째 행정, L = 마지막 행정

< 기동 우선 회로 공식 >

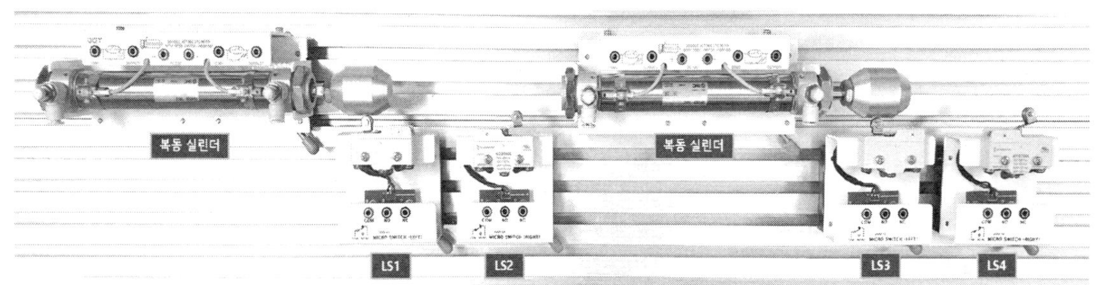

< 초기 상태의 실린더의 모습 >

STEP 1. PB1을 ON-OFF 하면 A 실린더가 전진한다.

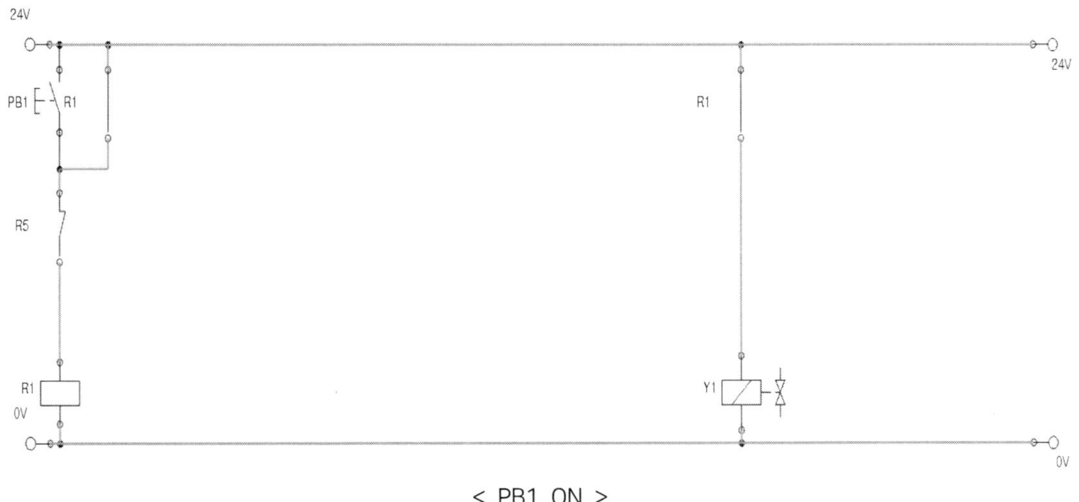

< PB1 ON >

동작 설명

PB1을 ON-OFF 하면 R1이 작동(ON)되면서 자기 유지된다.

동시에 Y1에 연결된 R1의 A 접점이 동작하여 Y1이 가동되고, 이에 따라 A 실린더가 전진한다.

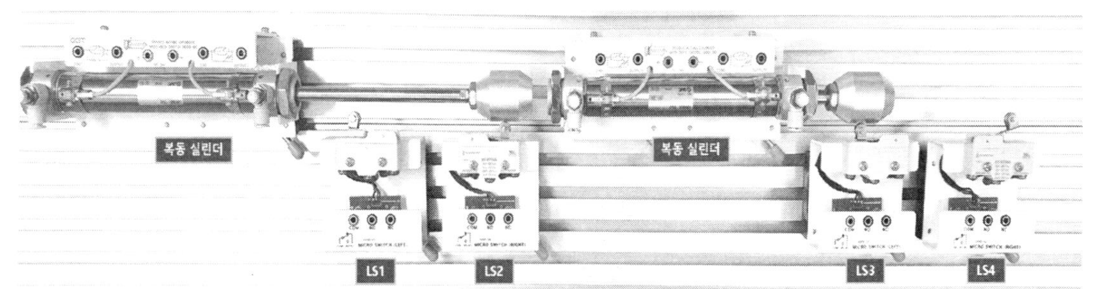

< A 실린더가 전진하여 LS2를 ON 시키는 모습 >

STEP 2. A 실린더 전진 완료 후 A 실린더가 후진한다.

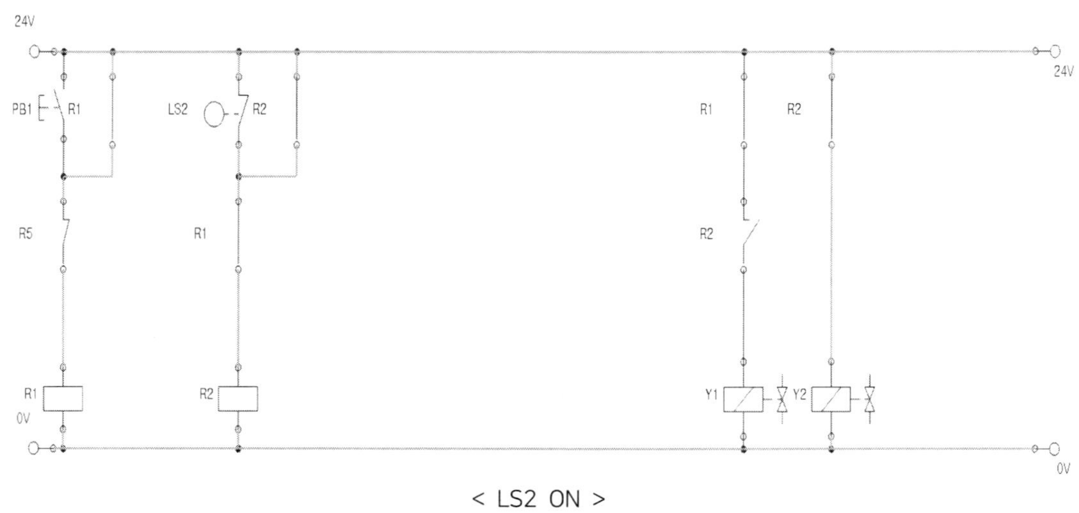

< LS2 ON >

동작 설명

A 실린더가 전진을 완료하면 LS2가 감지되어 ON 상태가 되고, 이에 따라 R2가 ON 된다. 또한, R2는 자기 유지된다.

R2가 ON 되기 전에 이전 동작이 정상적으로 수행되었는지 확인하기 위해 R1의 A 접점(A 실린더 전진 조건)을 직렬로 연결한다.

R2가 ON 되면 R2의 B 접점을 이용해 Y1 코일을 OFF 한다.

동시에 R2의 A 접점을 통해 Y2를 작동시켜 A 실린더를 후진시킨다.

A 실린더는 양측 솔레노이드 밸브를 사용하였기 때문에 Y1의 전류를 반드시 차단한 후 Y2에 전류를 공급해야만 후진 동작이 수행된다.

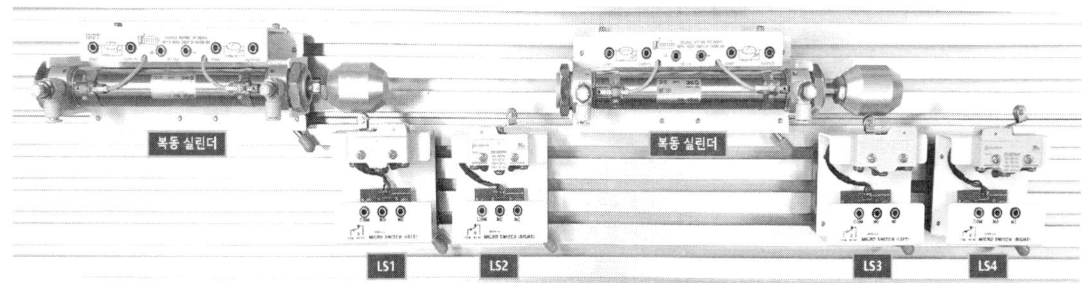

< A 실린더가 후진하여 LS1을 ON 시키는 모습 >

STEP 3. A 실린더 후진 완료 후 3초 뒤 B 실린더가 전진한다.

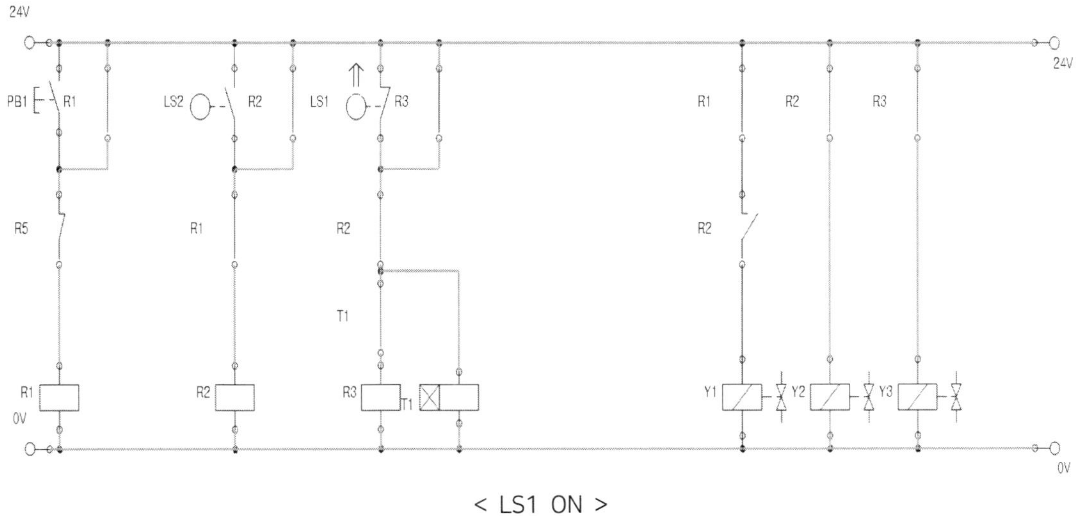

< LS1 ON >

동작 설명

A 실린더가 후진을 완료하면 LS1이 감지되어 ON 상태가 된다.

또한, 이전 동작을 기억하는 R2의 A 접점도 ON 되어 T1이 작동(ON)한다.

3초 뒤 T1의 접점이 동작하여 R3을 가동 및 자기 유지시키고 동시에 Y3을 작동시켜 B 실린더를 전진시킨다.

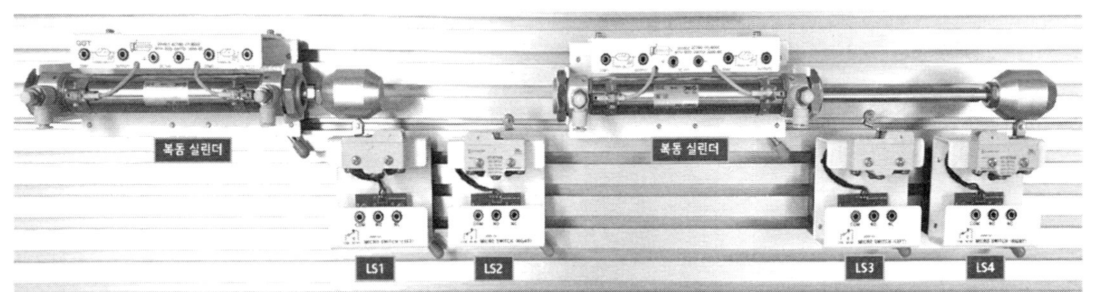

< B 실린더가 전진하여 LS4을 ON 시키는 모습 >

STEP 4. B 실린더 전진 후 B 실린더가 후진한다.

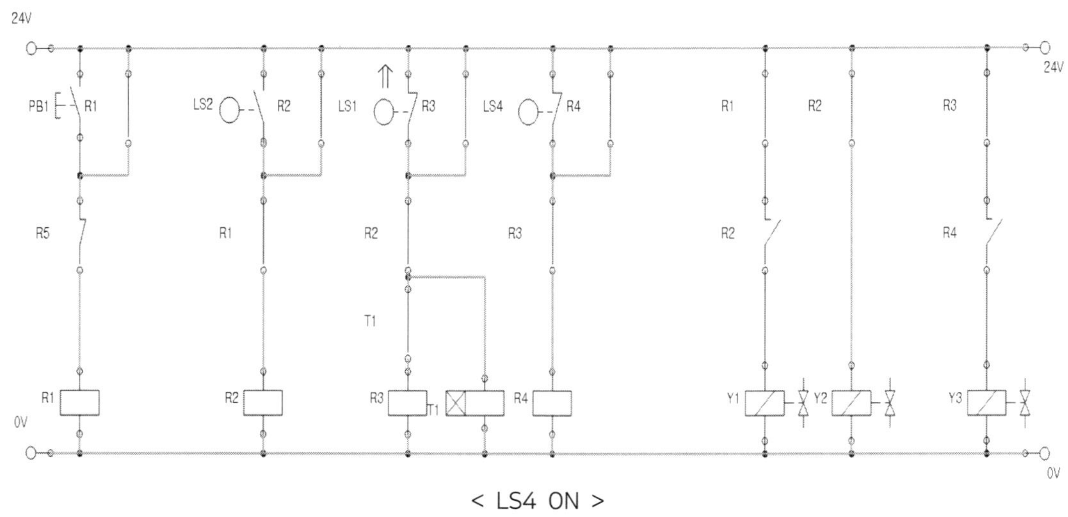

< LS4 ON >

동작 설명

B 실린더가 전진을 완료하면 LS4가 감지되어 ON 상태가 된다.

동시에 이전 동작을 기억하는 R4의 A 접점도 ON 되어 R4가 작동(ON)한다.

R4의 접점이 동작하여 R4를 자기 유지시키고, R3의 A 접점이 Y3에 전류를 공급하던 회로를 R4의 B 접점을 이용해 차단함으로써 B 실린더를 후진시킨다.

B 실린더는 편측 솔레노이드 밸브를 사용하였으므로 전류를 차단하기만 해도 자동으로 후진한다.

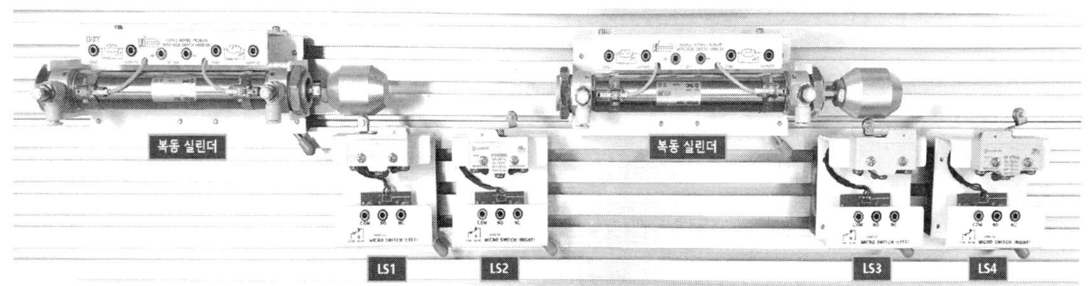

< B 실린더가 후진하여 LS3을 ON 시키는 모습 >

STEP 5. B 실린더 후진 완료 후 회로를 초기화한다.

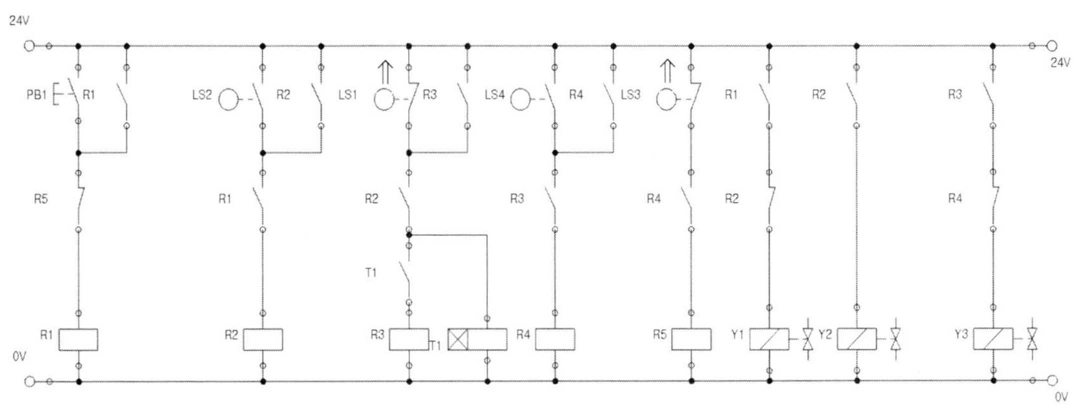

< R5(LS3 및 R4) ON에 의한 회로 초기화 >

동작 설명

B 실린더가 후진을 완료하면 LS3이 감지되어 ON 상태가 된다.

동시에 이전 동작을 기억하는 R4가 ON 되어 R5가 작동(ON)된다.

R5의 B 접점이 동작하여 R1의 자기 유지를 해제하고, 이어서 R2, R3, R4, R5도 순차적으로 해제되면서 회로가 초기화된다.

기동 우선 회로의 각 행정 릴레이 측에 A 접점을 이용하여 순서 동작함에 있어 최종 단까지 자기 유지를 하고 있다. 그러므로 출력(솔레노이드) 단에서 B 접점 등으로 인터록으로 차단하는 다소 복잡함이 있을 수 있다.

기본 동작 회로(정지 우선 회로)

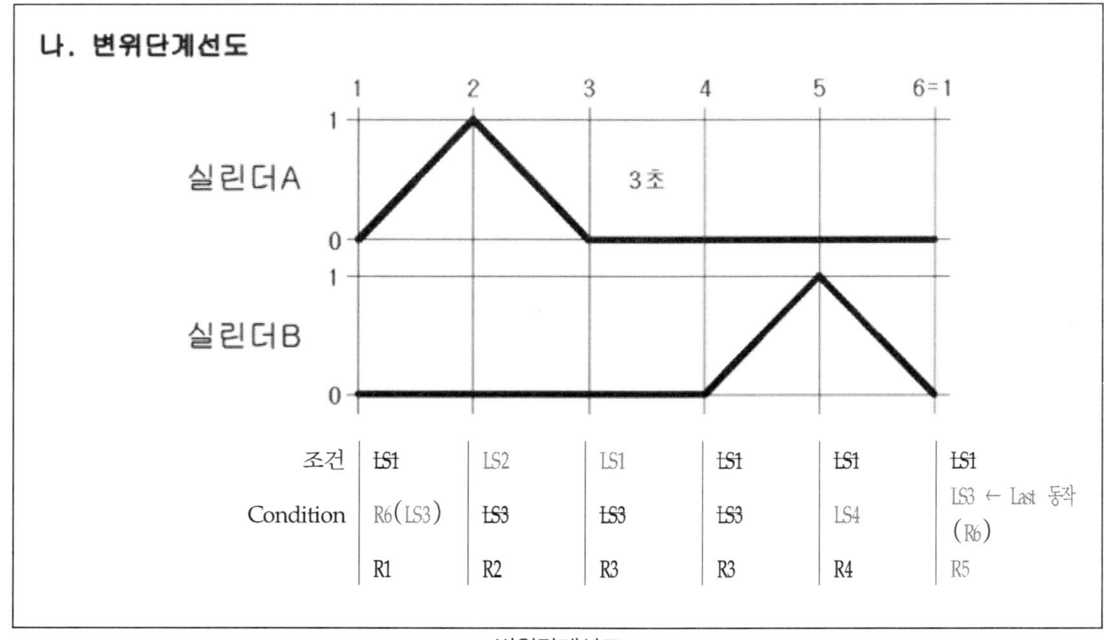

< 변위단계선도 >

기본 동작 회로 작성

PB1을 1회 ON-OFF하면 변위단계선도(타이머 포함)와 같이 1사이클 단속 동작되도록 전기
회로도를 설계하여 시스템을 구성하고 시험감독위원에게 확인받으시오. 를 수행하여야 한다.
변위단계선도의 따라 동작(행정) 순서는 다음과 같다.

A 실린더 전진 → A 실린더 후진 → 3초 후 → B 실린더 전진 → B 실린더 후진 → 초기화

정지 우선 회로의 공식을 활용하여 실린더를 변위 단계 순서에 맞추어, 한 단계씩 순차적으
로 동작시켜 보자.

$$R_n = (R_{n-1} \times C_n + R_n) \times \overline{R_{n+1}}$$

여기서,
R = 각 행정 Relay
C = 조건(Condition Limit Switch)
n = 현재 행정, 순서(Sequence)
n-1 = 이전 행정
n+1 = 다음 행정

< 정지 우선 회로 공식 >

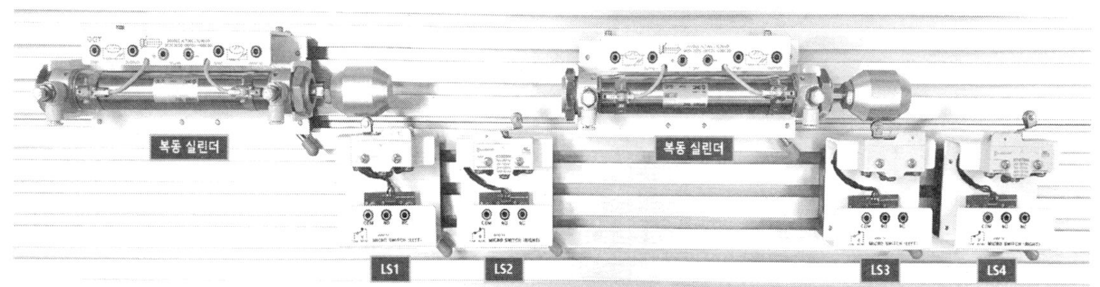

< 초기 상태의 실린더의 모습 >

STEP 1. PB1을 ON-OFF 하면 A 실린더가 전진한다.

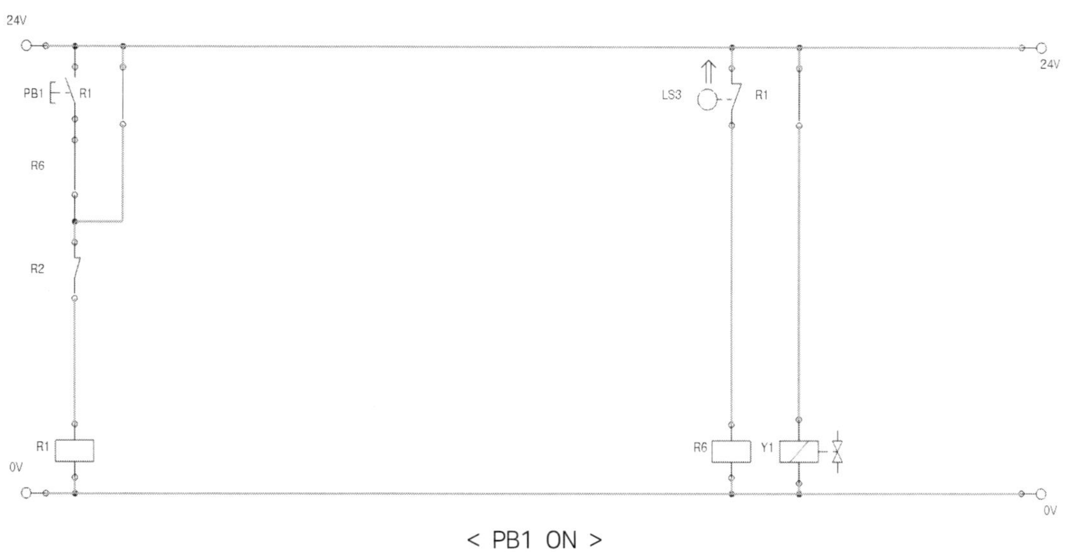

< PB1 ON >

동작 설명

PB1을 ON-OFF 하면 R1 릴레이가 동작(ON)하면서 자기 유지된다.

이때 LS3은 초기 상태에서 ON 되어 있으므로 실린더 B가 후진 상태임을 의미한다. 이에 따라 R6 릴레이가 동작하며, PB1과 직렬로 연결된 R6의 A 접점이 ON 되어 R1이 동작한다. R6의 동작 조건은 변위단계선도의 마지막 조건인 실린더 B의 후진 조건인 LS3을 통해 R6을 ON한다. 예를 들어, 마지막 동작이 A 실린더의 후진이라면 LS1이 해당 조건이 된다.

동시에 R1의 A 접점이 동작하여 Y1 솔레노이드 밸브에 전류를 공급하게 되고, 이에 따라 A 실린더가 전진한다.

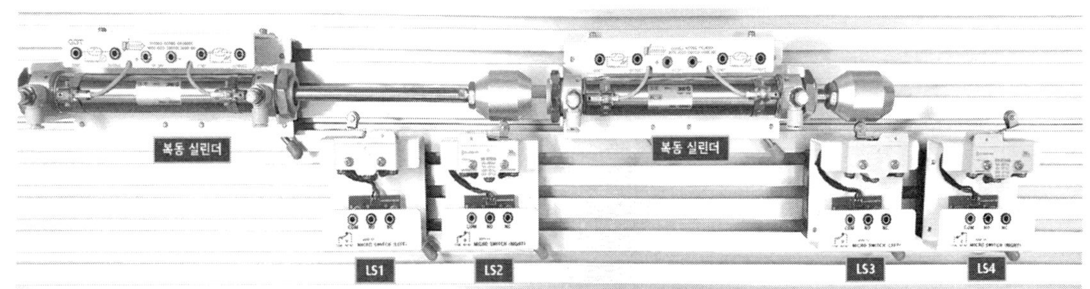

< A 실린더가 전진하여 LS2을 ON 시키는 모습 >

STEP 2. A 실린더 전진 완료 후 A 실린더가 후진한다.

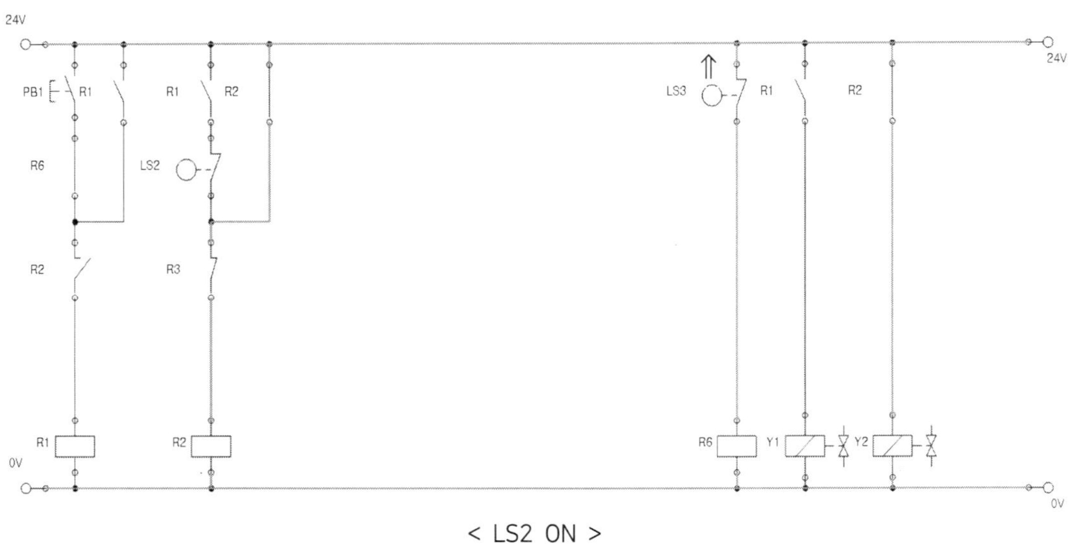

< LS2 ON >

동작 설명

A 실린더가 전진을 완료하면 LS2가 감지되어 ON 상태가 되고, 이에 따라 R2가 ON 된다.

또한, R2는 자기 유지된다. R2가 ON 되기 전에 이전 동작이 정상적으로 수행되었는지 확인하기 위해 R1의 A 접점(A 실린더 전진 조건)을 직렬로 연결한다. R2가 ON 되면 R2의 B 접점을 이용해 R1 코일을 OFF 한다. 동시에 R2의 A 접점을 통해 Y2를 작동시켜 A 실린더를 후진시킨다.

A 실린더는 양측 솔레노이드 밸브를 사용하였으므로 Y1의 전류를 반드시 차단(R1 OFF)한 후, Y2에 전류를 공급해야만 후진 동작이 수행된다.

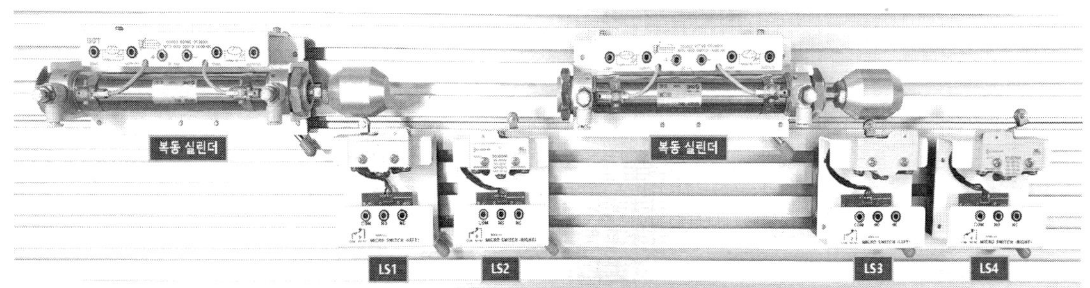

< A 실린더가 후진하여 LS1을 ON 시키는 모습 >

STEP 3. A 실린더 후진 완료 후 3초 뒤 B 실린더가 전진한다.

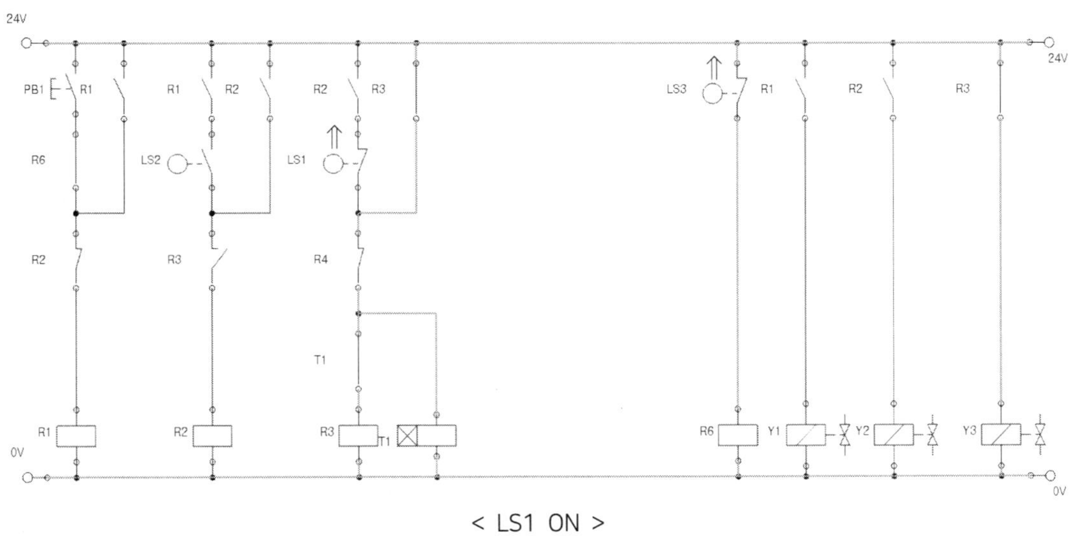

< LS1 ON >

동작 설명

A 실린더가 후진을 완료하면 LS1이 감지되어 ON 상태가 된다. 또한, 이전 동작을 기억하는 R2의 A 접점도 ON 되어 T1이 작동(ON)한다. 3초 후 T1의 접점이 동작하여 R3을 가동 및 자기 유지한다. R3의 B 접점을 이용해 R2 코일을 OFF 한다. 동시에 Y3을 작동시켜 B 실린더를 전진시킨다.

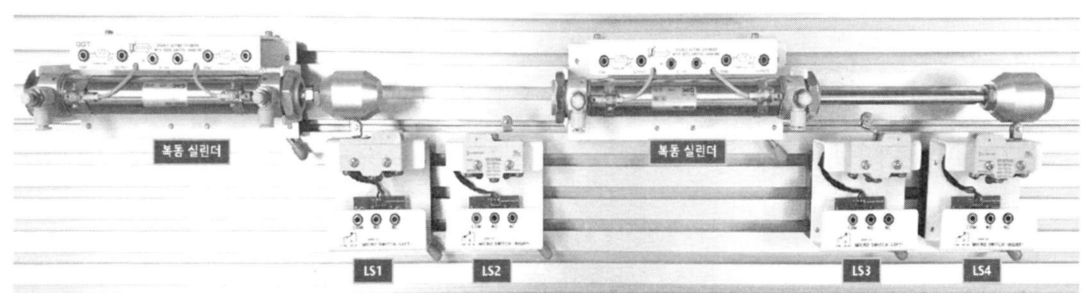

< B 실린더가 전진하여 LS4을 ON 시키는 모습 >

STEP 4. B 실린더 전진 후 B 실린더가 후진한다.

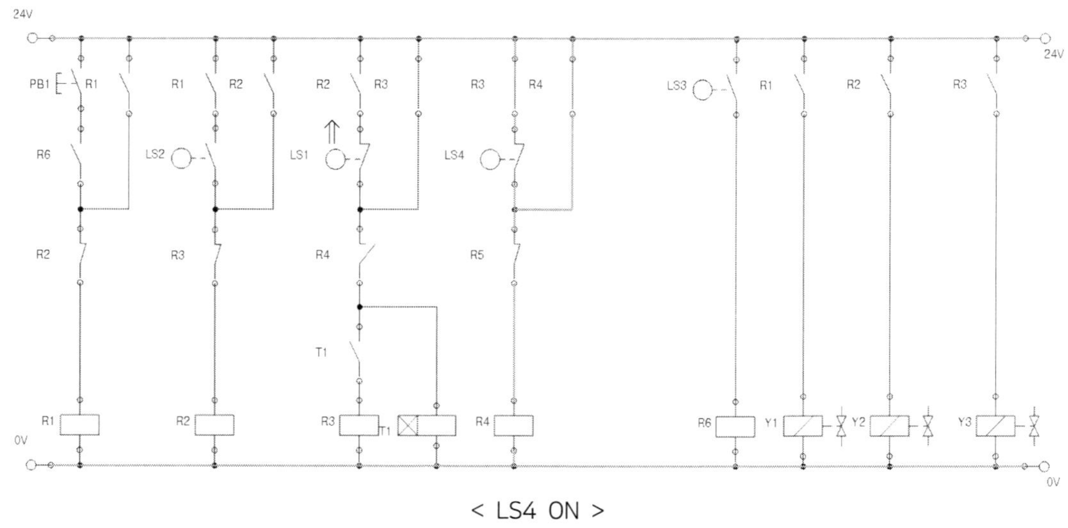

< LS4 ON >

동작 설명

B 실린더가 전진을 완료하면 LS4가 감지되어 ON 상태가 된다. 동시에 이전 동작을 기억하는 R3의 A 접점도 ON 되어 R4가 작동(ON)한다. R4의 접점이 동작하여 R4를 자기 유지한다. R4의 B 접점을 이용해 R3 코일을 OFF 한다. R3이 OFF 됨으로 Y3의 공급되는 전류를 차단하게 되고 실린더 B는 후진하게 된다. B 실린더는 편측 솔레노이드 밸브를 사용하였으므로 전류를 차단하기만 해도 자동으로 후진한다.

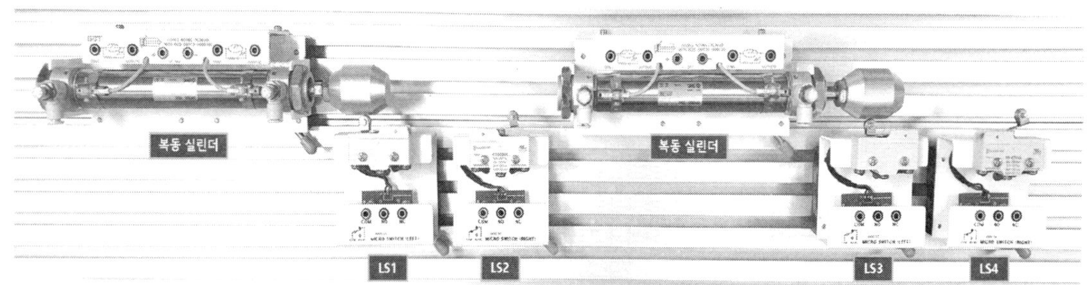

< B 실린더가 후진하여 LS3을 ON 시키는 모습 >

STEP 5. B 실린더 후진 완료 후 회로를 초기화한다.

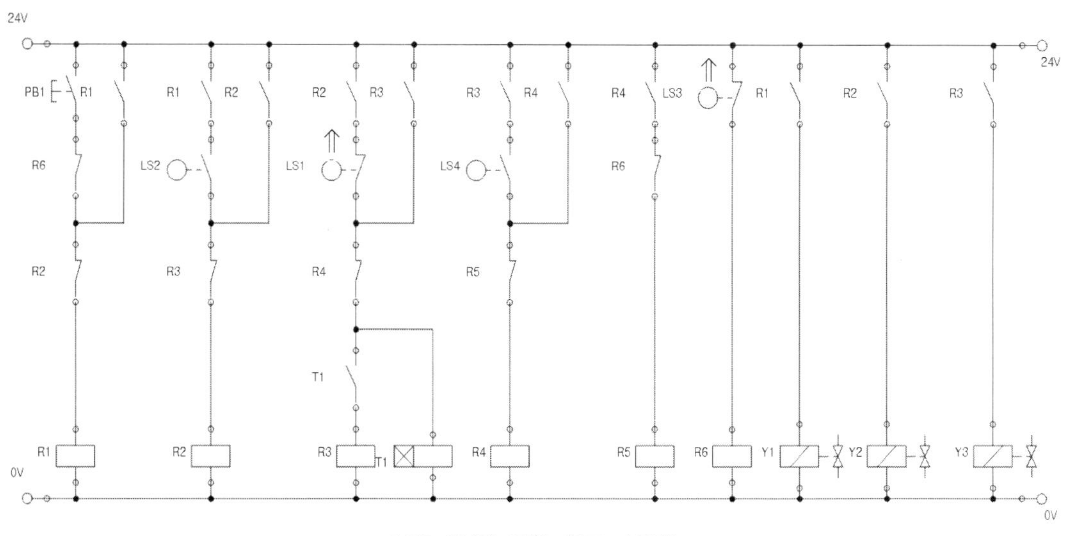

< LS3 ON에 의한 회로 초기화 >

동작 설명

B 실린더가 후진을 완료하면 LS3이 감지되어 R6이 ON 상태가 된다. R6과 직렬로 연결된 R4가 ON 되어 R5가 작동(ON)된다. R5의 B 접점이 동작하여 R4의 자기 유지를 해제하고 회로는 초기 상태가 된다. 정지 우선 회로의 각 행정 릴레이 측에 다음 행정 릴레이의 B 접점으로 자기 유지 해제를 함에 있어 현재 진행 중인 행정만 자기 유지를 하고 있다. 그러므로 출력(솔레노이드) 단에서 인터록을 하지 않아도 되므로 회로가 다소 간단함이 있을 수 있다.

전기 회로의 복잡성을 고려할 때 저자의 입장에선 기동 우선 회로를 선호함으로 앞으로 나오는 회로는 기동 우선 회로를 이용하여 설명하기로 하겠다. 사용자는 두 가지 모두 활용하여 연습하기를 권장한다.

2.1 유지 보수 계획 1) 유형

가) 유형

1) 연속 스위치(PB2), 카운터 리셋 스위치(PB3), 램프를 추가하여 다음과 같이 동작하도록 회로를 변경하시오.
  ① PB2를 1회 ON-OFF하면, 기본동작을 3회 연속동작한 후 정지합니다.
  ② PB3를 1회 ON-OFF하면, 카운터가 리셋됩니다.
  ③ 카운터 리셋 후 PB2를 1회 ON-OFF하면, 연속동작이 재동작합니다.
  ④ 연속동작을 수행하는 동안 램프1이 점등되고, 동작 완료 후 소등됩니다.

나) 유형

1) 연속 스위치(PB2), 비상정지 스위치(유지형 스위치 사용 가능), 램프를 추가하여 다음과 같이 동작하도록 회로를 변경하시오.
  ① PB2를 1회 ON-OFF하면, 기본동작이 연속적으로 동작합니다.
  ② 연속동작 중 비상정지 스위치를 ON하면, 모든 실린더는 후진하며 램프가 점등됩니다.
  ③ 비상정지 스위치를 OFF하면, 램프는 소등되고 시스템은 초기화됩니다.
  ④ 초기화 후 PB2를 1회 ON-OFF하면, 연속동작이 재동작합니다.

시스템 유지보수 계획은 1) 유형과 2) 유형 두 가지로 구분되며, 각 유형은 다시 가) 유형과 나) 유형으로 세분화된다.

우선 살펴보게 될 시스템 유지보수 계획 1) 유형의 세부 내용을 살펴보면,

가) 유형은 연속 동작 회로를 작성하고 연속 동작을 카운터를 이용하여 정지하는 회로이다.

나) 유형은 연속 동작 회로를 작성하고 연속 동작을 비상 정지 스위치를 이용하여 정지 후, 시스템을 초기화시키는 회로이다.

기본 회로를 작성한 곳에 연속 회로 및 연속 정지 회로를 추가로 작성하여 주면 된다.

살펴보게 될 유지보수 계획은 기동 우선 회로에 모두 적용하였으며, 정지 우선 회로의 경우에는 공개 문제 8번에 반영되어 있으니 함께 참고해 보기 바란다.

연속 동작 설명

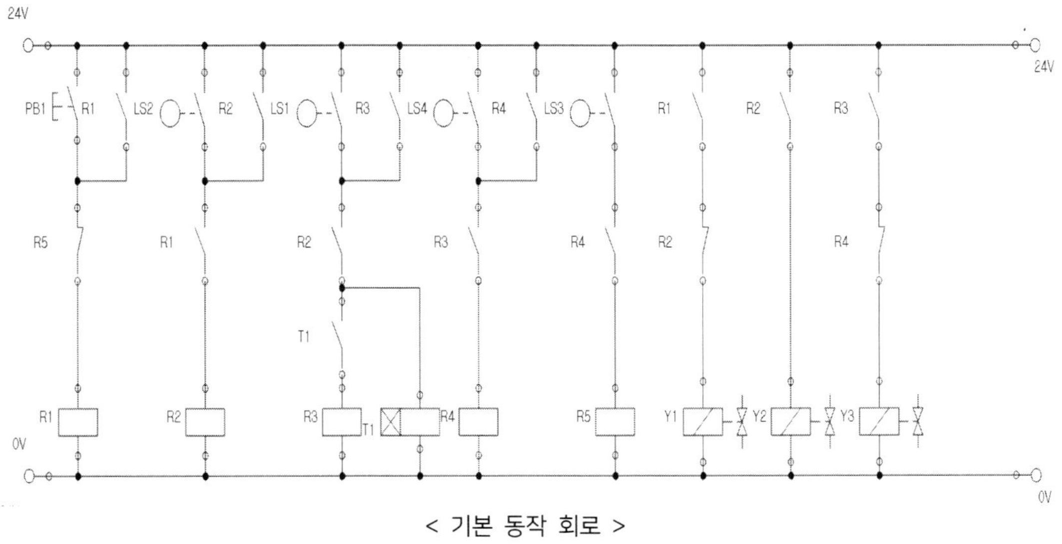

< 기본 동작 회로 >

연속 동작 풀이에 앞서, 기본 동작 회로를 구성한 후 PB1을 계속 ON 상태로 유지하며 동작을 살펴보자.

사이클이 종료되는 시점, 즉 R5가 동작하여 R1의 자기 유지가 해제되는 순간에도 PB1을 계속 ON 상태로 유지하고 있다면 PB1을 통해 즉시 R1에 전류가 다시 공급되어 사이클이 다시 시작된다.

이 원리가 연속 회로의 기본 개념이다.

즉 PB1이 눌린 상태에서 사이클 종료 후, R1이 즉시 다시 동작하며 자동으로 다음 사이클이 시작되는 구조가 된다. 연속 동작의 정지 방식은 카운터를 이용한 방법과 비상 정지 스위치를 이용한 방법, 두 가지 유형으로 시험에 출제된다.

다음은 1) 가 유형(카운터를 이용한 연속 정지)과 2) 나 유형(비상 정지 스위치)을 이용한 연속 정지 회로에 대해 살펴보자.

시스템 유지보수 계획 1) 가 유형 풀이

< 시스템 유지보수 1) 가형 연속 동작 >

유지 보수 계획

① PB2를 1회 ON-OFF 하면, 기본 동작을 3회 연속 동작한 후 정지합니다.

STEP 1. 연속 동작 스위치 설정.

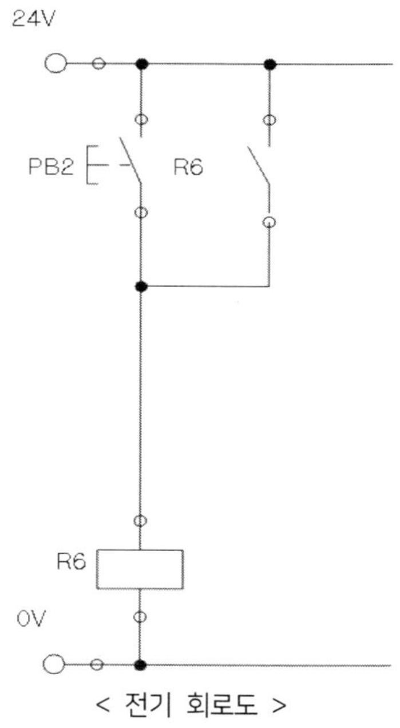

< 전기 회로도 >

동작 설명

연속 동작 스위치(PB2)를 ON-OFF 하면, 연속 동작을 위한 R6이 작동(ON)되면서 자기 유지된다.

이후 R6의 접점을 이용하여 회로가 연속적으로 동작할 수 있도록 메인 회로에 연결해 준다.

STEP 2. 연속 동작 접점 메인 회로 연결.

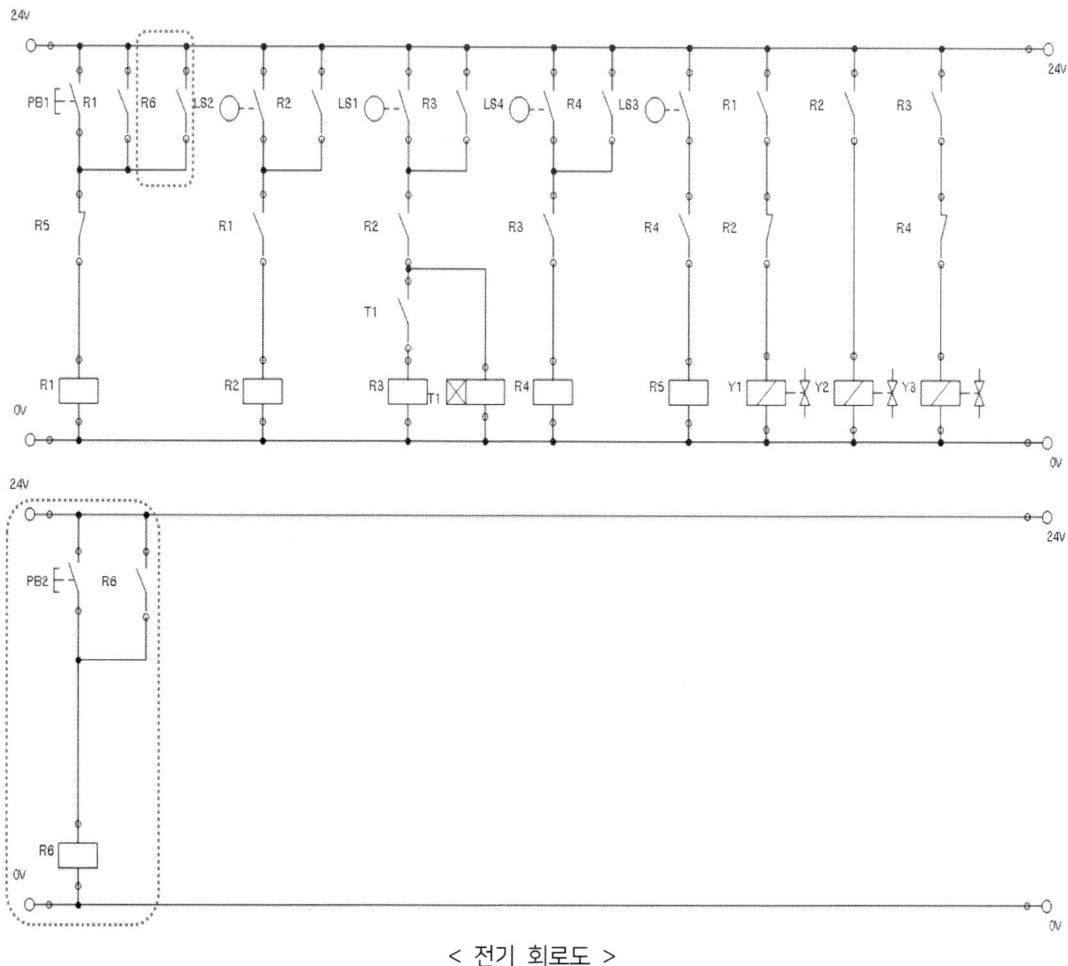

< 전기 회로도 >

동작 설명

PB2를 눌러 R6(연속 동작을 위한 릴레이)을 ON 한다.

R6의 A 접점을 메인 회로 R1 라인에 병렬로 연결한다.

R6의 A 접점을 통해 R1에 지속적으로 전류가 공급되면서 연속 동작이 가능하게 된다.

STEP 3. 기본 동작을 3회 연속 동작한 후 정지.

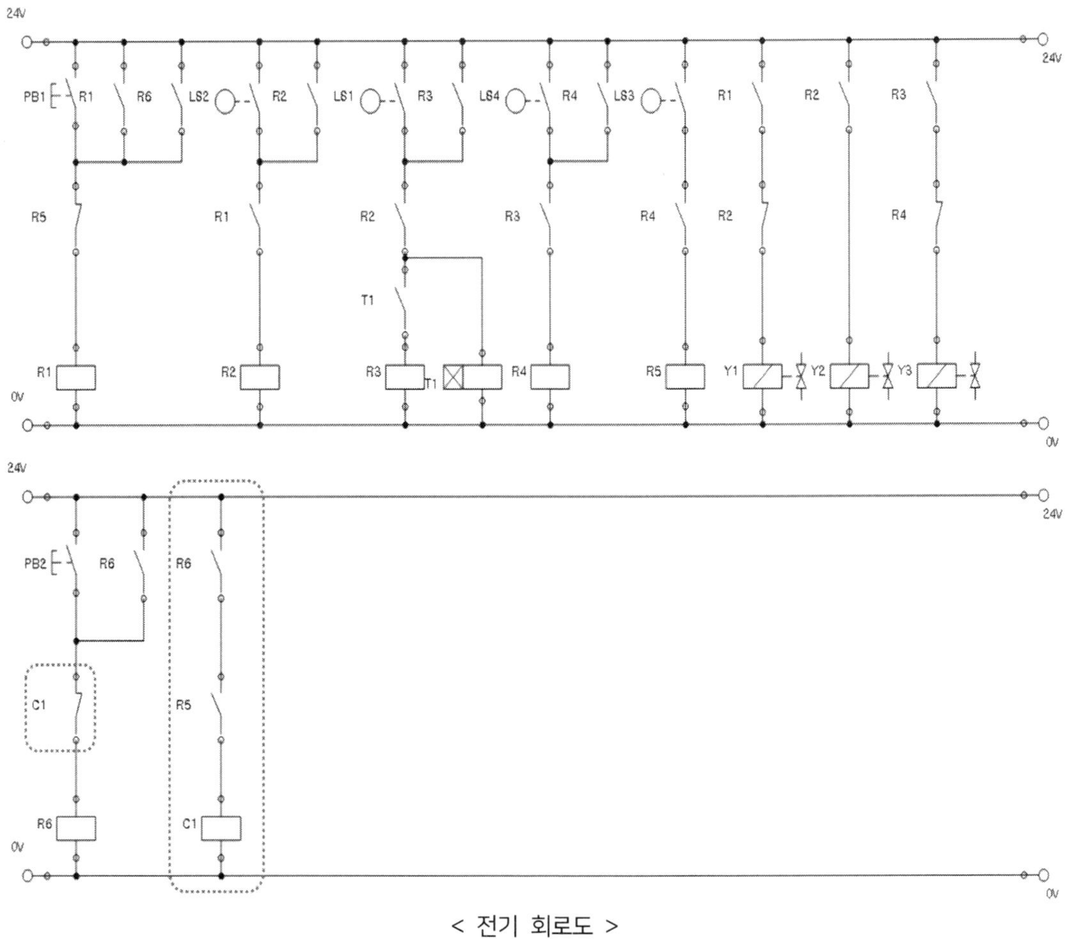

< 전기 회로도 >

동작 설명

PB2를 ON 하여 연속 동작을 시작하면 R6이 ON 상태가 되고 사이클이 반복된다.

사이클이 반복되면서 사이클의 마지막 공정인 R5가 ON 될 때마다 C1에 전류가 인가되어 카운터 현재값이 1씩 증가한다.

R6을 R5와 직렬로 연결한 이유는 자동 운전일 때만 카운터 횟수가 증가하게 하기 위함이다.

카운터 설정값인 3회에 도달하면 C1이 ON 상태가 되어 접점을 가동한다.

C1의 B 접점이 ON 되면서 R6의 자기 유지가 해제되고, 그 결과 메인 회로에 지속적으로 공급되던 전류가 차단되어 연속 동작이 정지된다.

유지보수 계획

② PB3을 1회 ON-OFF 하면, 카운터가 리셋됩니다.

③ 카운터 리셋 후 PB2를 ON-OFF 하면, 연속 동작이 재동작합니다.

STEP 4. PB3을 누르면 카운터 리셋.

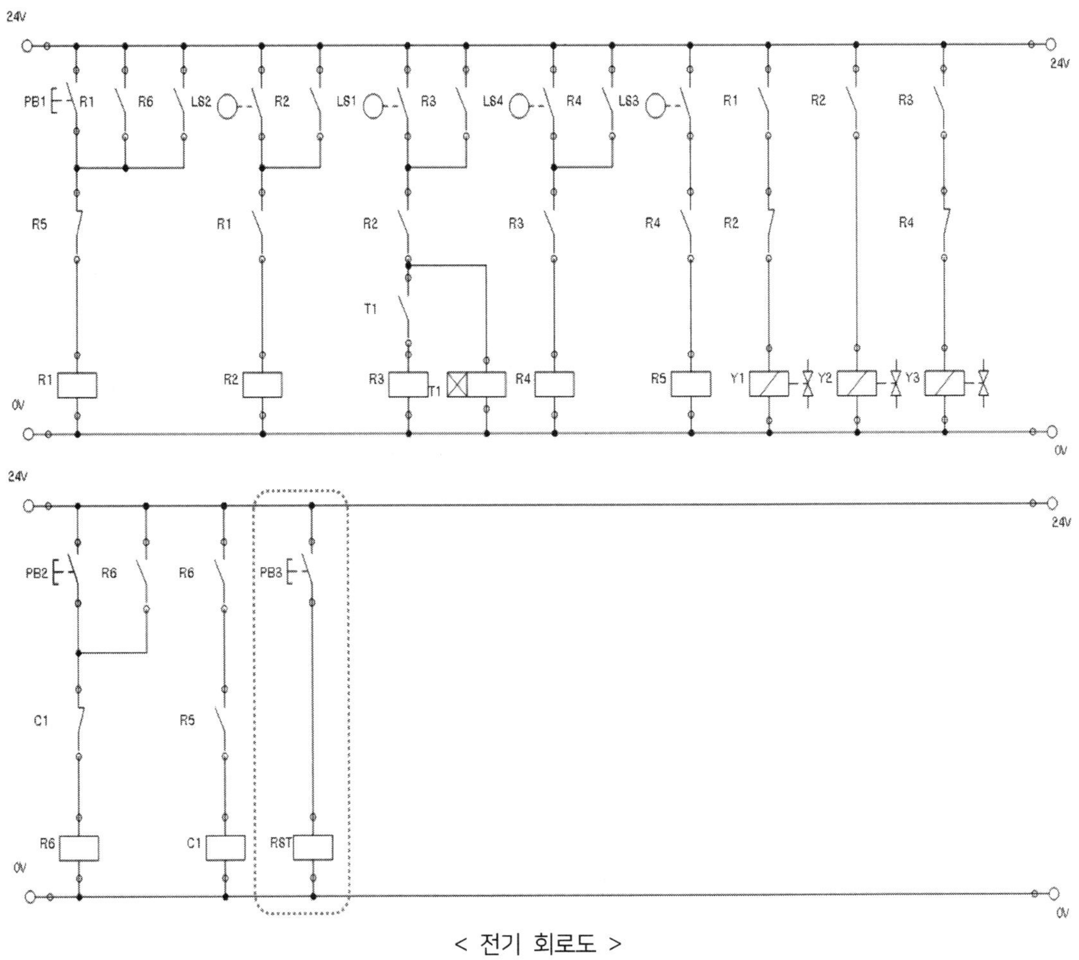

< 전기 회로도 >

동작 설명

PB3을 ON-OFF 하면 카운터(C1)의 리셋 코일이 작동하여 카운터 현재값이 초기화되고, 카운터 접점(C1)은 원래 상태로 복귀한다. 카운터가 초기화되면 다시 사이클을 시작할 수 있는 상태가 되며, 이후 PB2를 ON-OFF 하면 R6이 다시 동작하면서 연속 동작이 재개된다.

유지보수 계획

④ 연속 동작을 수행하는 동안 램프1이 점등되고, 동작 완료 후 소등됩니다.

STEP 1. L1(램프1)을 연속 동작 R6에 병렬로 연결.

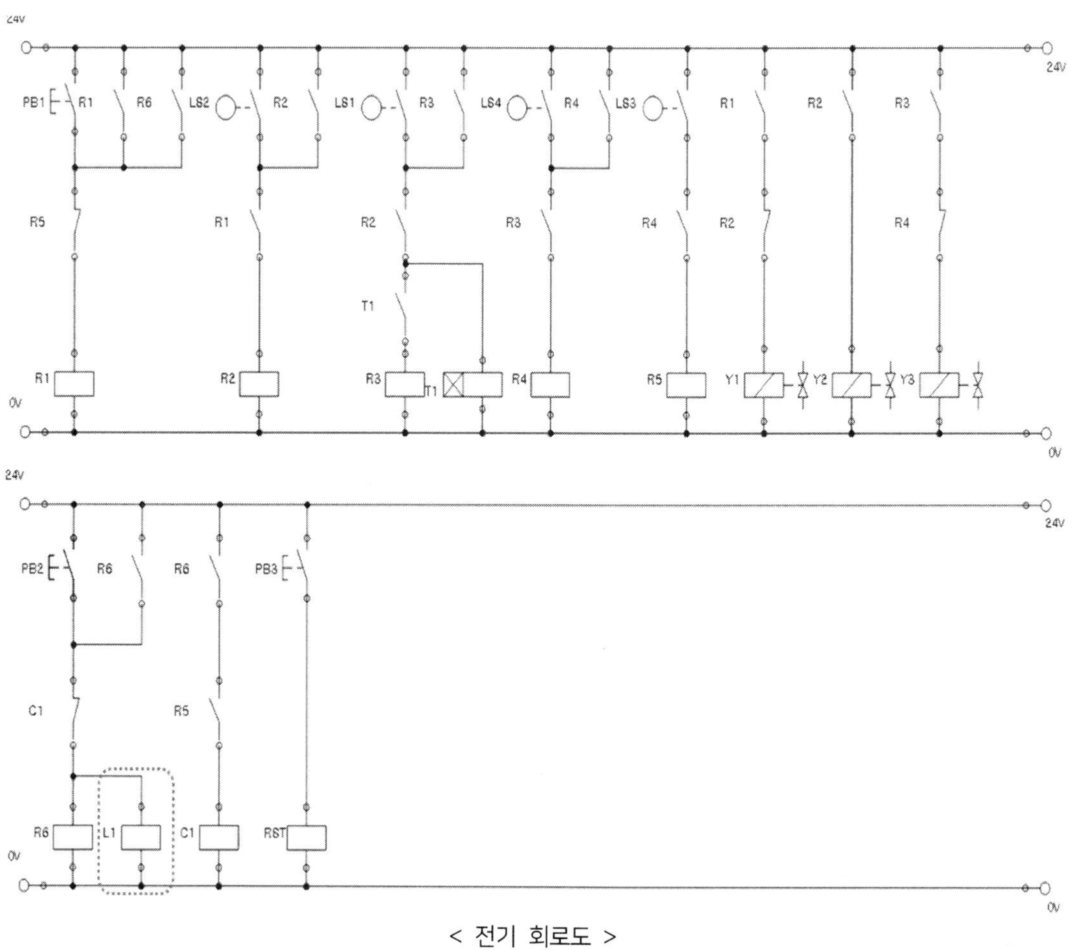

< 전기 회로도 >

동작 설명

L1을 연속 동작 기동 릴레이 R6과 병렬로 연결한다.

R6이 ON 상태일 때, 즉 연속 동작이 진행 중이면 L1이 ON 된다.

R6이 OFF 상태가 되어 연속 동작이 중지되면 L1도 OFF 된다.

시스템 유지보수 계획 1) 나 유형 풀이

1) 연속 스위치(PB2), 비상정지 스위치(유지형 스위치 사용 가능), 램프를 추가하여
   다음과 같이 동작하도록 회로를 변경하시오.
   ① PB2를 1회 ON-OFF하면, 기본동작이 연속적으로 동작합니다.
   ② 연속동작 중 비상정지 스위치를 ON하면, 모든 실린더는 후진하며 램프가
      점등됩니다.
   ③ 비상정지 스위치를 OFF하면, 램프는 소등되고 시스템은 초기화됩니다.
   ④ 초기화 후 PB2를 1회 ON-OFF하면, 연속동작이 재동작합니다.

유지보수 계획

① PB2를 1회 ON-OFF 하면, 기본 동작이 연속적으로 동작합니다.

STEP 1. 연속 동작 스위치 설정.

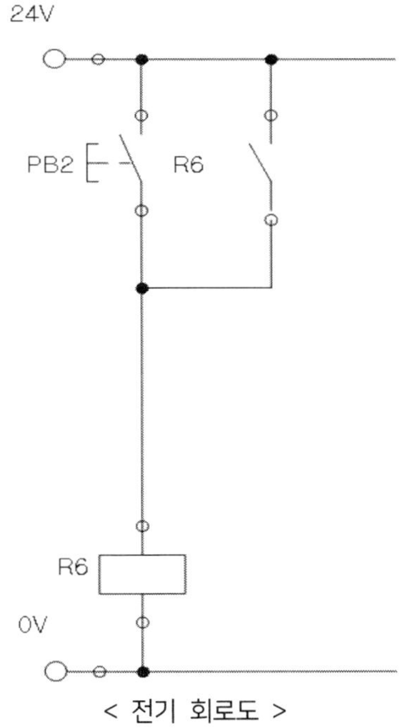

< 전기 회로도 >

동작 설명

연속 동작 스위치(PB2)를 ON-OFF 하면, 연속 동작을 위한 R6이 작동(ON)되면서 자기 유지된다.
이후 R6의 접점을 이용하여 회로가 연속적으로 동작할 수 있도록 메인 회로에 연결해 준다.

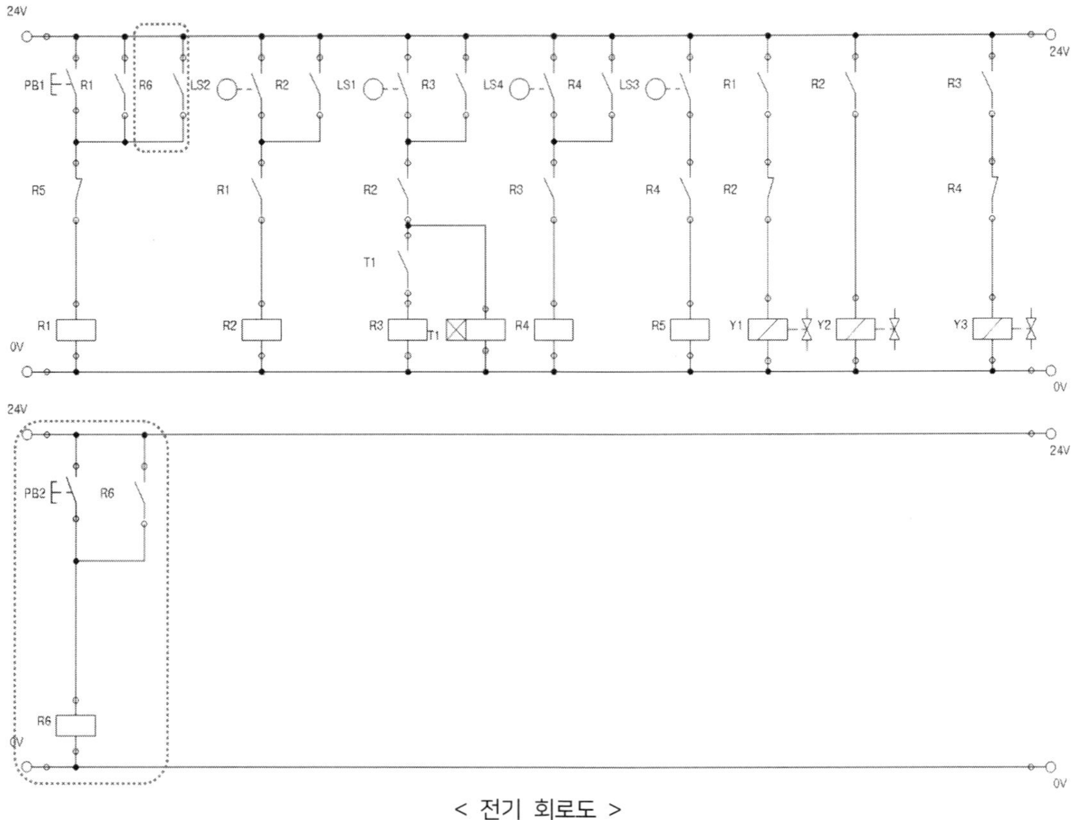

< 전기 회로도 >

동작 설명

PB2를 눌러 R6(연속 동작을 위한 릴레이)을 ON 한다.

R6의 A 접점을 메인 회로 R1 라인에 병렬로 연결하여 연속 동작을 유지하도록 한다.

이로 인해 R6을 통해 지속적으로 전류가 공급되면서 PB1을 다시 누르지 않아도 자동으로 연속 동작이 가능하다.

유지보수 계획

② 연속 동작 중 비상 정지 스위치를 ON 하면 모든 실린더는 후진하며 램프가 점등됩니다.

③ 비상 정지 스위치를 OFF 하면 램프는 소등되고 시스템은 초기화됩니다.

④ 초기화 후 PB2를 1회 ON-OFF 하면 연속 동작이 재동작합니다.

STEP 1. 연속 동작 정지 및 시스템 초기화 및 램프 점-소등.

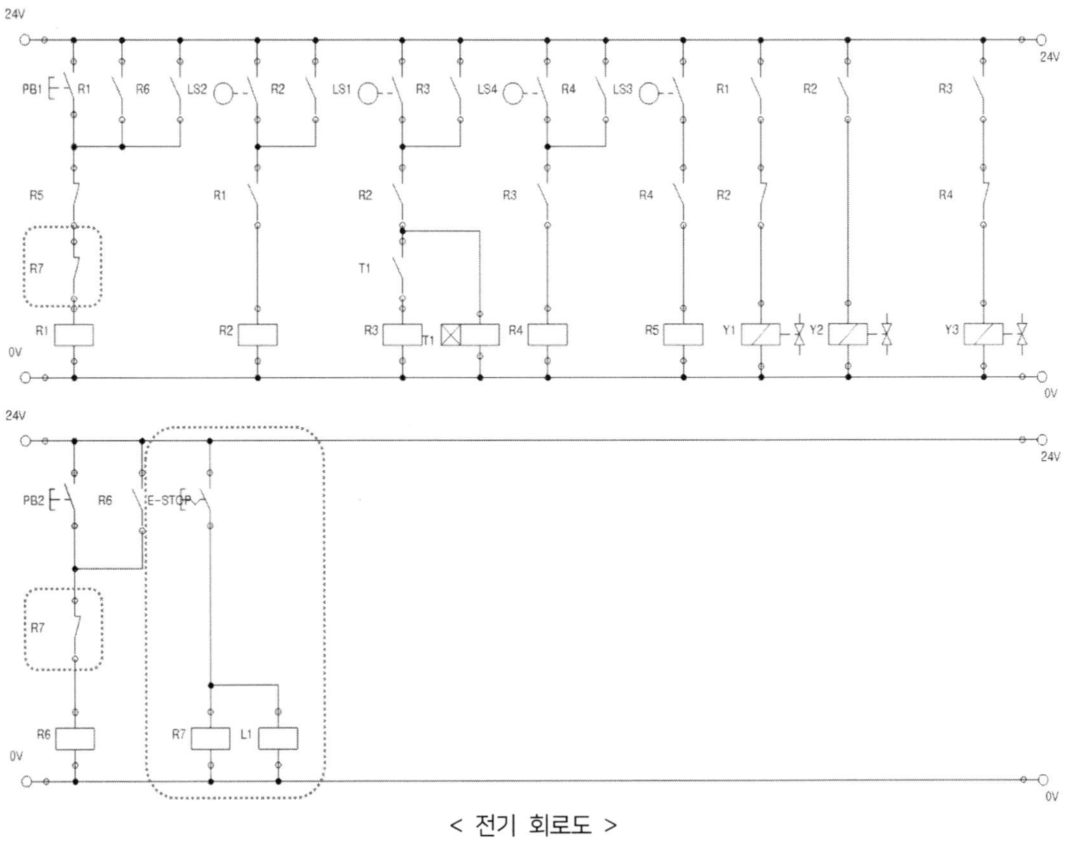

< 전기 회로도 >

동작 설명

비상 스위치를 누르면 R7이 ON 상태가 되고 유지된다. (유지형 스위치 사용)

R7의 B 접점을 이용하여 R6(연속 동작) 및 R1(메인 회로)의 전류를 차단한다. 이를 통해 비상시 즉시 연속 동작이 멈추고, 회로가 초기화된다.

동시에 비상 정지 스위치를 누르면 램프가 ON, 비상 정지 스위치를 해제하면 램프가 OFF 된다.

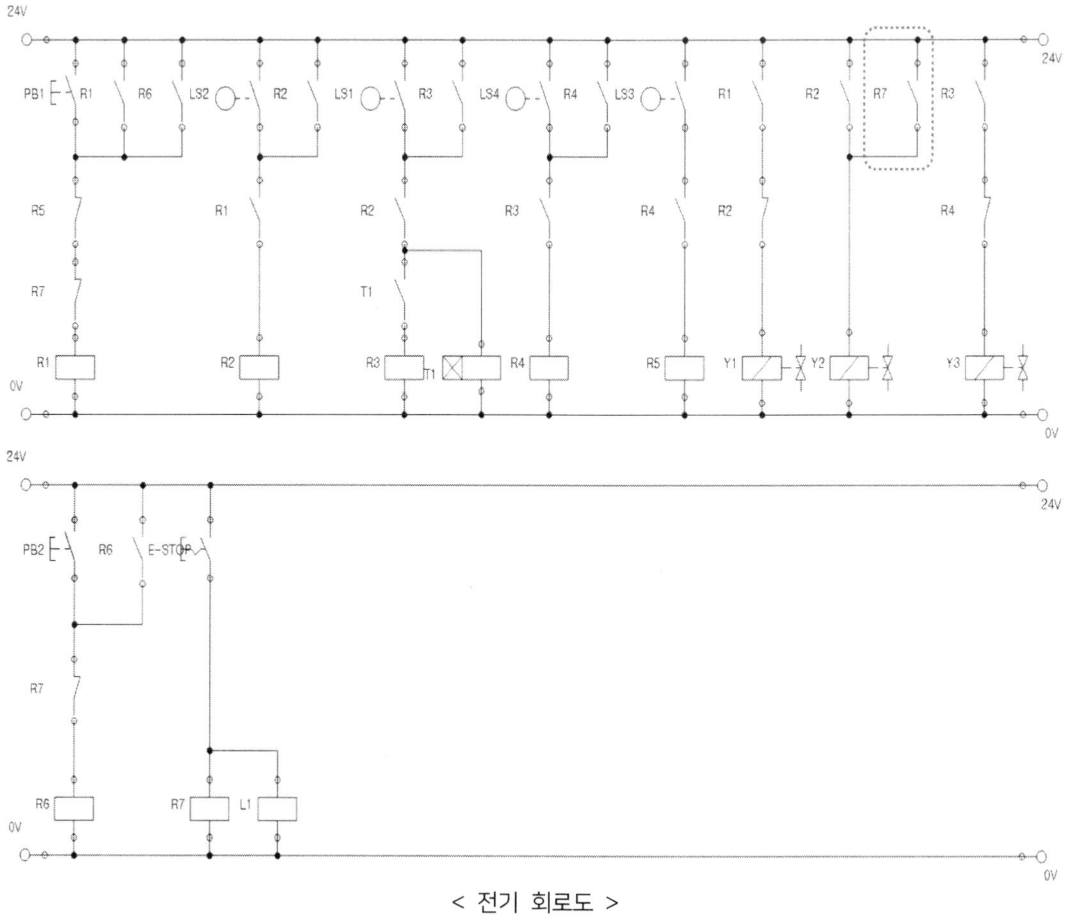

< 전기 회로도 >

동작 설명

비상 정지 스위치를 ON 하면 R7이 ON 되고, 시스템이 초기화된다.

전진 상태에 있는 실린더를 후진시키기 위해 양측 솔레노이드 밸브 Y2에 R7의 A 접점을 병렬로 연결한다. 비상 정지 스위치를 ON 하면 R7의 A 접점이 ON 되고 Y2가 작동하여 실린더가 후진하게 된다.

A 실린더는 양측 솔레노이드 밸브를 사용하였기 때문에 후진 시 Y2를 직접 동작시켜야 한다. 편측 솔레노이드 밸브를 사용한 B 실린더의 경우, 회로를 초기화하면 전류가 차단되기 때문에 스프링의 힘에 의해 밸브가 복귀하여 자동으로 실린더가 후진된다.

즉 양측 솔레노이드 밸브의 경우 비상 정지 시 후진 측 밸브(Y2)를 직접 ON 해야 하지만, 편측 솔레노이드 밸브의 경우 회로의 초기화만으로 스프링 복귀를 통해 후진이 이루어지게 된다.

시스템 유지보수 계획 2) 유형 풀이

2) 리밋스위치 LS1은 정전용량형 센서로, LS4은 유도형 센서로 교체한 후
변위단계선도와 같은 동작을 수행할 수 있도록 회로를 변경하시오.

< 가) 유형 >

2) 실린더 A의 방향제어 밸브를 양측 솔레노이드 밸브로 교체한 후 변위단계선도와 같은
동작을 수행할 수 있도록 회로를 변경하시오.

< 나) 유형 >

시스템 유지 보수 계획 2) 또한 가) 유형과 나) 유형이 존재한다.

가) 유형은 리밋 스위치를 정전용량형 센서와 유도형 센서로 교체하는 작업이다.

나) 유형은 편측 솔레노이드 밸브를 양측 솔레노이드로 교체하는 작업이다.

시스템 유지보수 계획 2) 가 유형 풀이

< 센서 교체 모습 >

사진과 같이 LS1을 정전 용량형 센서(CPS)로, LS4를 유도형 센서(IPS)로 교체하면 된다.

결선 방법은 근접 센서의 경우 24V와 0V의 전원을 인가 후 센서에 감지가 되면 OUT에서 24V가 출력되는 구조이므로 기존의 리밋 스위치의 COM 결선을 근접 센서의 24V에 연결하고, A 접점 결선을 근접 센서의 OUT에 결선하고, 0V는 0V에 결선하면 된다.

다시 말해 LS1의 COM 단자의 결선을 정전 용량형 센서의 24V에 결선하고, LS1의 A 접점의 결선을 정전 용량형 센서의 OUT에 결선하고, 정전 용량형 센서의 0V는 전원 공급 장치의 0V에 결선하면 된다.

유도형 센서도 같은 방법으로 결선하면 된다.

시스템 유지보수 계획 2) 나 유형 풀이

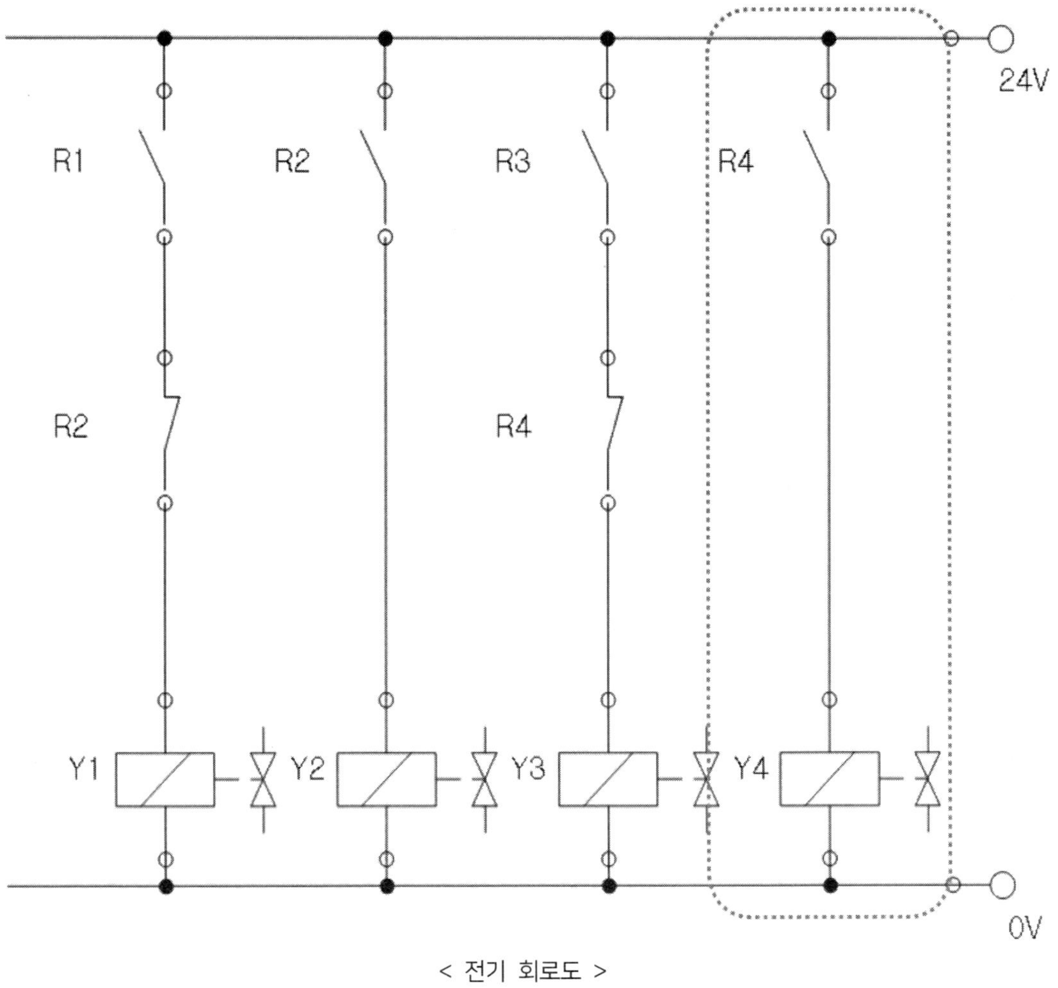

< 전기 회로도 >

편측 솔레노이드 밸브에서 양측 솔레노이드 밸브로 변경할 때, 편측 솔레노이드 밸브를 제거 후 양측 솔레노이드 밸브로 교체한 후 Y4 회로를 추가하면 된다.

반대로, 양측 솔레노이드 밸브에서 편측 솔레노이드 밸브로 변경할 경우, 편측 솔레노이드 밸브로 교체한 후 Y4 회로를 제거하면 된다.

[공개]

국가기술자격 실기시험문제

자격종목	설비보전산업기사	과 제 명	공기압시스템 설계 및 구성

※ 문제지는 시험종료 후 본인이 가져갈 수 있습니다.

비번호		시험일시		시험장명	

※ 시험시간: [제1과제] 50분

1. 요구사항

※ 지급된 재료 및 시설을 사용하여 아래 작업을 완성하시오.
※ 한번 제출한 작품의 재작업은 허용되지 않습니다.

가. 공기압회로도 구성

1) **공기압회로도**와 같이 기기를 선정하여 고정판에 배치하시오.
   가) 기기는 수평 또는 수직방향으로 수험자가 임의로 배치하고, 리밋 스위치는
      방향성을 고려하여 설치하시오.
2) 공기압호스를 적절한 길이로 절단 및 사용하여 기기를 연결하시오.
   가) 공기압호스가 시스템 동작에 영향을 주지 않도록 정리하시오.
3) 작업압력(서비스 유닛)을 0.5±0.05 MPa로 설정하시오.

나. 기본동작

1) PB1을 1회 ON-OFF하면 **변위단계선도(타이머 포함)**와 같이 1사이클 단속 동작되도록
   전기회로도를 설계하여 시스템을 구성하고 시험감독위원에게 확인받으시오.
   가) 전기 배선은 + 는 적색으로, – 는 청색 또는 흑색으로 연결하고, 전선이 시스템
      동작에 영향을 주지 않도록 정리하시오.
   나) 지정되지 않은 누름버튼 스위치는 자동복귀형 스위치를 사용하시오.

다. 시스템 유지보수

1) 동작 확인 후 **유지보수 계획**과 같이 시스템을 변경하고 시험감독위원에게
   확인받으시오.

라. 정리정돈

1) 평가 종료 후 작업한 자리의 부품 정리, 공기압 호스 정리, 전선 정리 등 모든
   상태를 초기 상태로 정리하시오.

[공개] 

자격종목	설비보전산업기사	과 제 명	공기압시스템 설계 및 구성

3. 도면

가. 공기압회로도

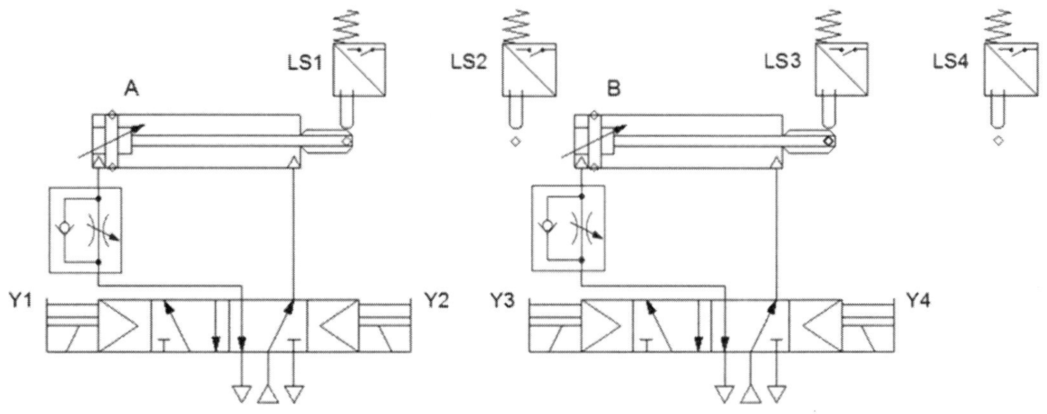

나. 변위단계선도

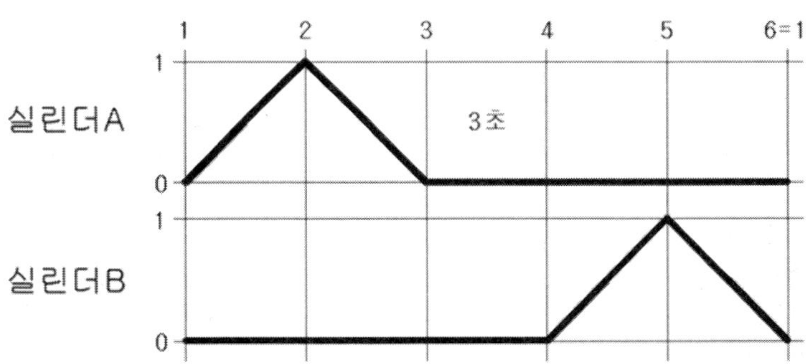

다. 유지보수 계획

1) 연속 스위치(PB2), 카운터 리셋 스위치(PB3), 램프를 추가하여 다음과 같이
   동작하도록 회로를 변경하시오.

   ① PB2를 1회 ON-OFF하면, 기본동작을 3회 연속동작한 후 정지합니다.

   ② PB3를 1회 ON-OFF하면, 카운터가 리셋됩니다.

   ③ 카운터 리셋 후 PB2를 1회 ON-OFF하면, 연속동작이 재동작합니다.

   ④ 연속동작을 수행하는 동안 램프1이 점등되고, 동작 완료 후 소등됩니다.

2) 리밋스위치 LS2은 정전용량형 센서로, LS4은 유도형 센서로 교체한 후
   변위단계선도와 같은 동작을 수행할 수 있도록 회로를 변경하시오.

가. 공기압 회로도

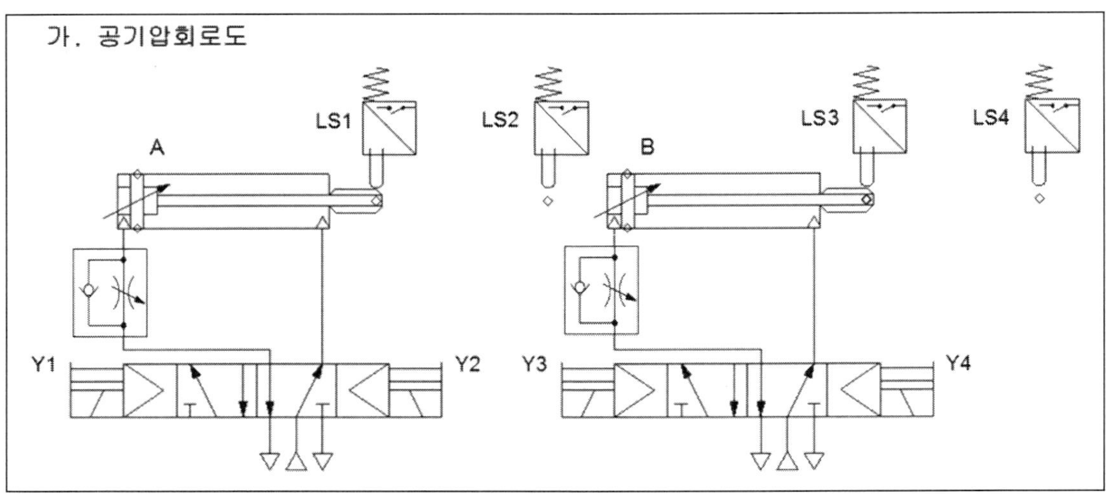

< 공기압 회로도 >

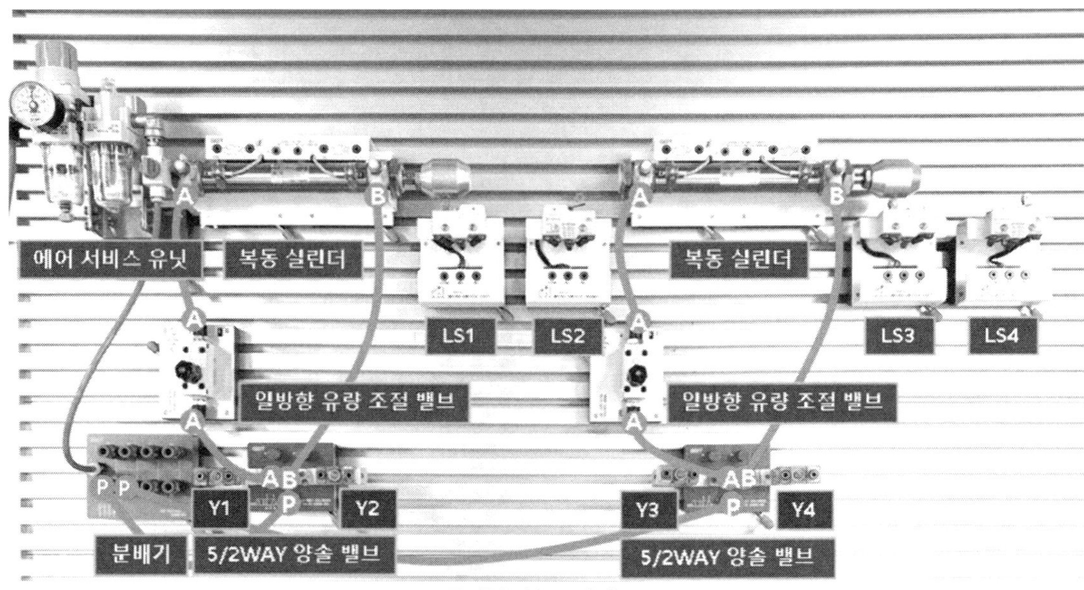

< 공기압 회로 결선도 >

나. 기본 동작

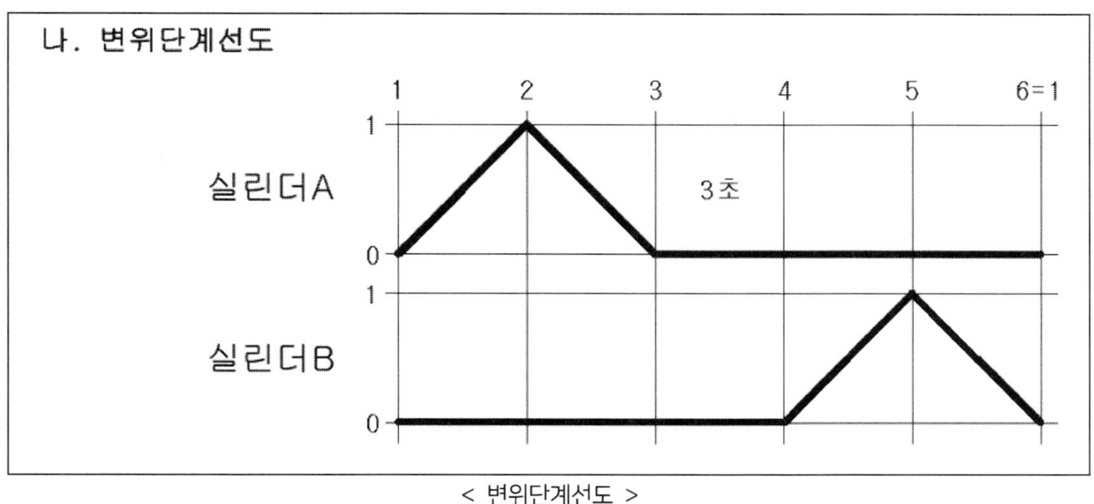

< 변위단계선도 >

기동 및 정지 우선 회로에서 각 행정에 맞는 리밋 스위치의 조건을 직접 체크해 보기 바란다.

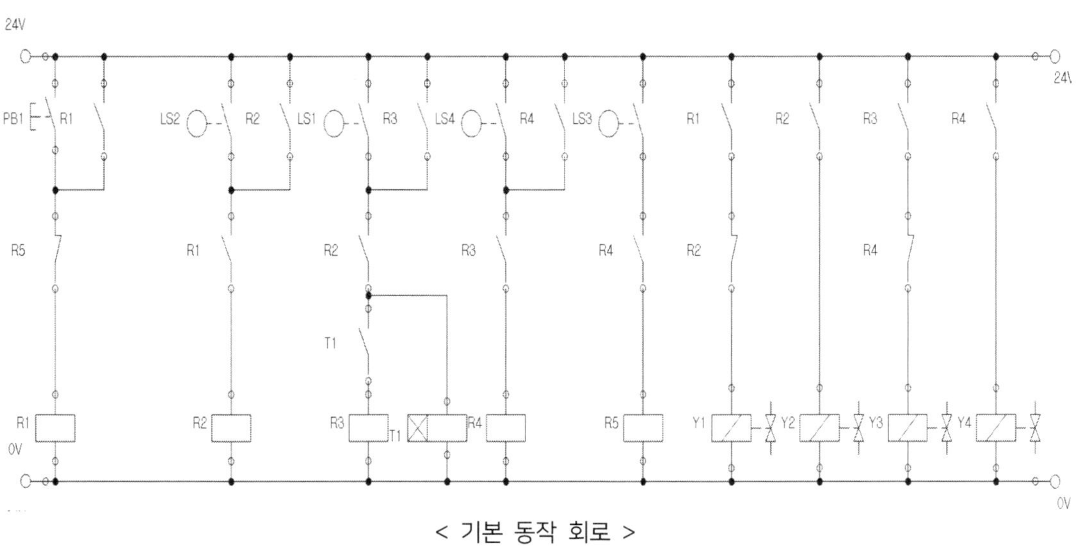

< 기본 동작 회로 >

다. 시스템 유지보수 1)

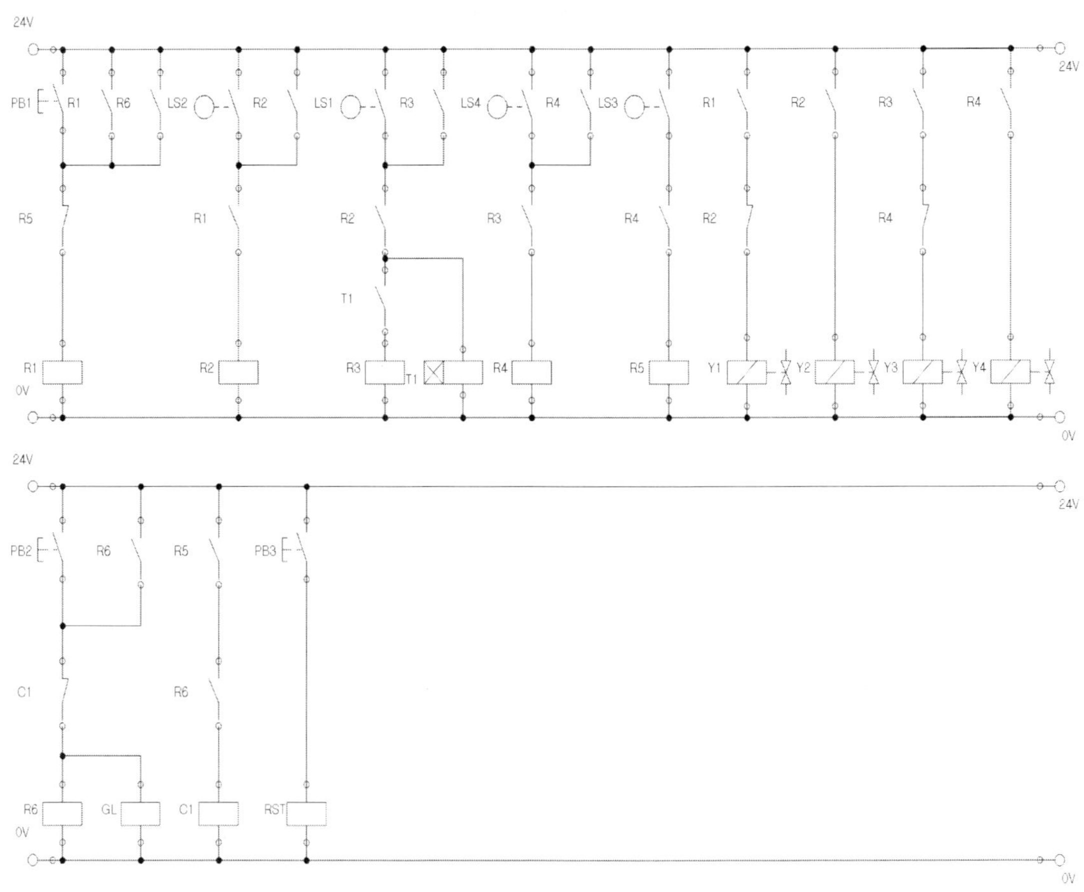

< 유지보수 계획 1) >

다. 시스템 유지보수 2)

> 2) 리밋스위치 LS2은 정전용량형 센서로, LS4은 유도형 센서로 교체한 후
> 변위단계선도와 같은 동작을 수행할 수 있도록 회로를 변경하시오.

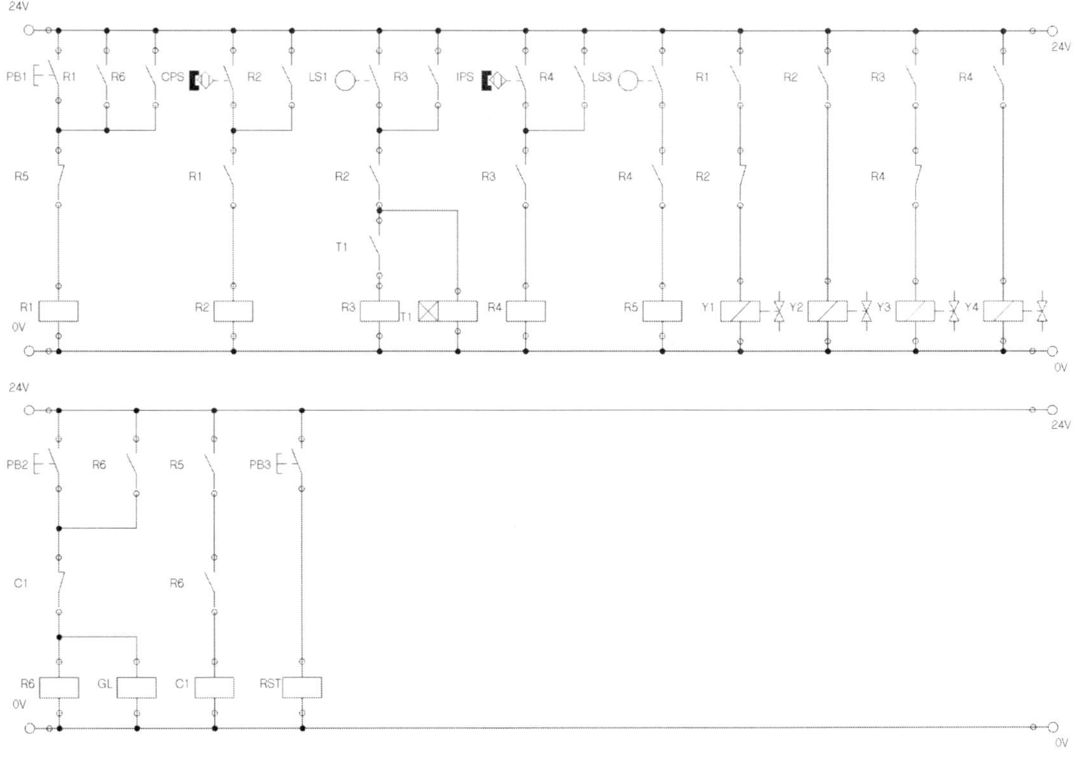

< 유지보수 계획 2) >

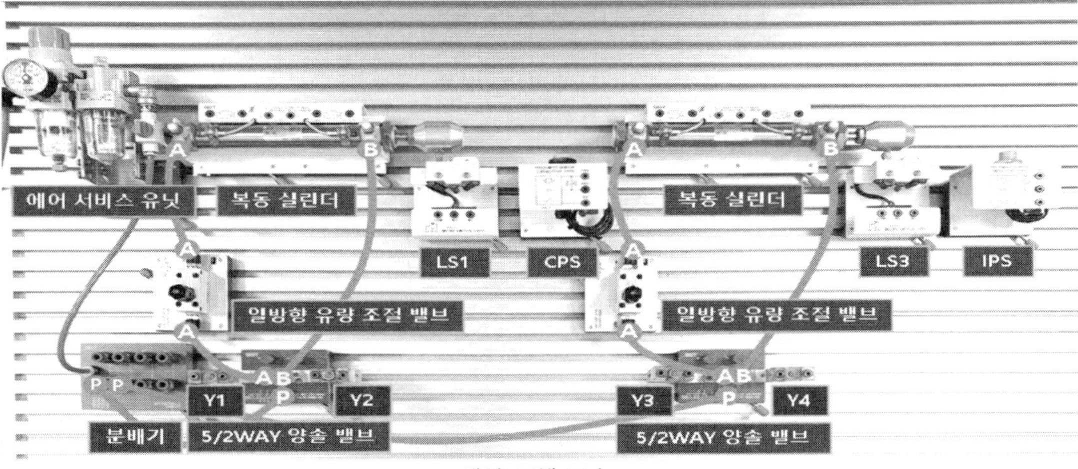

< 센서 교체 모습 >

자격종목	설비보전산업기사	과 제 명	공기압시스템 설계 및 구성

3. 도면

가. 공기압회로도

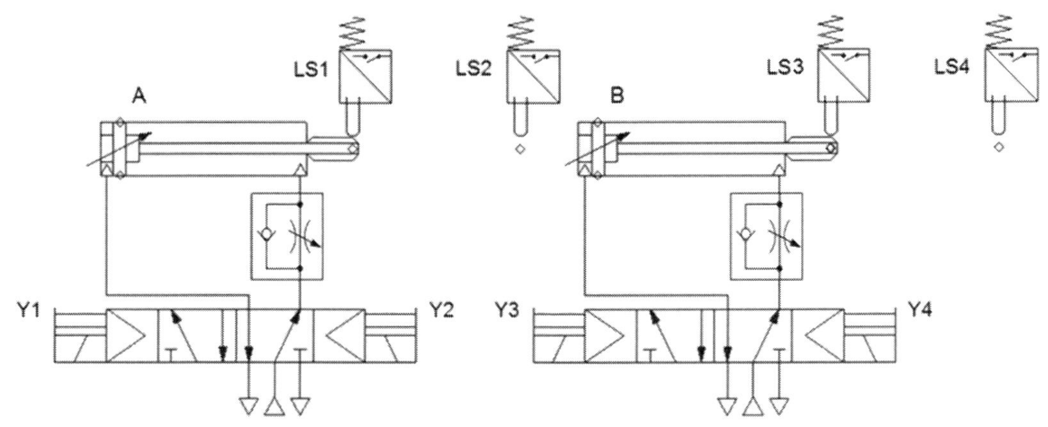

나. 변위단계선도

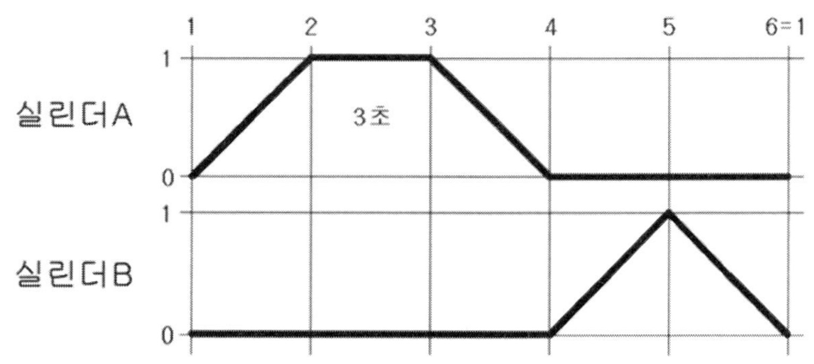

다. 유지보수 계획

1) 연속 스위치(PB2), 카운터 리셋 스위치(PB3), 램프를 추가하여 다음과 같이 동작하도록 회로를 변경하시오.

① PB2를 1회 ON-OFF하면, 기본동작을 3회 연속동작한 후 정지합니다.

② PB3를 1회 ON-OFF하면, 카운터가 리셋됩니다.

③ 카운터 리셋 후 PB2를 1회 ON-OFF하면, 연속동작이 재동작합니다.

④ 연속동작을 수행하는 동안 램프1이 점등되고, 동작 완료 후 소등됩니다.

2) 리밋스위치 LS2은 정전용량형 센서로, LS3은 유도형 센서로 교체한 후 변위단계선도와 같은 동작을 수행할 수 있도록 회로를 변경하시오.

가. 공기압 회로도

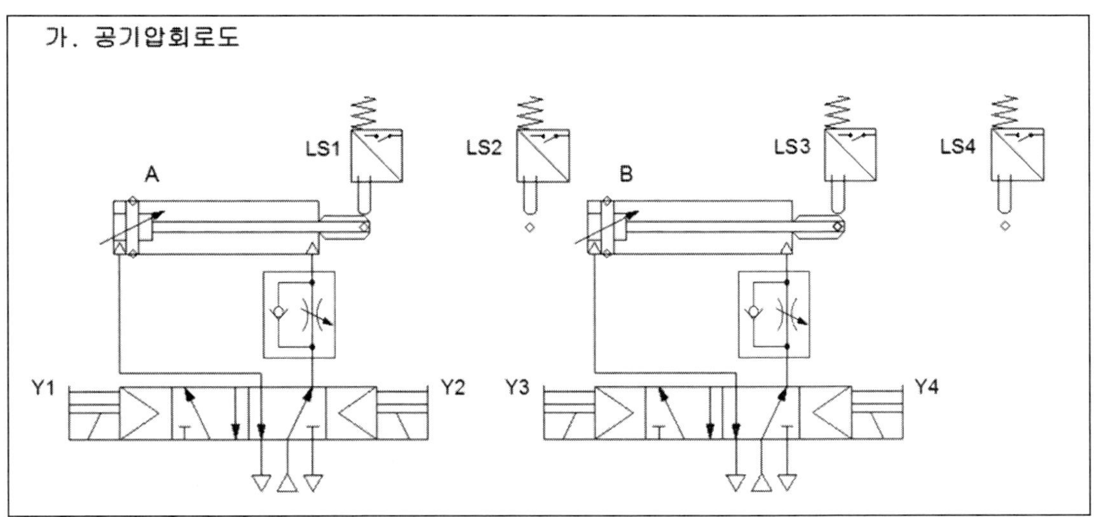

< 공기압 회로도 >

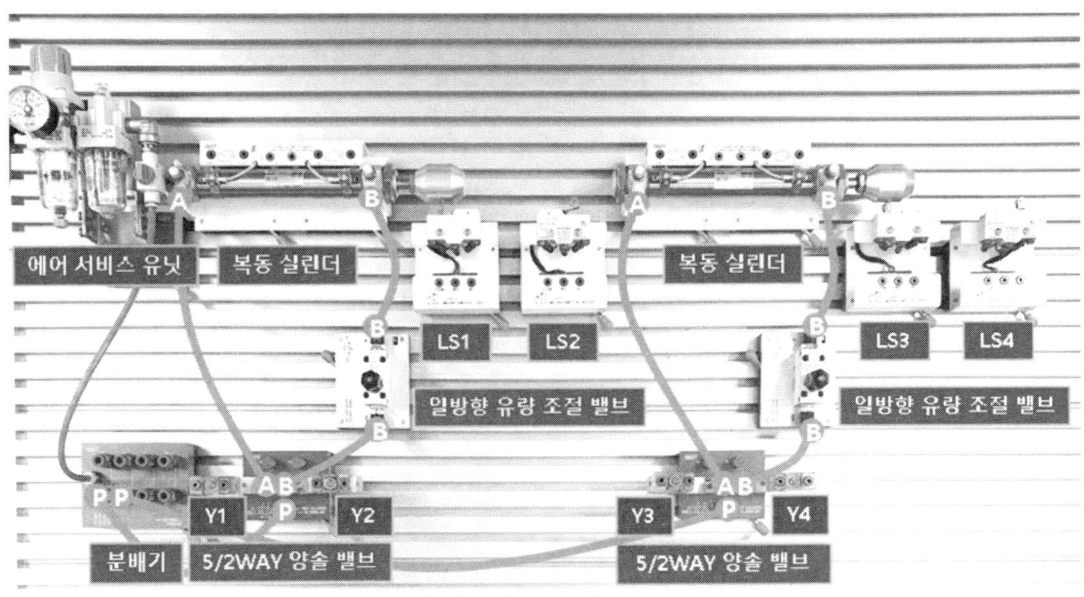

< 공기압 회로도 배치 모습 >

나. 기본 동작

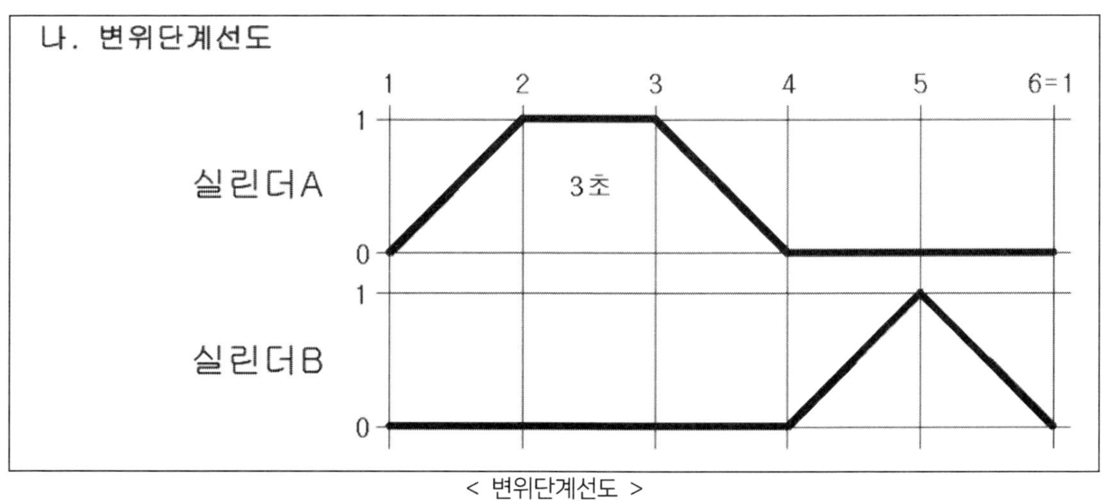

< 변위단계선도 >

기동 및 정지 우선 회로에서 각 행정에 맞는 리밋 스위치의 조건을 직접 체크해 보기 바란다.

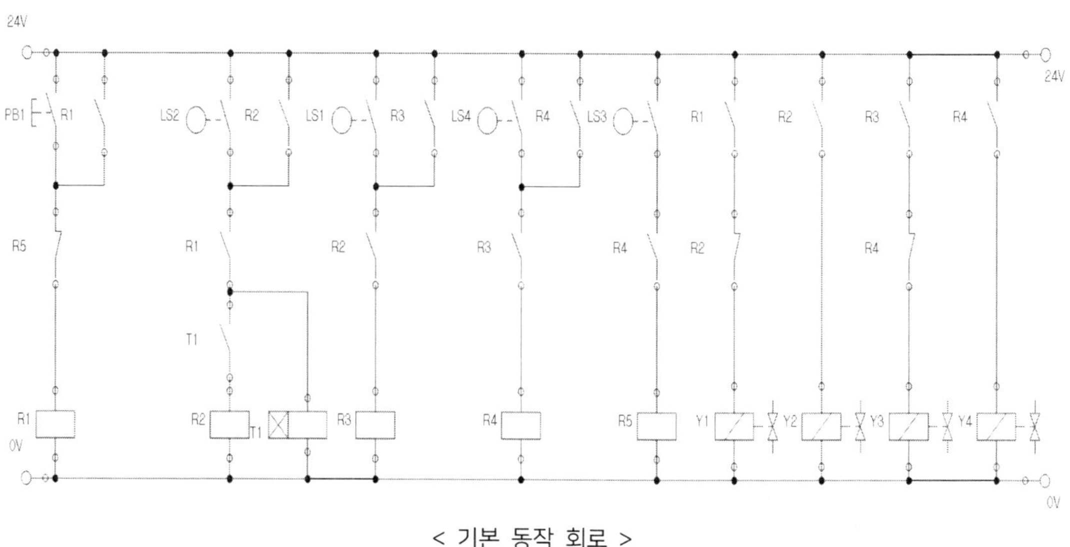

< 기본 동작 회로 >

다. 시스템 유지보수 1)

> **다. 유지보수 계획**
>
> 1) 연속 스위치(PB2), 카운터 리셋 스위치(PB3), 램프를 추가하여 다음과 같이
>   동작하도록 회로를 변경하시오.
>   ① PB2를 1회 ON-OFF하면, 기본동작을 3회 연속동작한 후 정지합니다.
>   ② PB3를 1회 ON-OFF하면, 카운터가 리셋됩니다.
>   ③ 카운터 리셋 후 PB2를 1회 ON-OFF하면, 연속동작이 재동작합니다.
>   ④ 연속동작을 수행하는 동안 램프1이 점등되고, 동작 완료 후 소등됩니다.

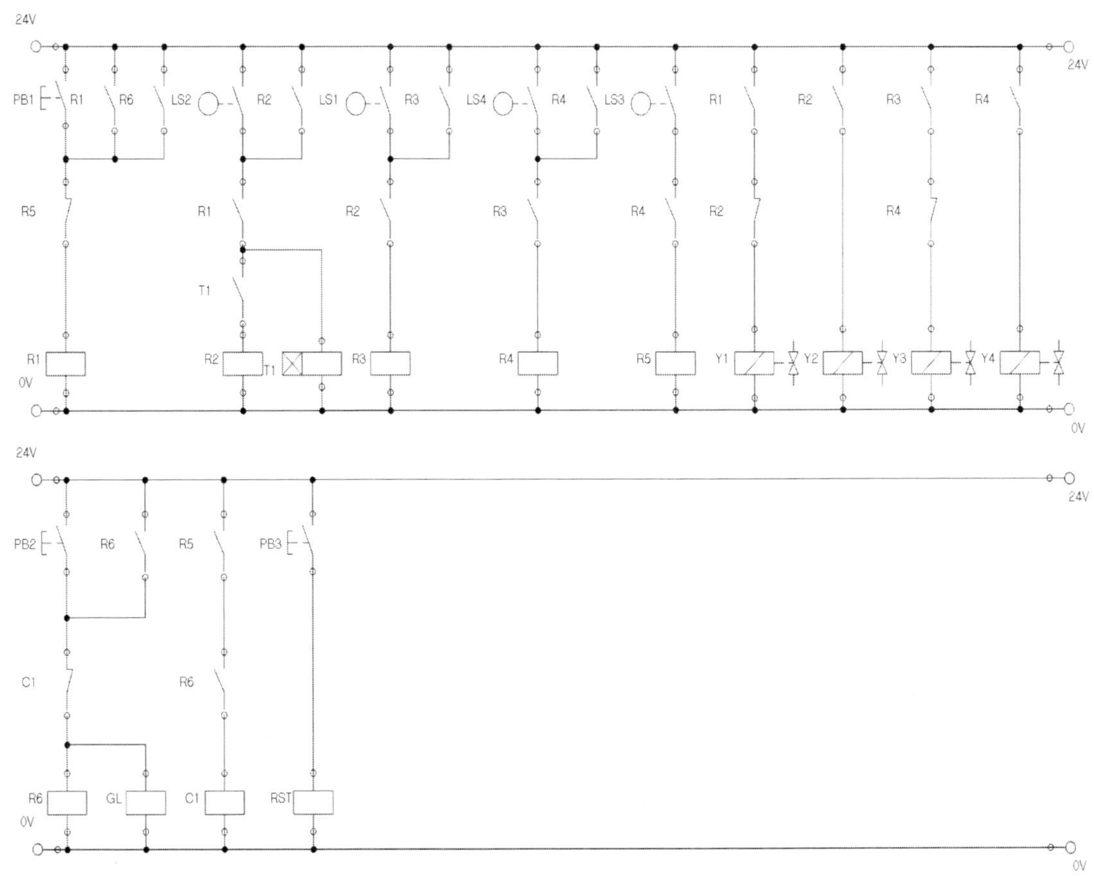

< 유지보수 계획 1) >

다. 시스템 유지보수 2)

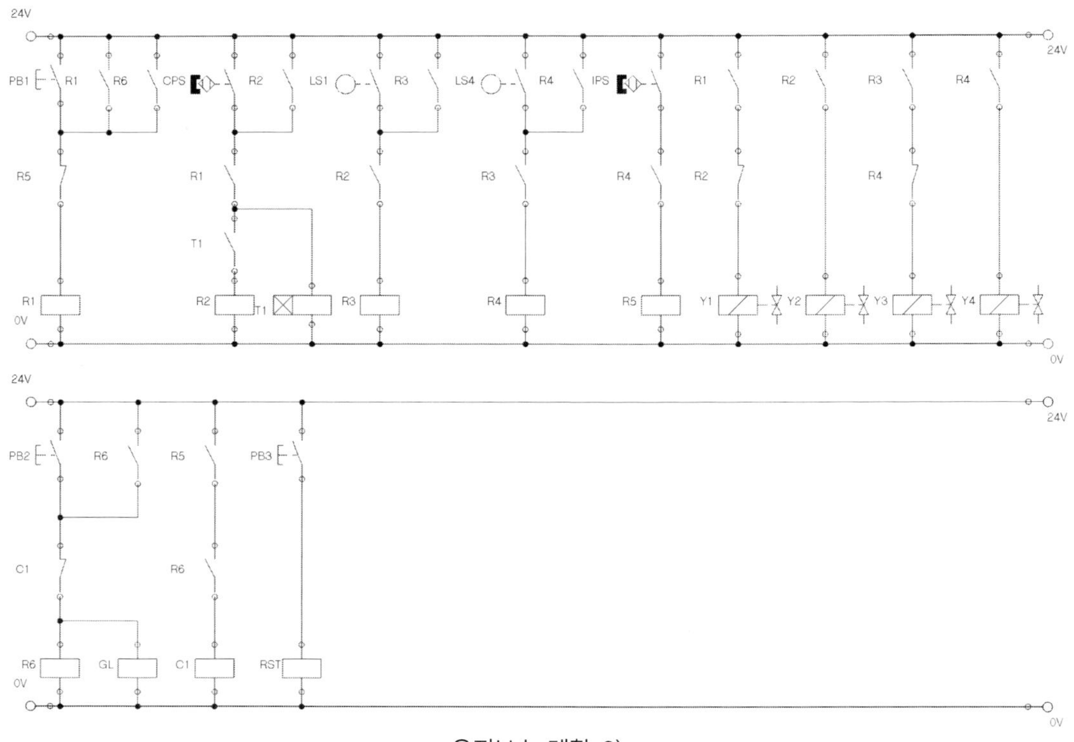

< 유지보수 계획 2) >

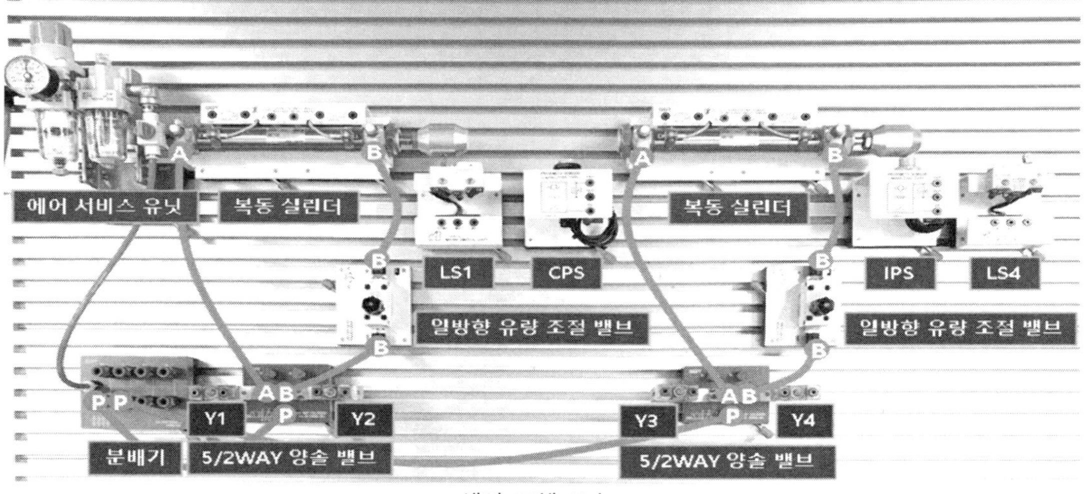

< 센서 교체 모습 >

자격종목	설비보전산업기사	과 제 명	공기압시스템 설계 및 구성

3. 도면

가. 공기압회로도

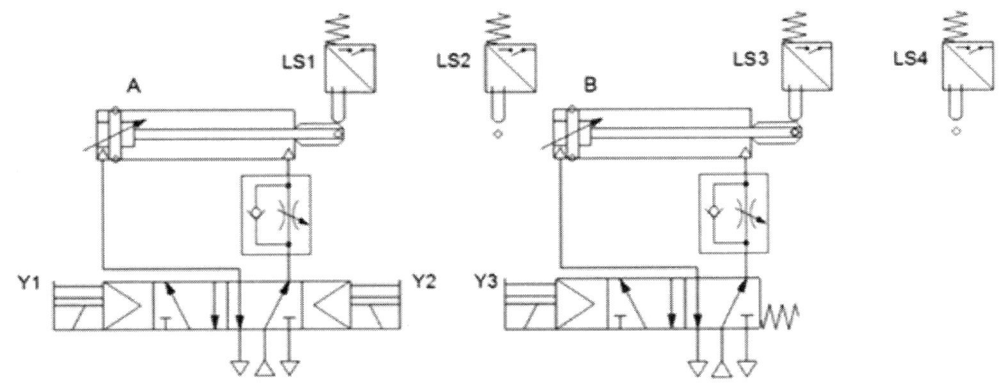

나. 변위단계선도

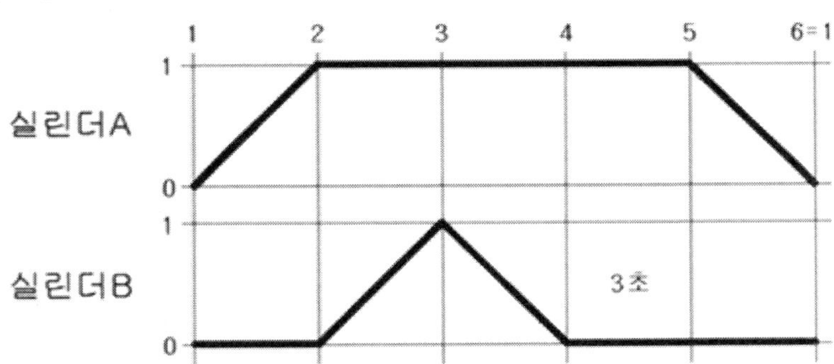

다. 유지보수 계획

1) 연속 스위치(PB2), 비상정지 스위치(유지형 스위치 사용 가능), 램프를 추가하여 다음과 같이 동작하도록 회로를 변경하시오.

① PB2를 1회 ON-OFF하면, 기본동작이 연속적으로 동작합니다.

② 연속동작 중 비상정지 스위치를 ON하면, 모든 실린더는 후진하며 램프가 점등됩니다.

③ 비상정지 스위치를 OFF하면, 램프는 소등되고 시스템은 초기화됩니다.

④ 초기화 후 PB2를 1회 ON-OFF하면, 연속동작이 재동작합니다.

2) 리밋스위치 LS1은 정전용량형 센서로, LS4은 유도형 센서로 교체한 후 변위단계선도와 같은 동작을 수행할 수 있도록 회로를 변경하시오.

가. 공기압 회로도

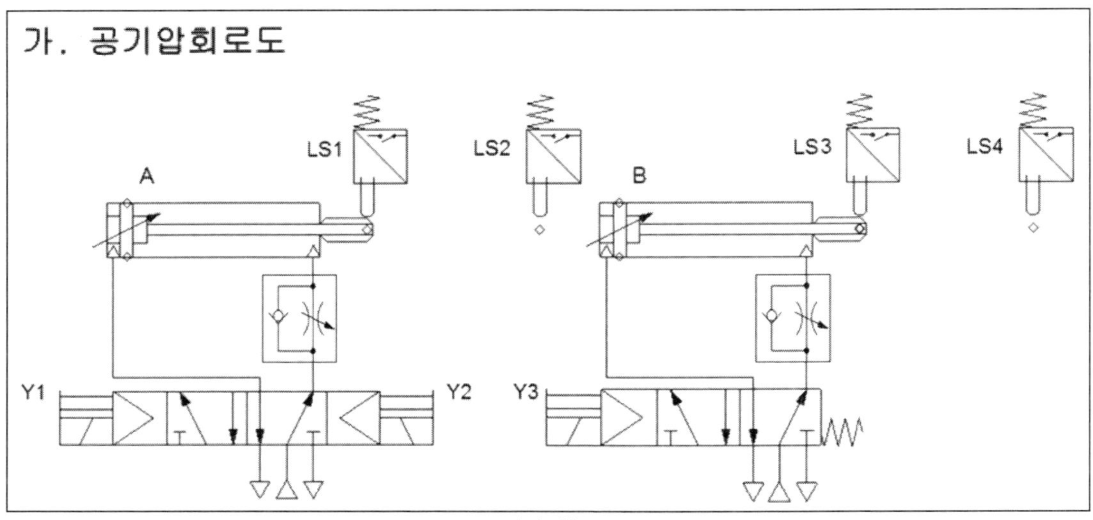

< 공기압 회로도 >

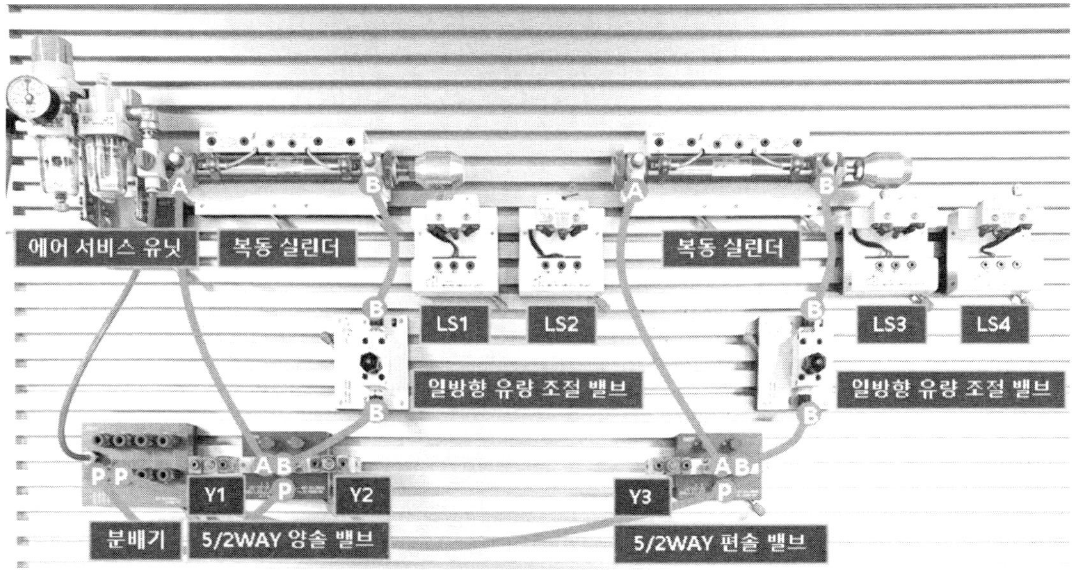

< 공기압 회로도 배치 모습 >

나. 기본 동작

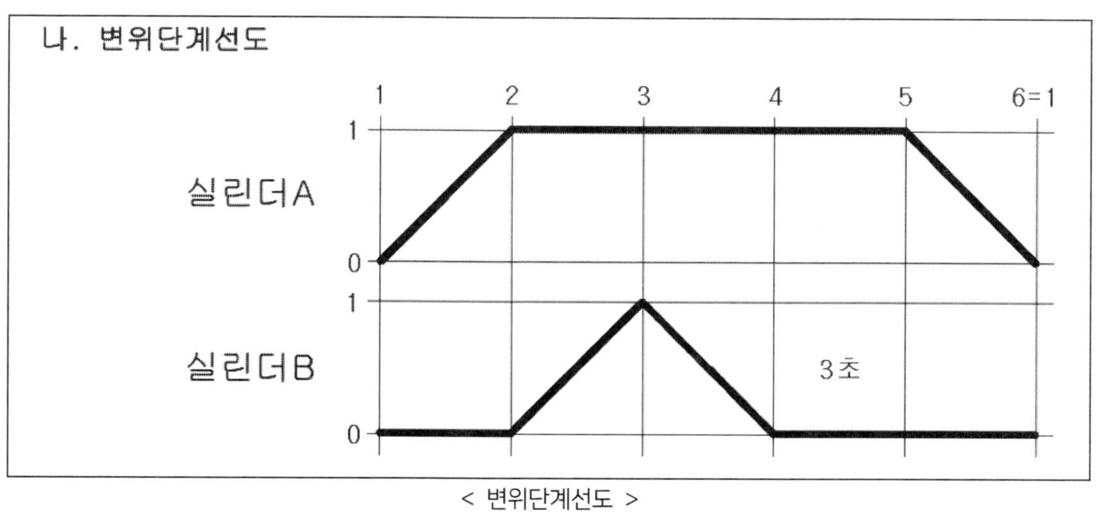

< 변위단계선도 >

기동 및 정지 우선 회로에서 각 행정에 맞는 리밋 스위치의 조건을 직접 체크해 보기 바란다.

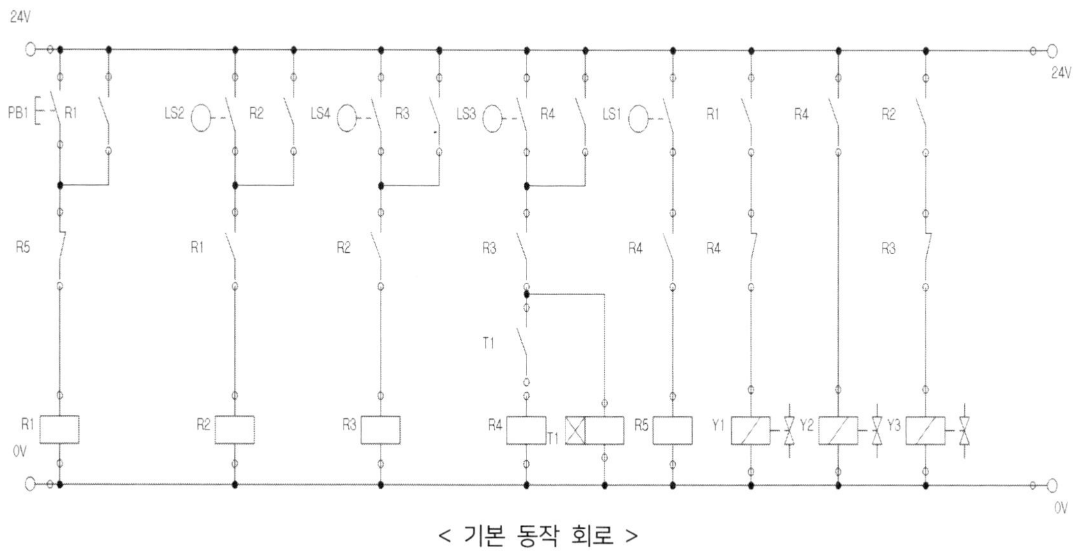

< 기본 동작 회로 >

다. 시스템 유지보수 1)

다. 유지보수 계획

1) 연속 스위치(PB2), 비상정지 스위치(유지형 스위치 사용 가능), 램프를 추가하여 다음과 같이 동작하도록 회로를 변경하시오.

① PB2를 1회 ON-OFF하면, 기본동작이 연속적으로 동작합니다.

② 연속동작 중 비상정지 스위치를 ON하면, 모든 실린더는 후진하며 램프가 점등됩니다.

③ 비상정지 스위치를 OFF하면, 램프는 소등되고 시스템은 초기화됩니다.

④ 초기화 후 PB2를 1회 ON-OFF하면, 연속동작이 재동작합니다.

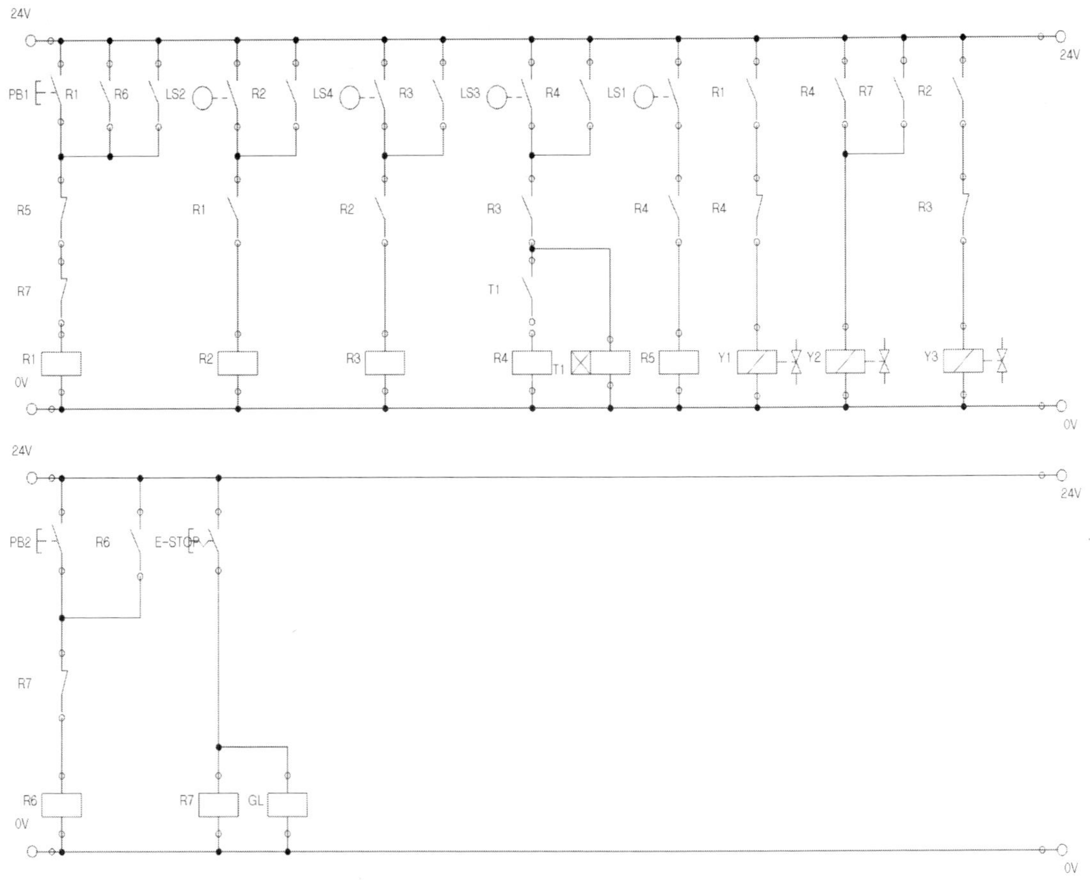

< 유지보수 계획 1) >

다. 시스템 유지보수 2)

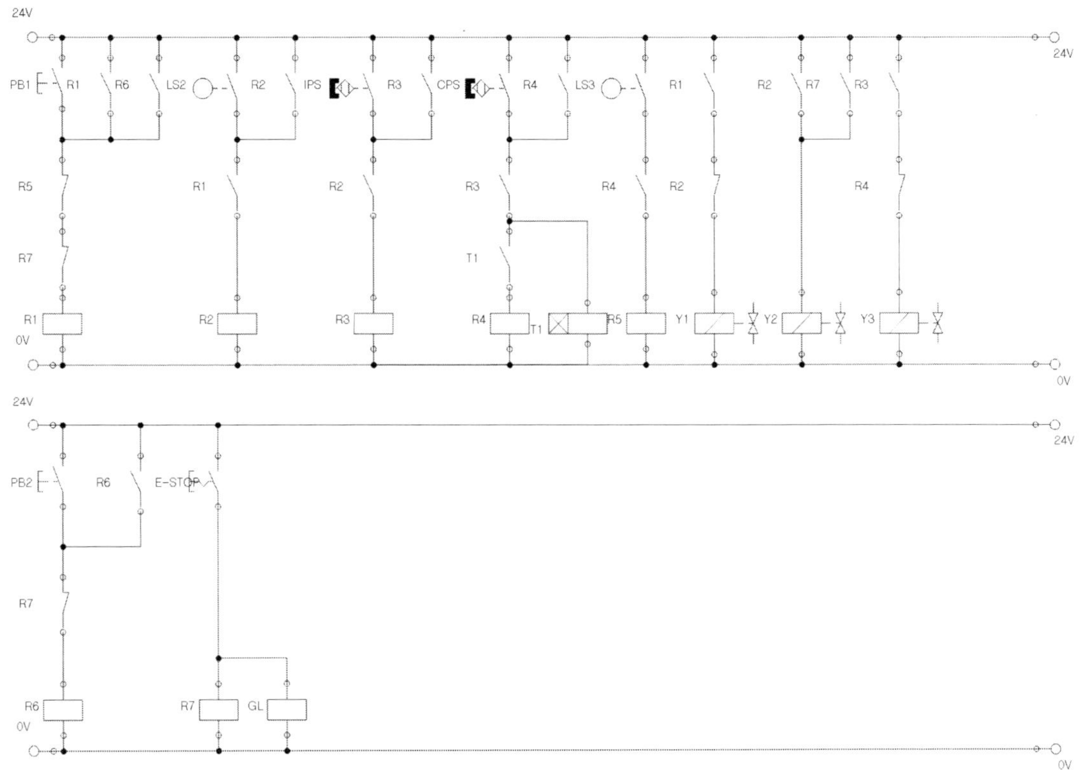

< 유지보수 계획 2) >

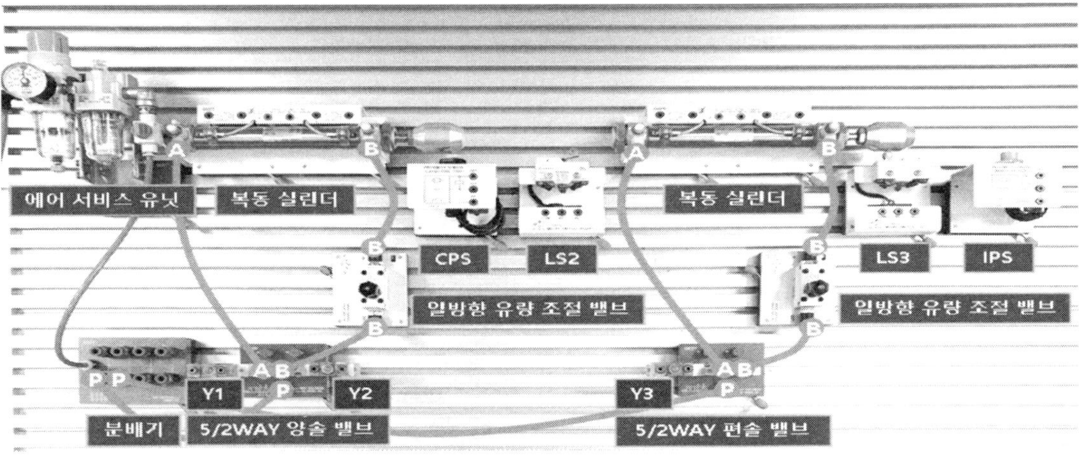

< 센서 교체 모습 >

자격종목	설비보전산업기사	과 제 명	공기압시스템 설계 및 구성

3. 도면

가. 공기압회로도

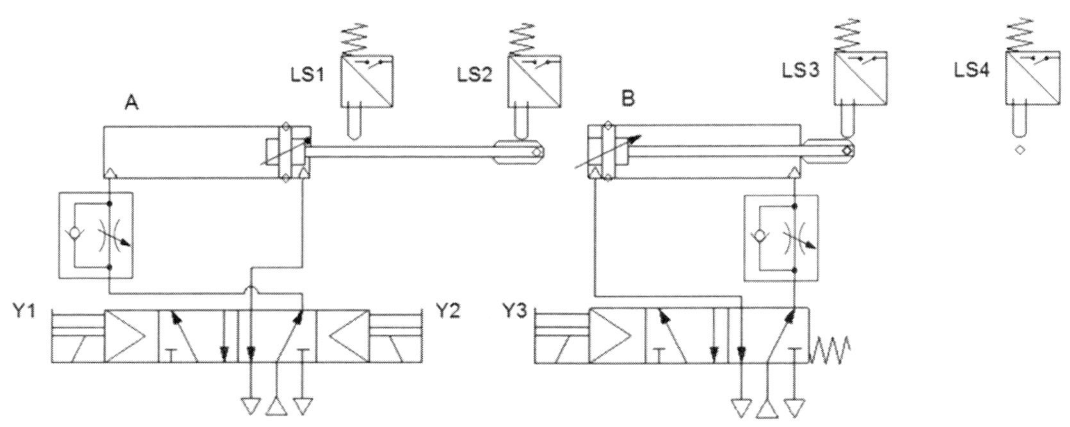

나. 변위단계선도

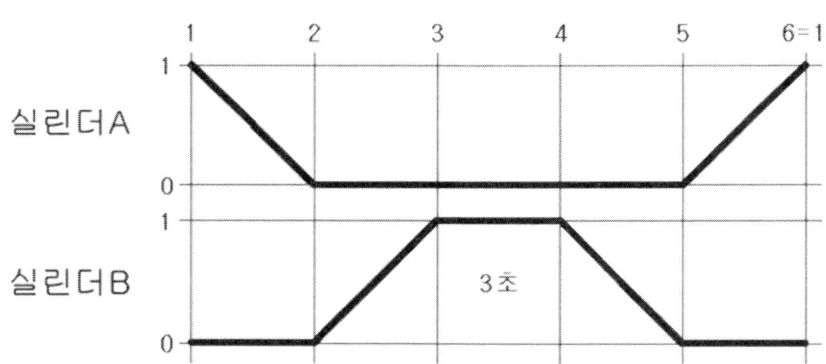

다. 유지보수 계획

1) 연속 스위치(PB2), 카운터 리셋 스위치(PB3), 램프를 추가하여 다음과 같이
   동작하도록 회로를 변경하시오.

　① PB2를 1회 ON-OFF하면, 기본동작을 3회 연속동작한 후 정지합니다.

　② PB3를 1회 ON-OFF하면, 카운터가 리셋됩니다.

　③ 카운터 리셋 후 PB2를 1회 ON-OFF하면, 연속동작이 재동작합니다.

　④ 연속동작을 수행하는 동안 램프1이 점등되고, 동작 완료 후 소등됩니다.

2) 리밋스위치 LS2은 정전용량형 센서로, LS3은 유도형 센서로 교체한 후
   변위단계선도와 같은 동작을 수행할 수 있도록 회로를 변경하시오.

가. 공기압 회로도

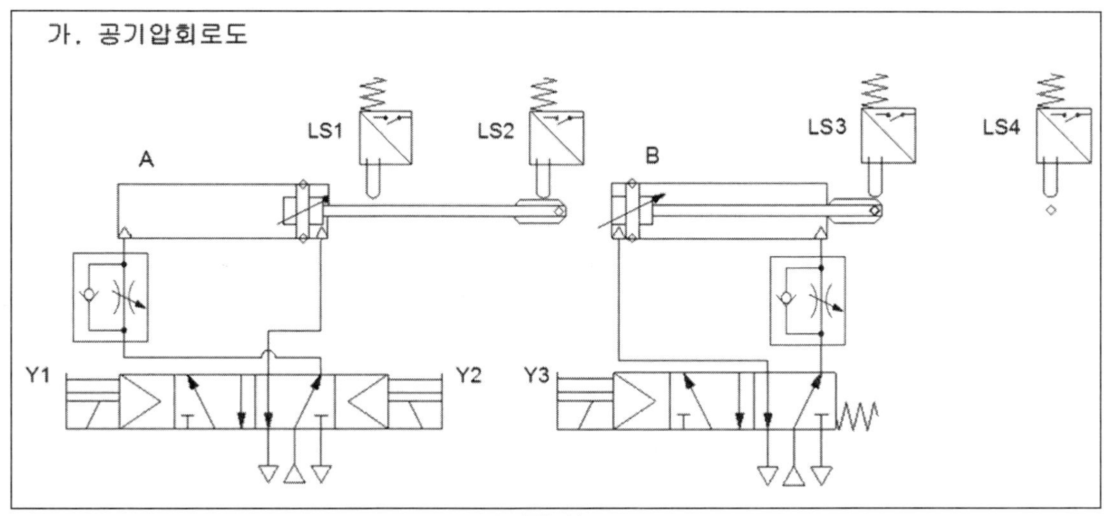

< 공기압 회로도 >

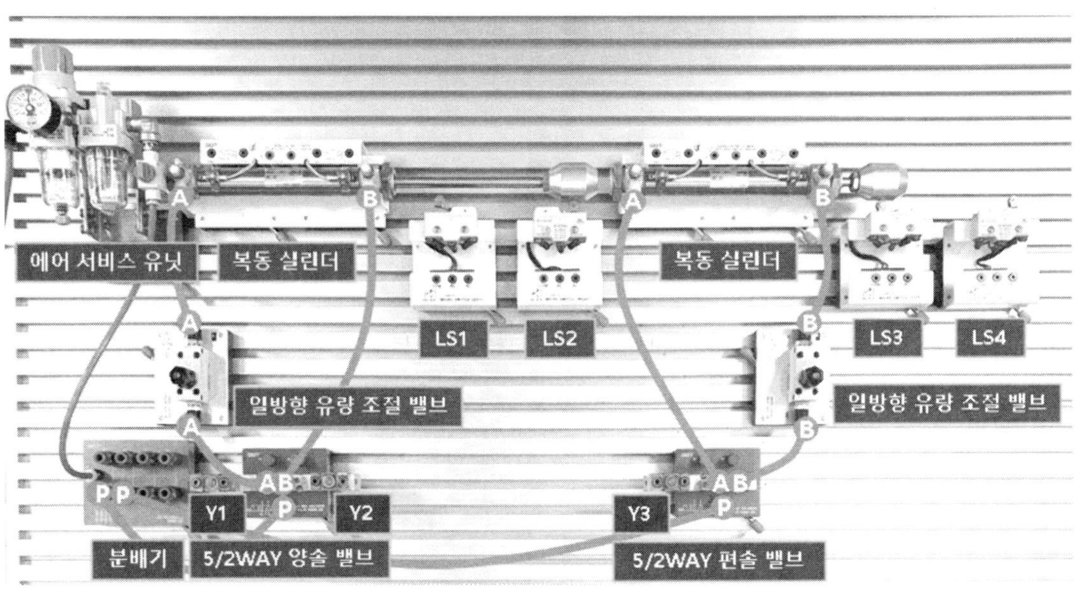

< 공기압 회로도 배치 모습 >

나. 기본 동작

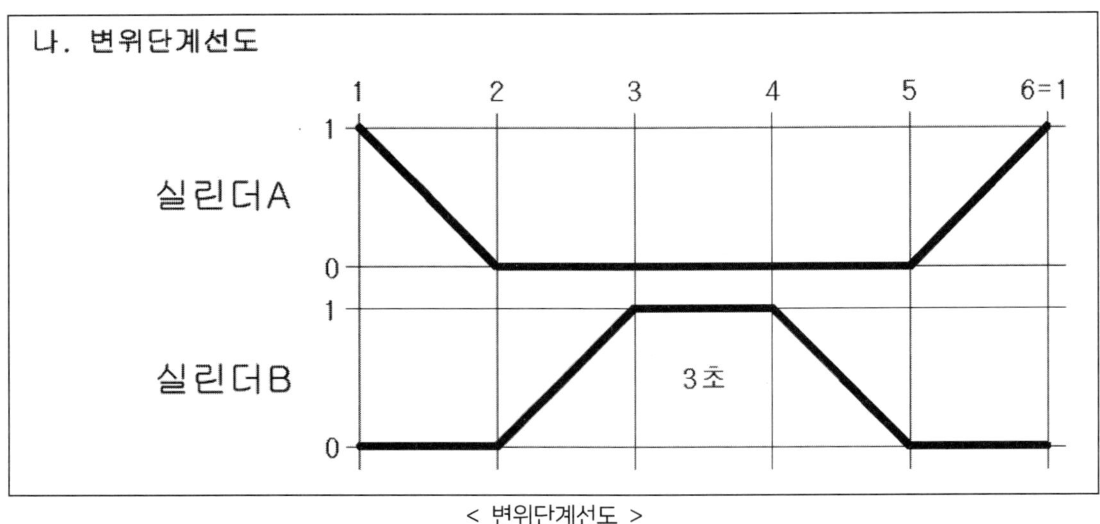

< 변위단계선도 >

기동 및 정지 우선 회로에서 각 행정에 맞는 리밋 스위치의 조건을 직접 체크해 보기 바란다.

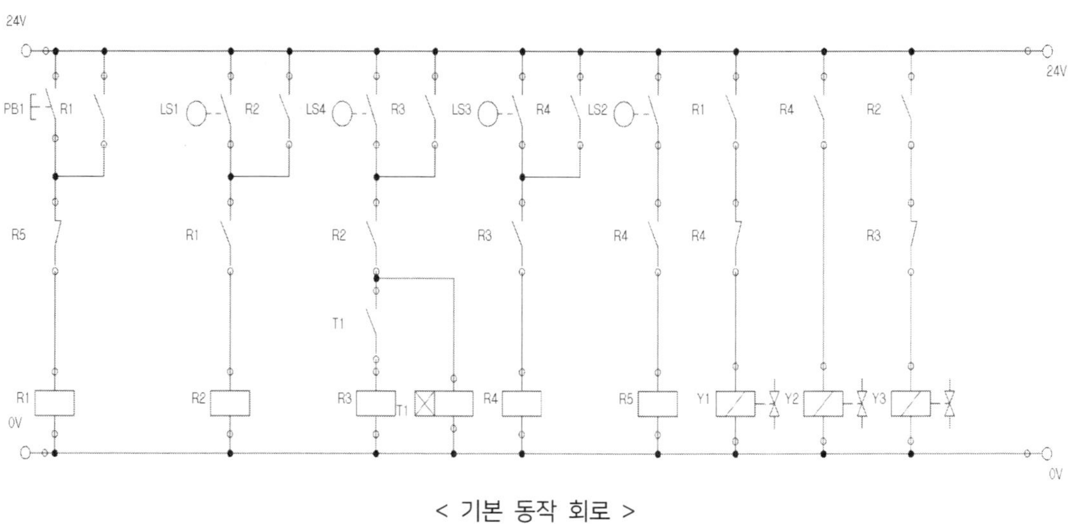

< 기본 동작 회로 >

다. 시스템 유지보수 1)

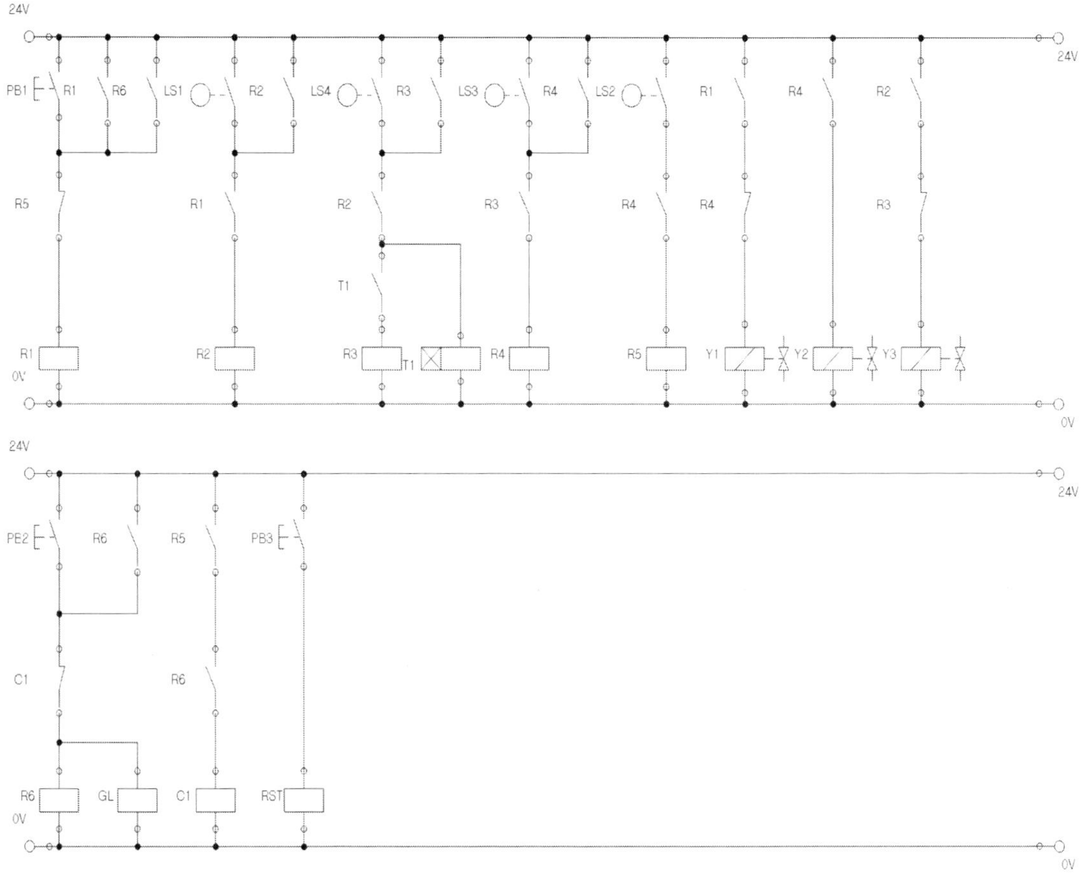

< 유지보수 계획 1) >

다. 시스템 유지보수 2)

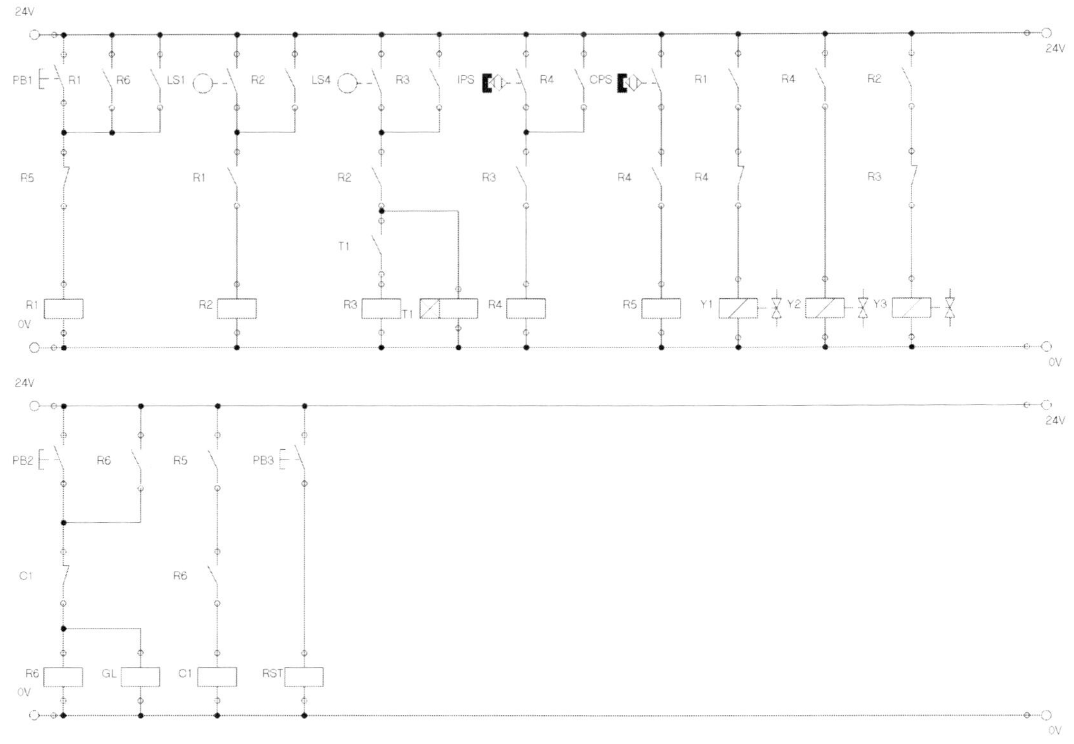

< 유지보수 계획 2) >

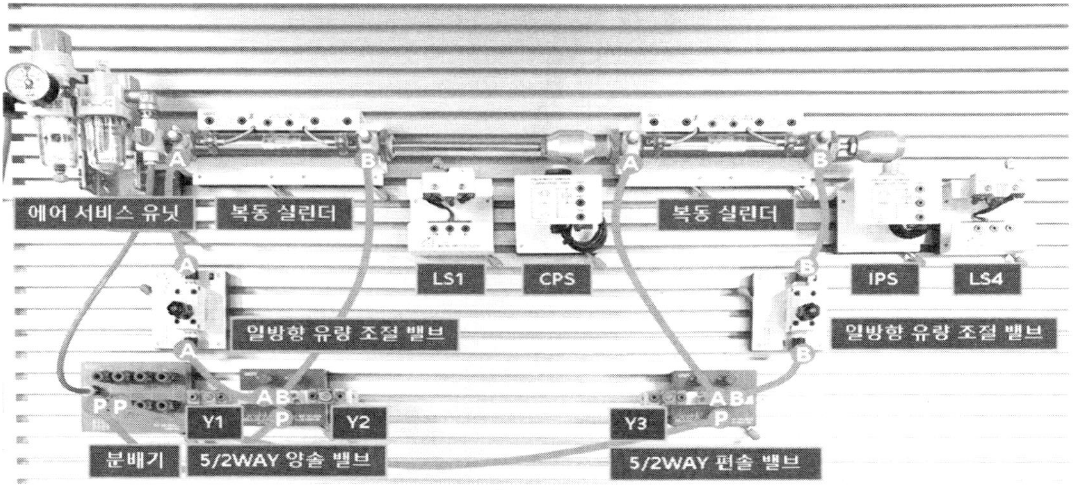

< 센서 교체 모습 >

자격종목	설비보전산업기사	과 제 명	공기압시스템 설계 및 구성

3. 도면

가. 공기압회로도

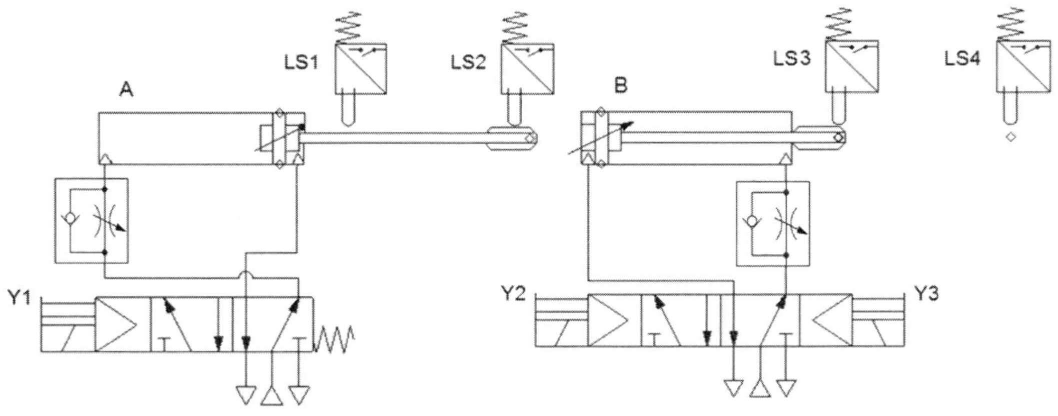

나. 변위단계선도

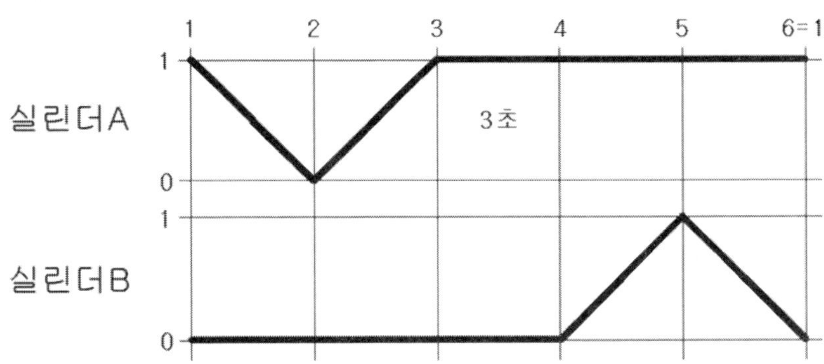

다. 유지보수 계획

1) 연속 스위치(PB2), 카운터 리셋 스위치(PB3), 램프를 추가하여 다음과 같이 동작하도록 회로를 변경하시오.

① PB2를 1회 ON-OFF하면, 기본동작을 3회 연속동작한 후 정지합니다.

② PB3를 1회 ON-OFF하면, 카운터가 리셋됩니다.

③ 카운터 리셋 후 PB2를 1회 ON-OFF하면, 연속동작이 재동작합니다.

④ 연속동작을 수행하는 동안 램프1이 점등되고, 동작 완료 후 소등됩니다.

2) 실린더 A의 방향제어 밸브를 양측 솔레노이드 밸브로 교체한 후 변위단계선도와 같은 동작을 수행할 수 있도록 회로를 변경하시오.

가. 공기압 회로도

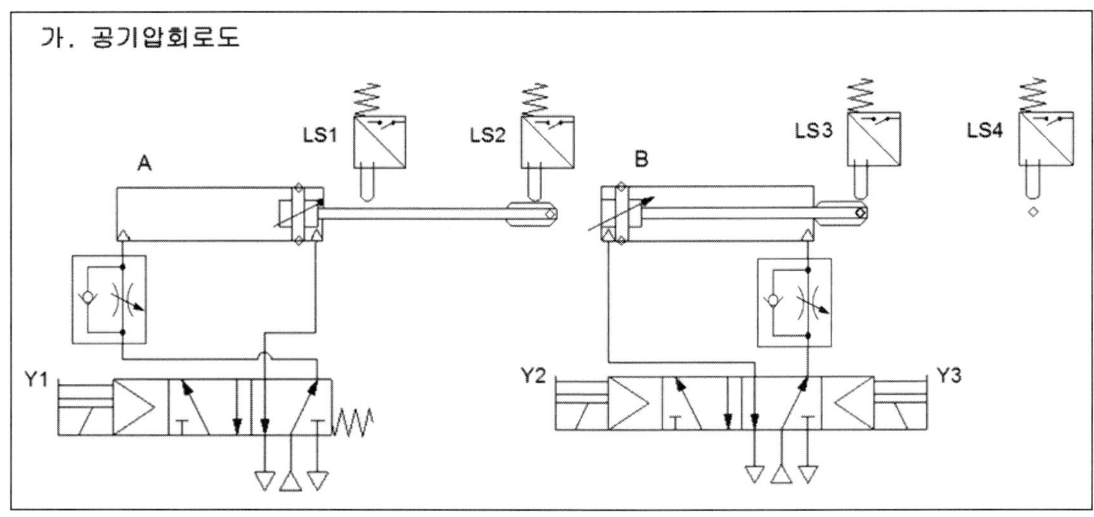

< 공기압 회로도 >

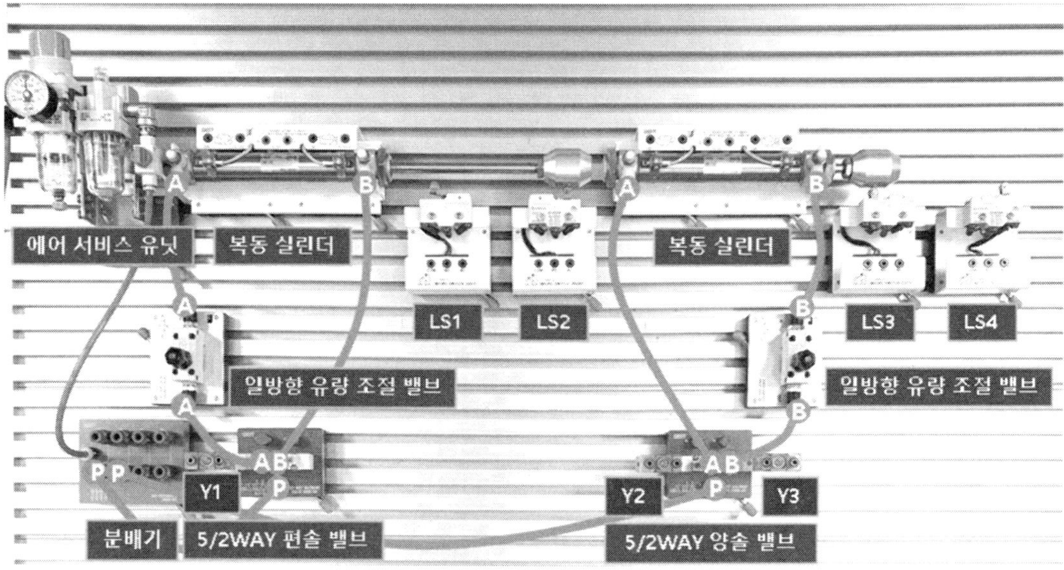

< 공기압 회로도 배치 모습 >

나. 기본 동작

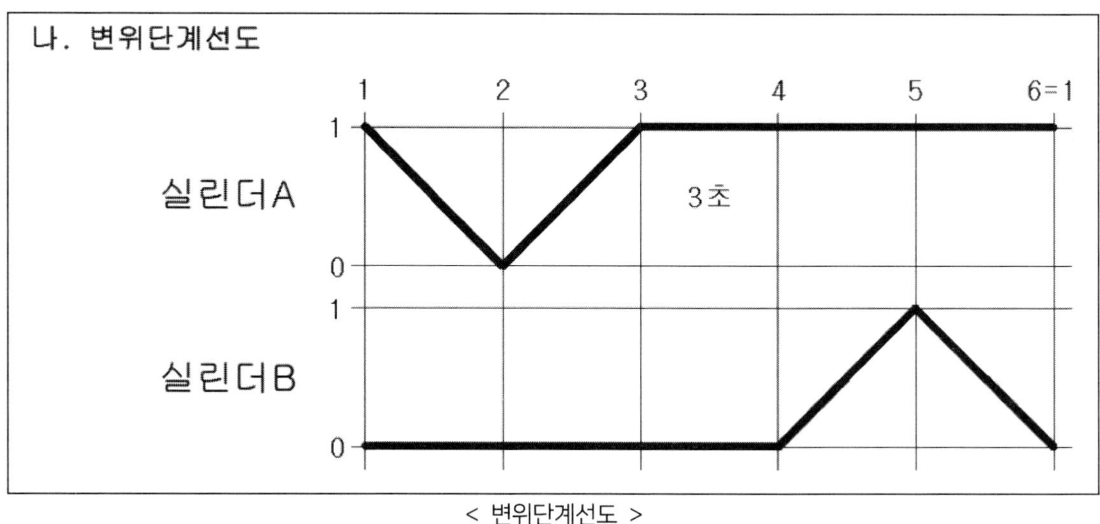

< 변위단계선도 >

기동 및 정지 우선 회로에서 각 행정에 맞는 리밋 스위치의 조건을 직접 체크해 보기 바란다.

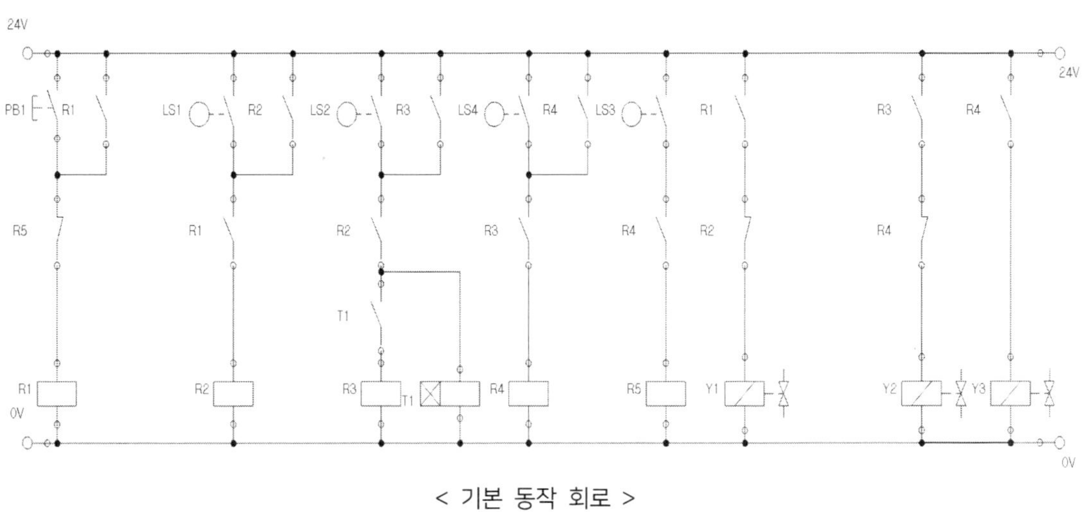

< 기본 동작 회로 >

다. 시스템 유지보수 1)

다. 유지보수 계획

1) 연속 스위치(PB2), 카운터 리셋 스위치(PB3), 램프를 추가하여 다음과 같이 동작하도록 회로를 변경하시오.

① PB2를 1회 ON-OFF하면, 기본동작을 3회 연속동작한 후 정지합니다.

② PB3를 1회 ON-OFF하면, 카운터가 리셋됩니다.

③ 카운터 리셋 후 PB2를 1회 ON-OFF하면, 연속동작이 재동작합니다.

④ 연속동작을 수행하는 동안 램프1이 점등되고, 동작 완료 후 소등됩니다.

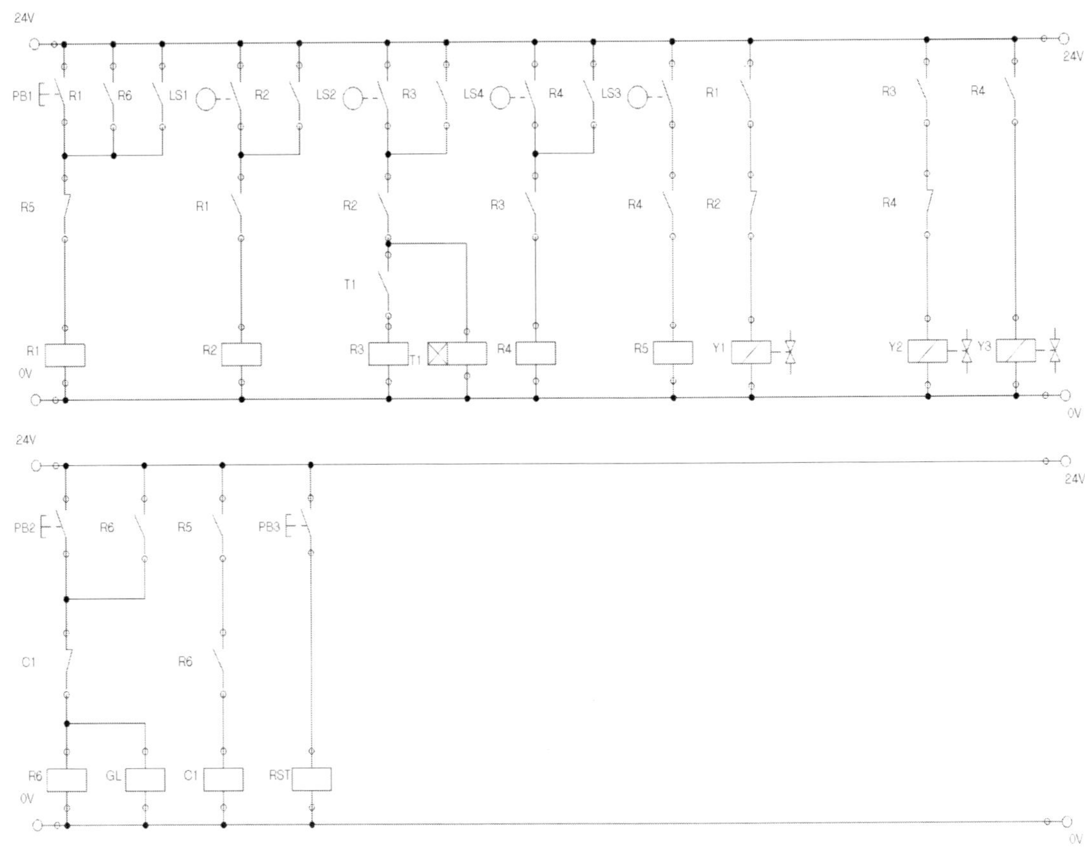

< 유지보수 계획 1) >

다. 시스템 유지보수 2)

2) 실린더 A의 방향제어 밸브를 양측 솔레노이드 밸브로 교체한 후 변위단계선도와 같은
   동작을 수행할 수 있도록 회로를 변경하시오.

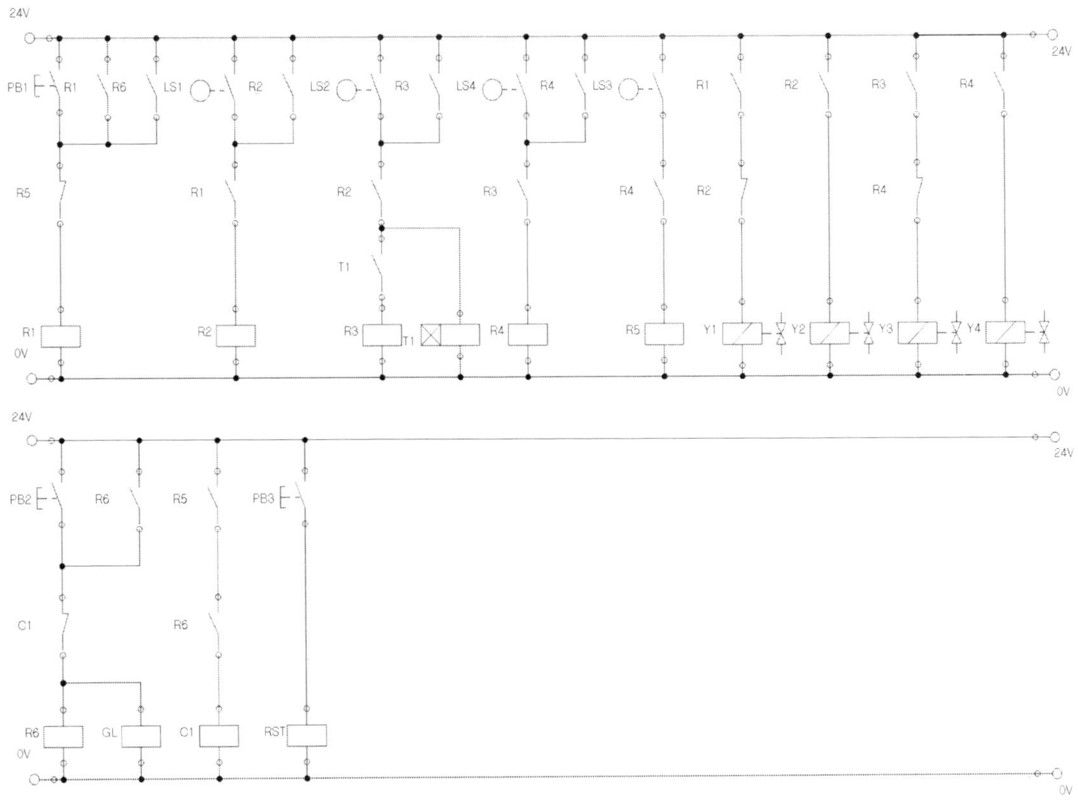

< 유지보수 계획 2) >

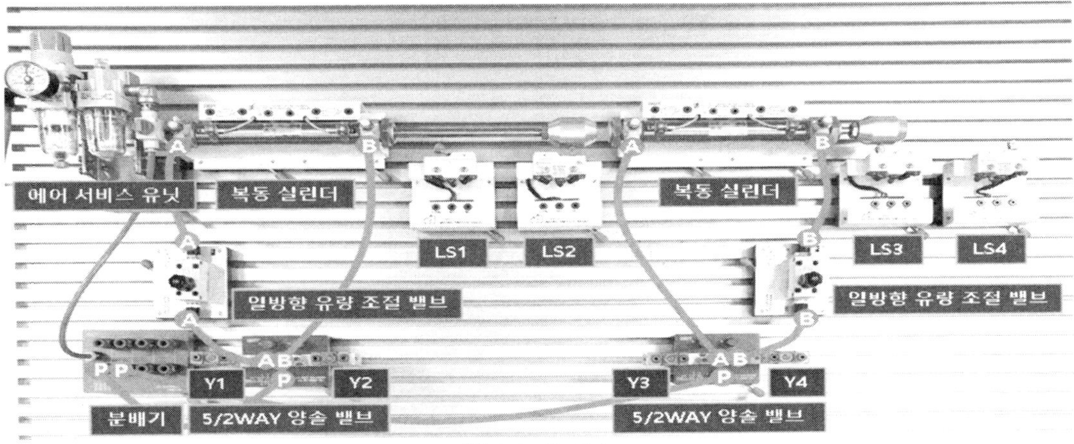

< 밸브 교체 모습 >

자격종목	설비보전산업기사	과 제 명	공기압시스템 설계 및 구성

3. 도면

가. 공기압회로도

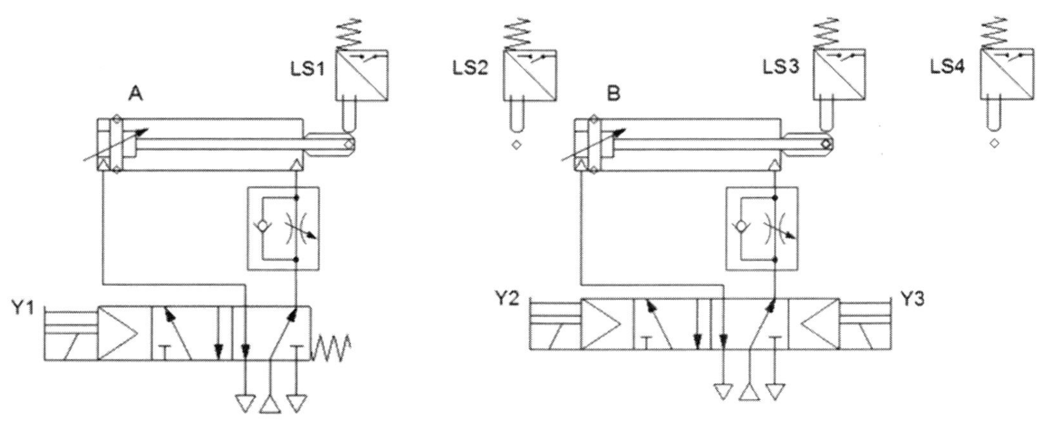

나. 변위단계선도

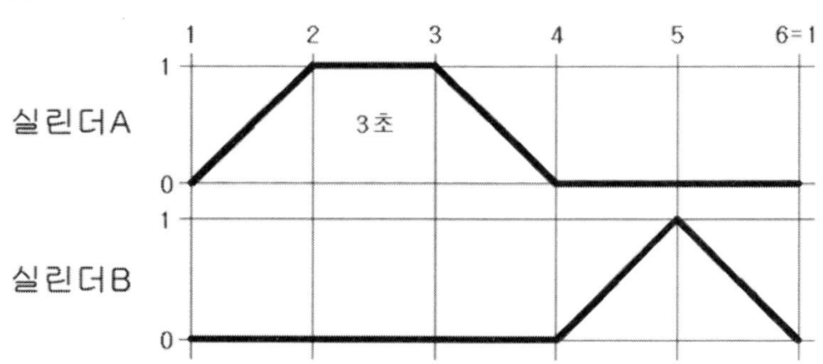

다. 유지보수 계획

1) 연속 스위치(PB2), 비상정지 스위치(유지형 스위치 사용 가능), 램프를 추가하여
   다음과 같이 동작하도록 회로를 변경하시오.
   ① PB2를 1회 ON-OFF하면, 기본동작이 연속적으로 동작합니다.
   ② 연속동작 중 비상정지 스위치를 ON하면, 모든 실린더는 후진하며 램프가
     점등됩니다.
   ③ 비상정지 스위치를 OFF하면, 램프는 소등되고 시스템은 초기화됩니다.
   ④ 초기화 후 PB2를 1회 ON-OFF하면, 연속동작이 재동작합니다.
2) 실린더 A의 방향제어 밸브를 양측 솔레노이드 밸브로 교체한 후 변위단계선도와 같은
   동작을 수행할 수 있도록 회로를 변경하시오.

가. 공기압 회로도

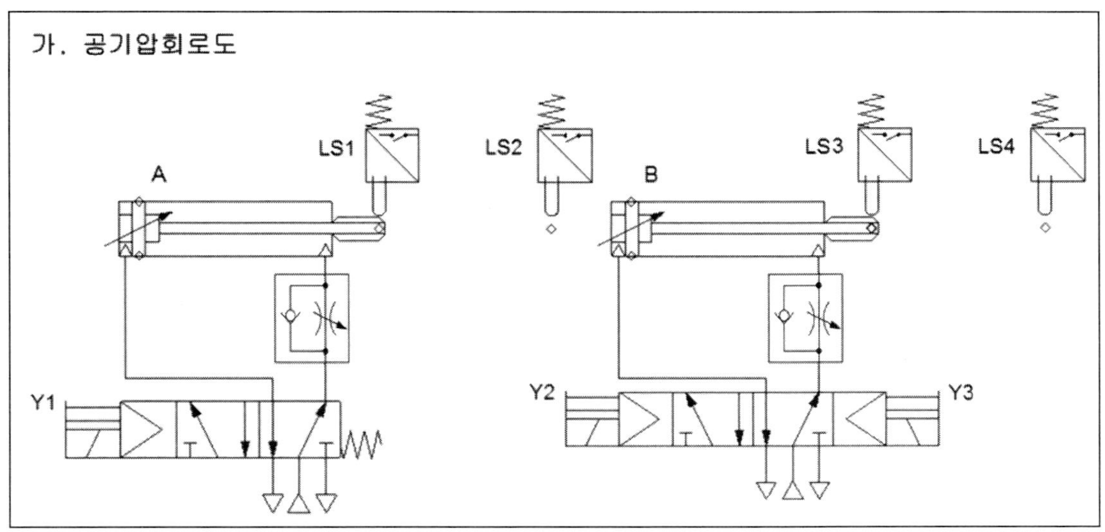

< 공기압 회로도 >

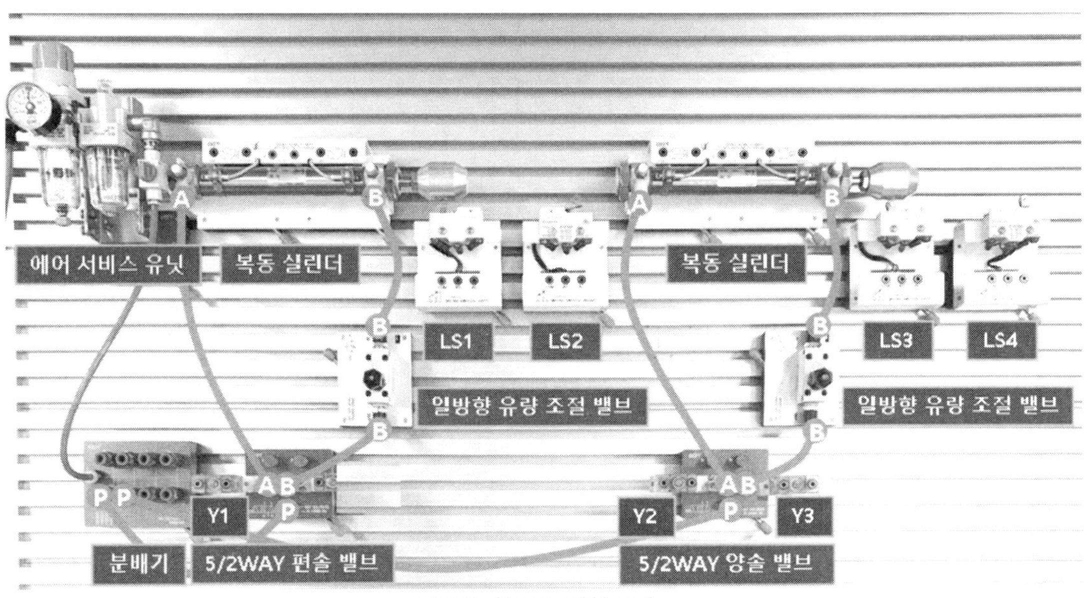

< 공기압 회로도 배치 모습 >

나. 기본 동작

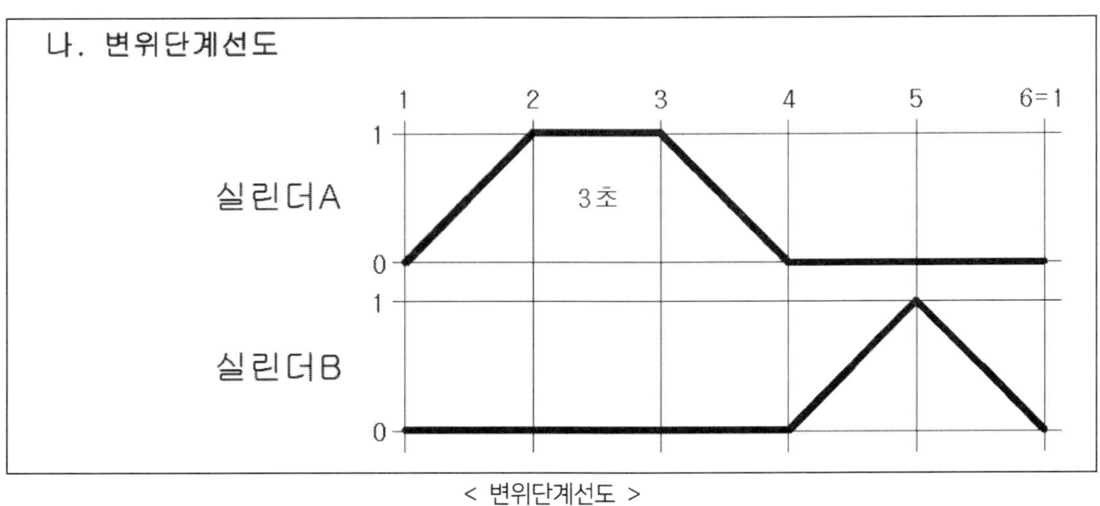

< 변위단계선도 >

기동 및 정지 우선 회로에서 각 행정에 맞는 리밋 스위치의 조건을 직접 체크해 보기 바란다.

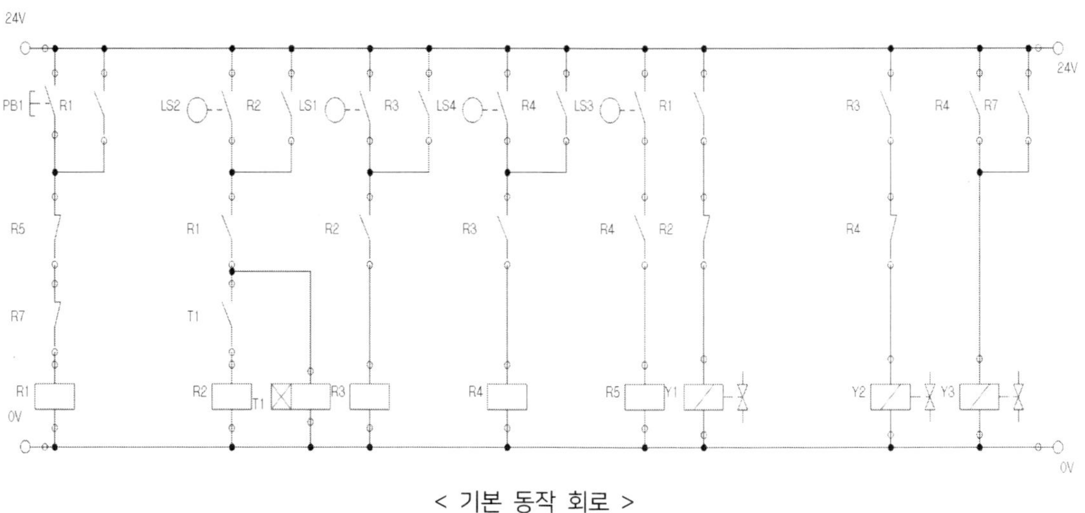

< 기본 동작 회로 >

다. 시스템 유지보수 1)

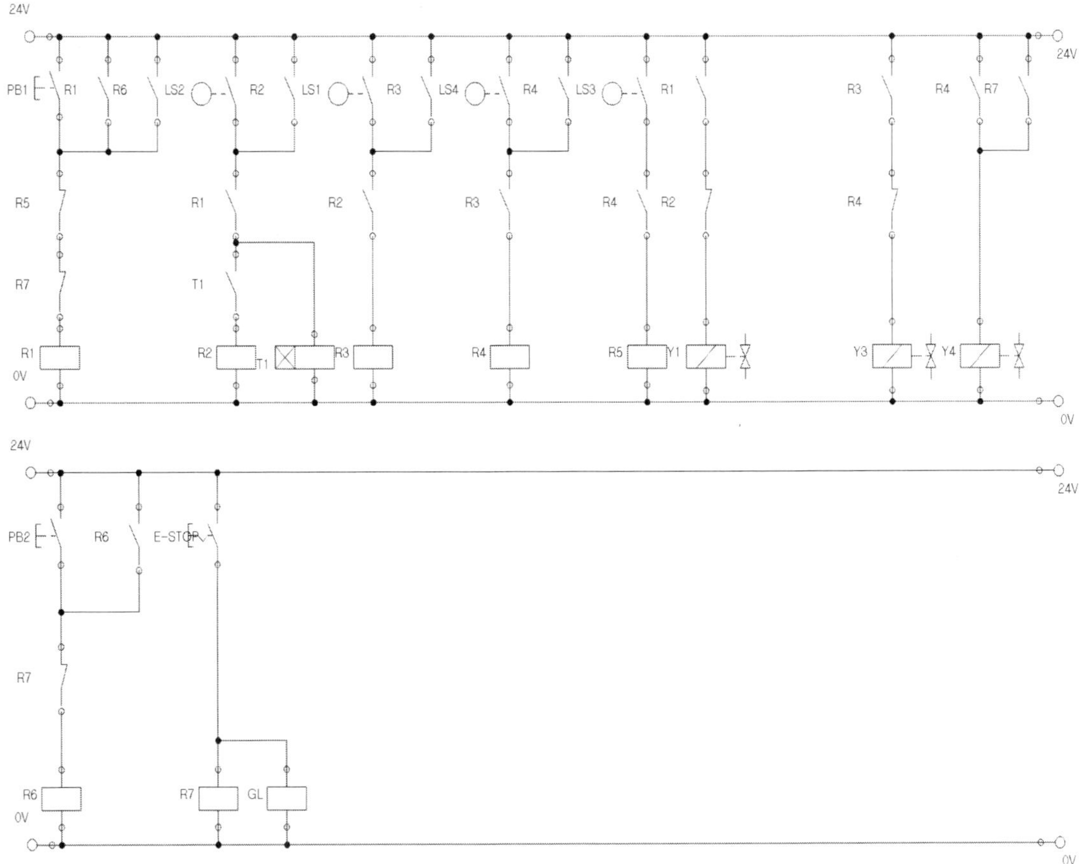

< 유지보수 계획 1) >

다. 시스템 유지보수 2)

2) 실린더 A의 방향제어 밸브를 양측 솔레노이드 밸브로 교체한 후 변위단계선도와 같은
   동작을 수행할 수 있도록 회로를 변경하시오.

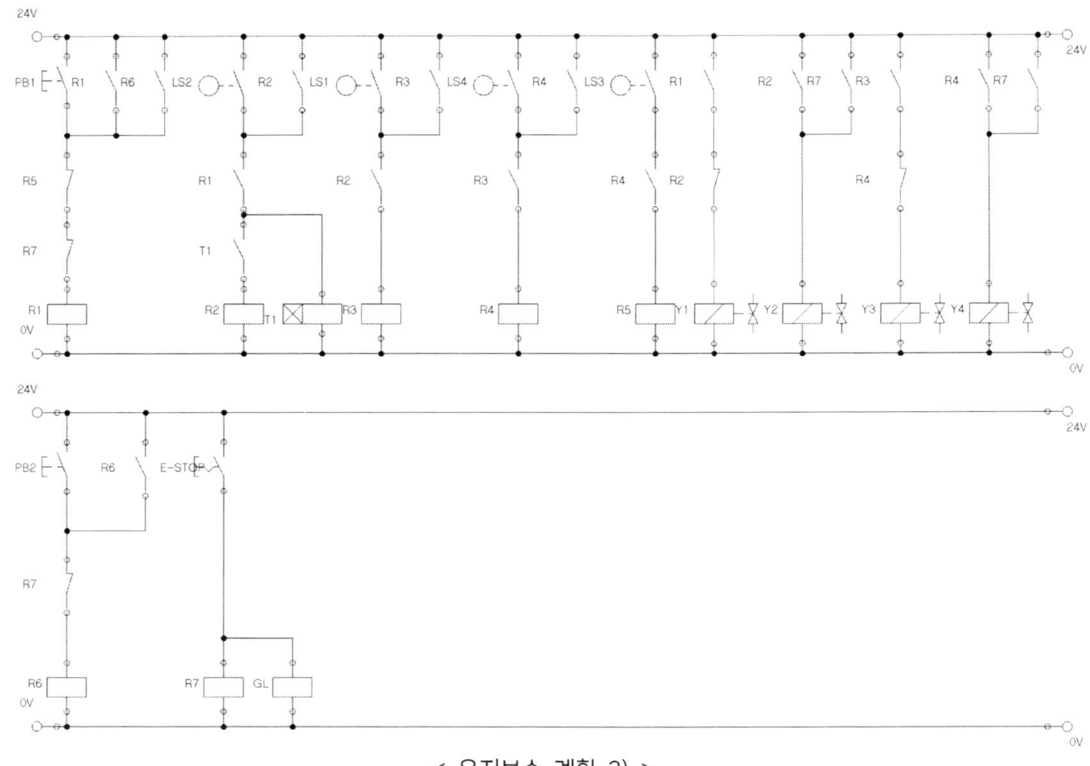

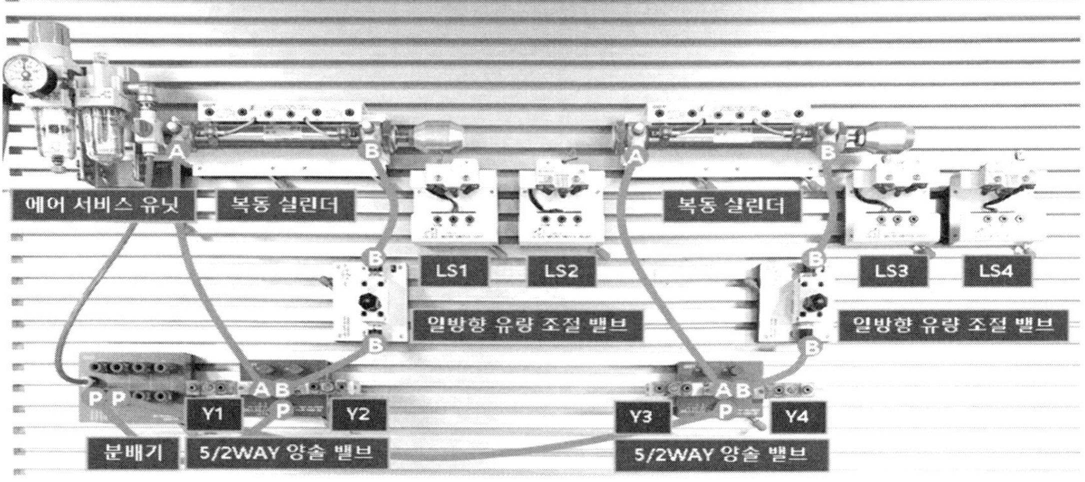

< 밸브 교체 모습 >

자격종목	설비보전산업기사	과 제 명	공기압시스템 설계 및 구성

3. 도면

가. 공기압회로도

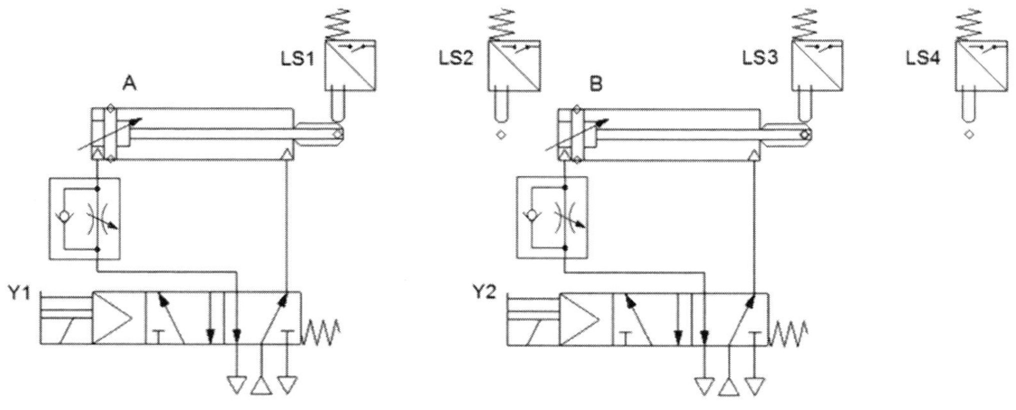

나. 변위단계선도

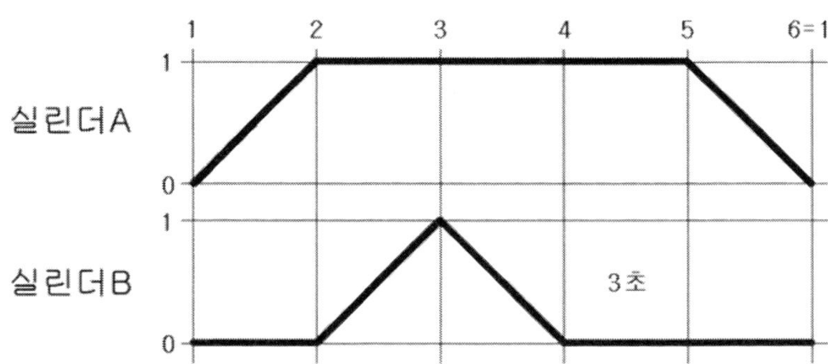

다. 유지보수 계획

1) 연속 스위치(PB2), 비상정지 스위치(유지형 스위치 사용 가능), 램프를 추가하여 다음과 같이 동작하도록 회로를 변경하시오.

　① PB2를 1회 ON-OFF하면, 기본동작이 연속적으로 동작합니다.

　② 연속동작 중 비상정지 스위치를 ON하면, 모든 실린더는 후진하며 램프가 점등됩니다.

　③ 비상정지 스위치를 OFF하면, 램프는 소등되고 시스템은 초기화됩니다.

　④ 초기화 후 PB2를 1회 ON-OFF하면, 연속동작이 재동작합니다.

2) 실린더 B의 방향제어 밸브를 양측 솔레노이드 밸브로 교체한 후 변위단계선도와 같은 동작을 수행할 수 있도록 회로를 변경하시오.

가. 공기압 회로도

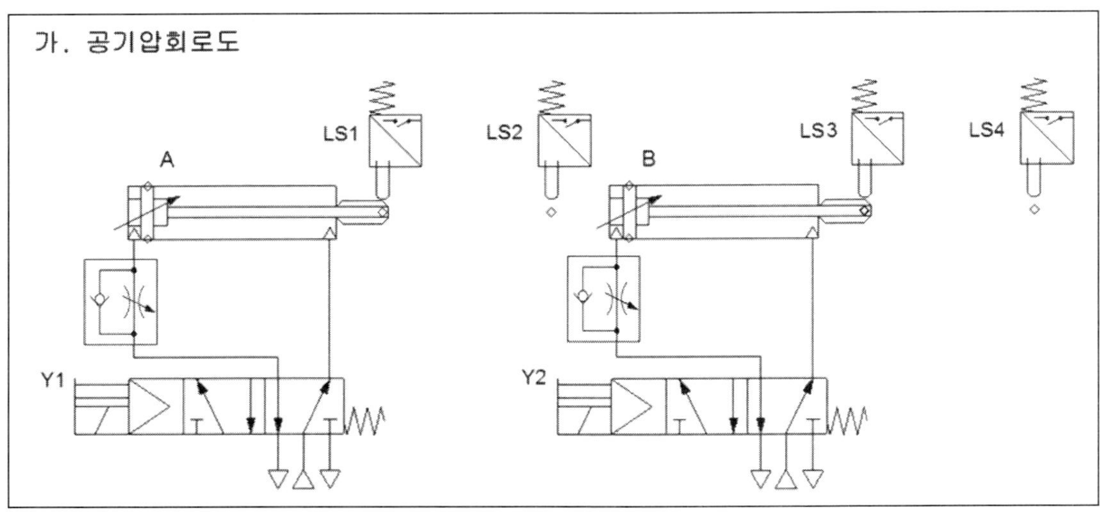

< 공기압 회로도 >

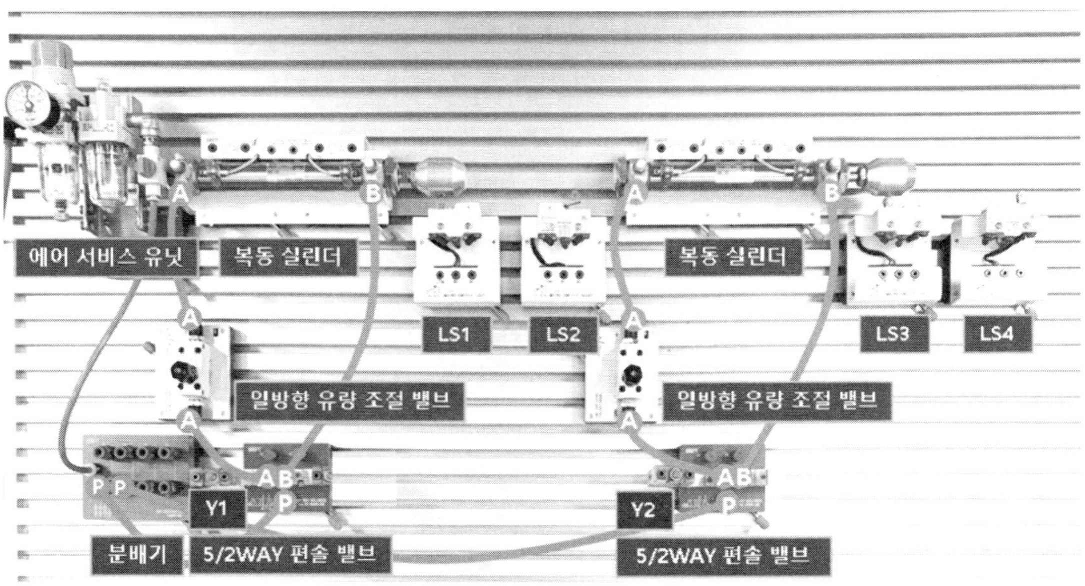

< 공기압 회로도 배치 모습 >

나. 기본 동작

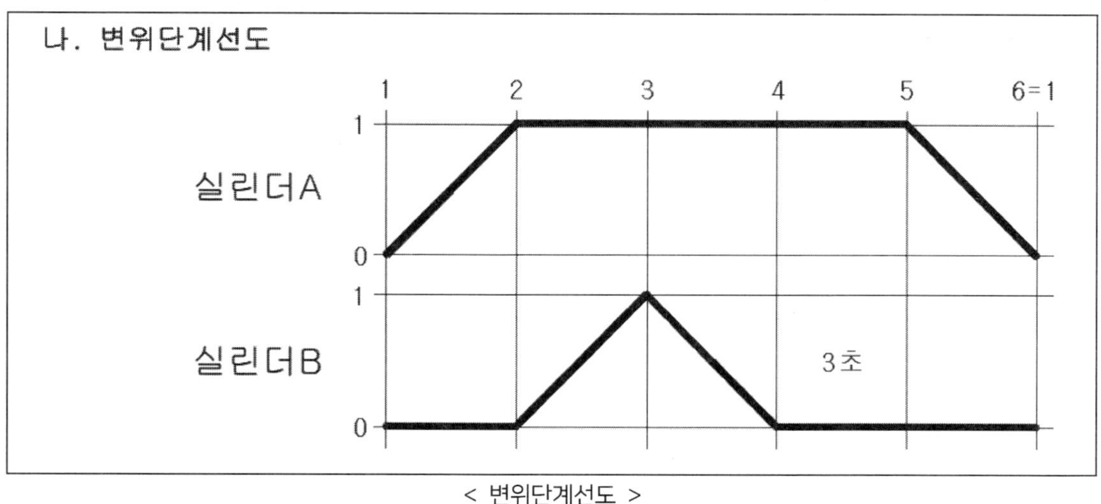

< 변위단계선도 >

기동 및 정지 우선 회로에서 각 행정에 맞는 리밋 스위치의 조건을 직접 체크해 보기 바란다.

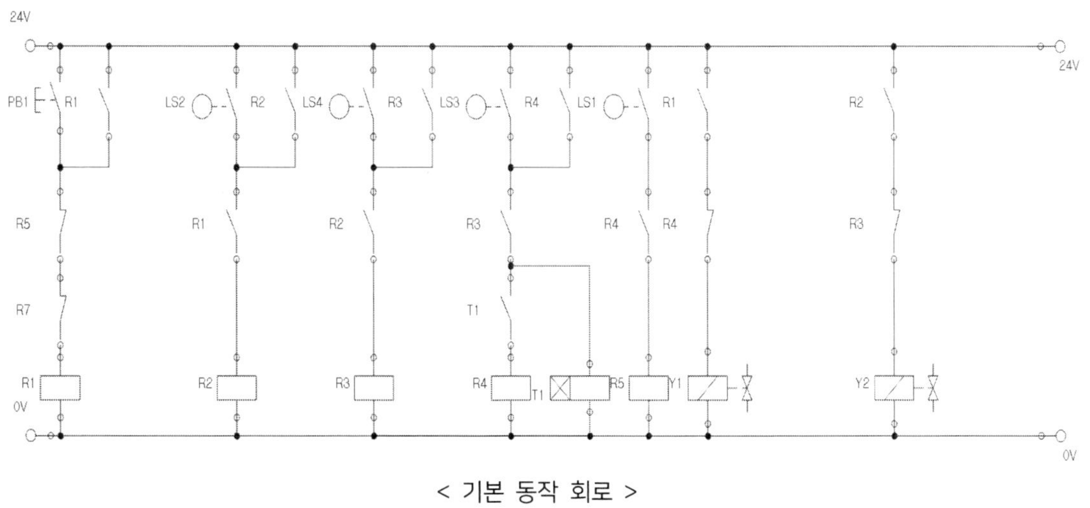

< 기본 동작 회로 >

다. 시스템 유지보수 1)

다. 유지보수 계획

1) 연속 스위치(PB2), 비상정지 스위치(유지형 스위치 사용 가능), 램프를 추가하여
 다음과 같이 동작하도록 회로를 변경하시오.

① PB2를 1회 ON-OFF하면, 기본동작이 연속적으로 동작합니다.

② 연속동작 중 비상정지 스위치를 ON하면, 모든 실린더는 후진하며 램프가
 점등됩니다.

③ 비상정지 스위치를 OFF하면, 램프는 소등되고 시스템은 초기화됩니다.

④ 초기화 후 PB2를 1회 ON-OFF하면, 연속동작이 재동작합니다.

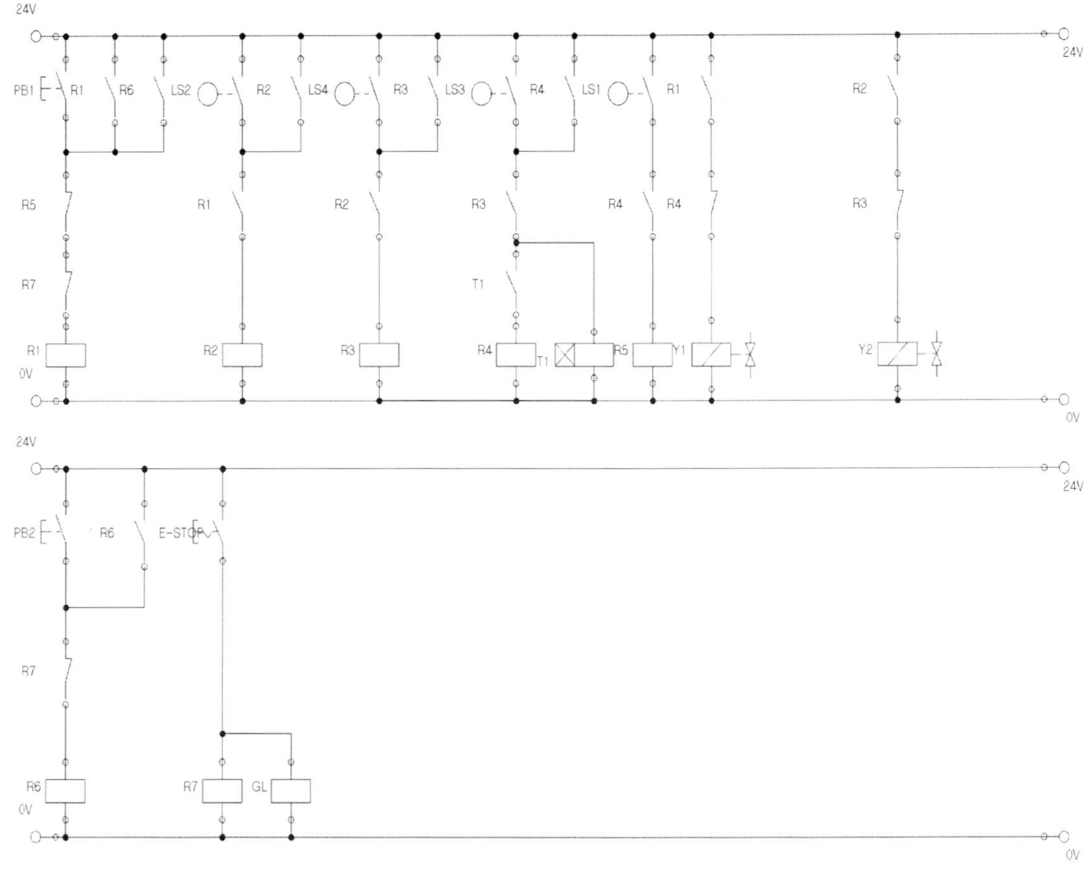

< 유지보수 계획 1) >

다. 시스템 유지보수 2)

2) 실린더 B의 방향제어 밸브를 양측 솔레노이드 밸브로 교체한 후 변위단계선도와 같은
   동작을 수행할 수 있도록 회로를 변경하시오.

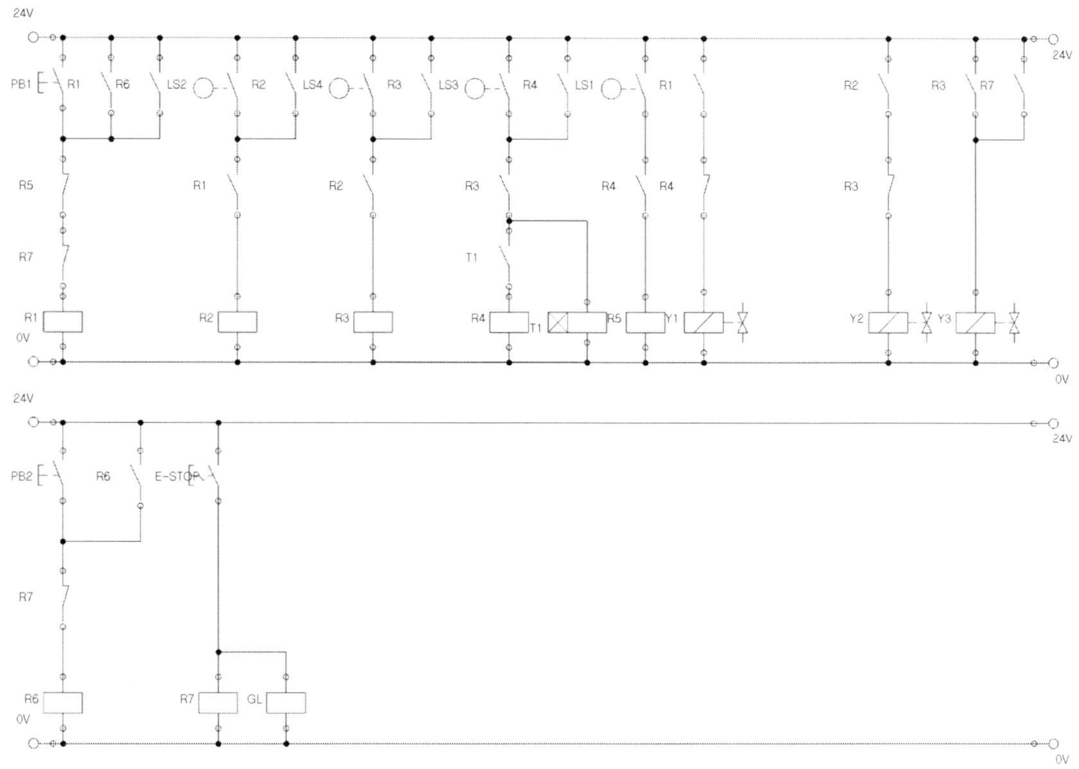

< 유지보수 계획 2) >

< 밸브 교체 모습 >

[공개] ⑧

자격종목	설비보전산업기사	과 제 명	공기압시스템 설계 및 구성

3. 도면

가. 공기압회로도

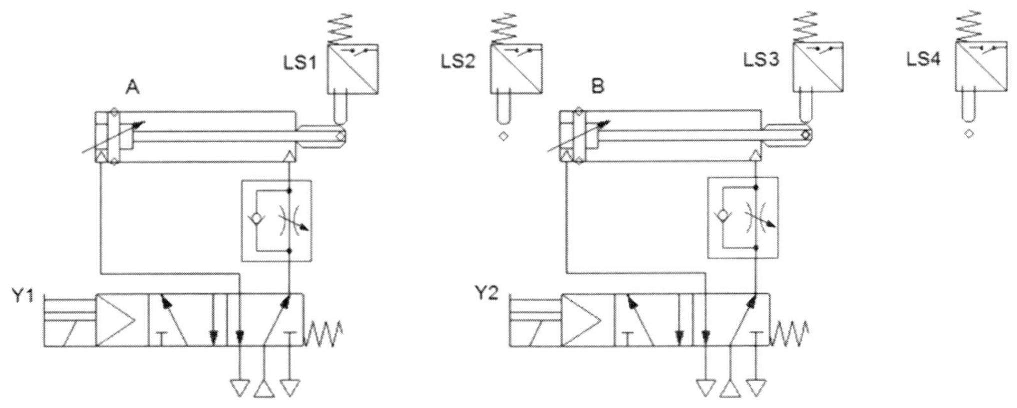

나. 변위단계선도

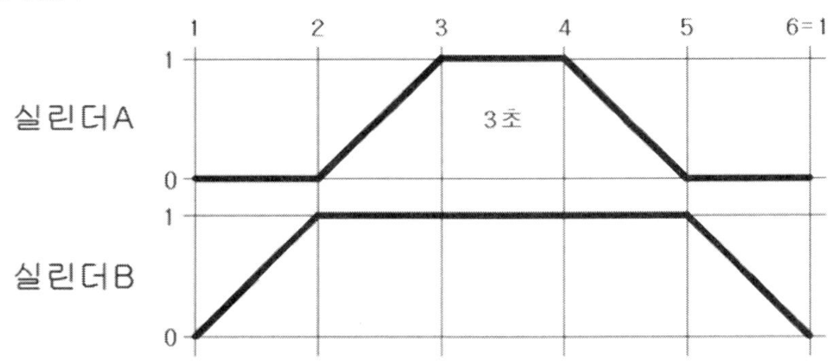

다. 유지보수 계획

1) 연속 스위치(PB2), 비상정지 스위치(유지형 스위치 사용 가능), 램프를 추가하여
   다음과 같이 동작하도록 회로를 변경하시오.

① PB2를 1회 ON-OFF하면, 기본동작이 연속적으로 동작합니다.

② 연속동작 중 비상정지 스위치를 ON하면, 모든 실린더는 후진하며 램프가
   점등됩니다.

③ 비상정지 스위치를 OFF하면, 램프는 소등되고 시스템은 초기화됩니다.

④ 초기화 후 PB2를 1회 ON-OFF하면, 연속동작이 재동작합니다.

2) 실린더 B의 방향제어 밸브를 양측 솔레노이드 밸브로 교체한 후 변위단계선도와 같은
   동작을 수행할 수 있도록 회로를 변경하시오.

가. 공기압 회로도

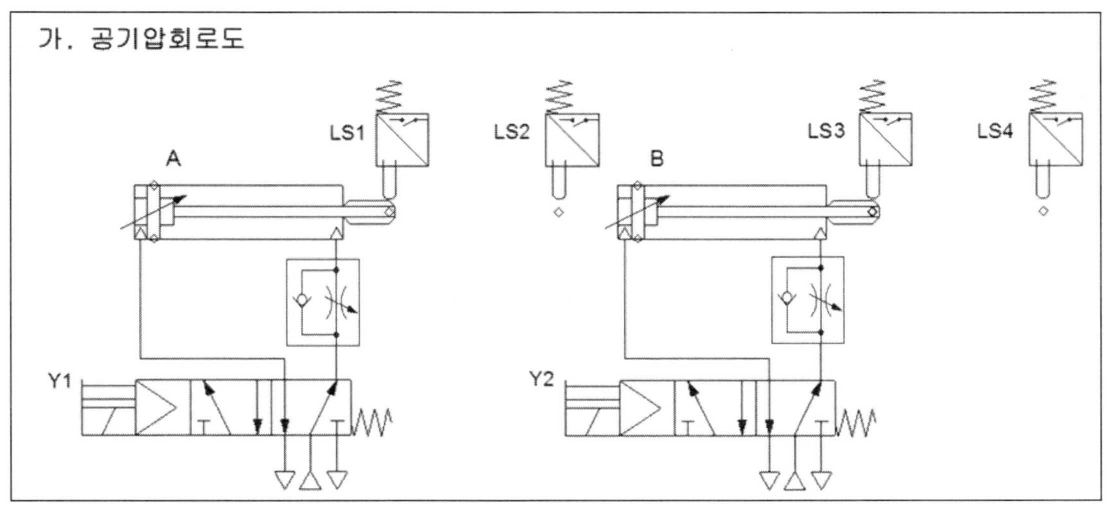

< 공기압 회로도 >

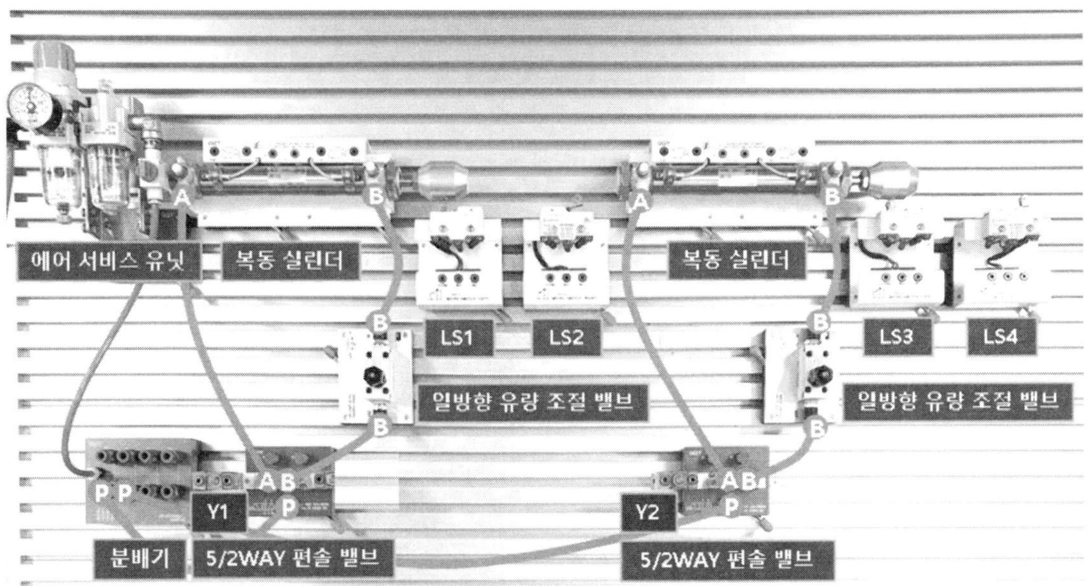

< 공기압 회로도 배치 모습 >

나. 기본 동작(기동 우선 회로)

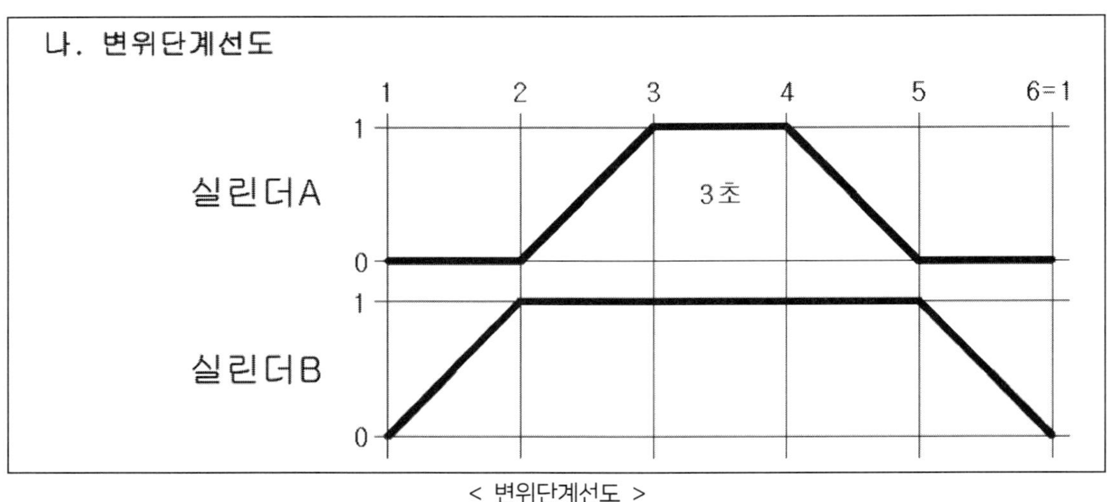

기동 및 정지 우선 회로에서 각 행정에 맞는 리밋 스위치의 조건을 직접 체크해 보기 바란다.

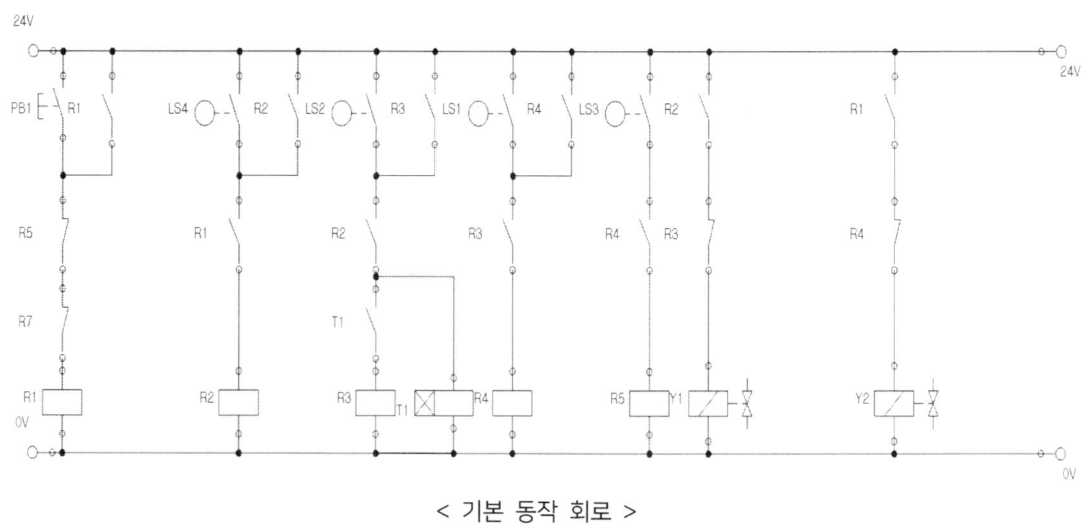

< 기본 동작 회로 >

다. 시스템 유지보수 1)

다. 유지보수 계획

1) 연속 스위치(PB2), 비상정지 스위치(유지형 스위치 사용 가능), 램프를 추가하여
   다음과 같이 동작하도록 회로를 변경하시오.

① PB2를 1회 ON-OFF하면, 기본동작이 연속적으로 동작합니다.

② 연속동작 중 비상정지 스위치를 ON하면, 모든 실린더는 후진하며 램프가
   점등됩니다.

③ 비상정지 스위치를 OFF하면, 램프는 소등되고 시스템은 초기화됩니다.

④ 초기화 후 PB2를 1회 ON-OFF하면, 연속동작이 재동작합니다.

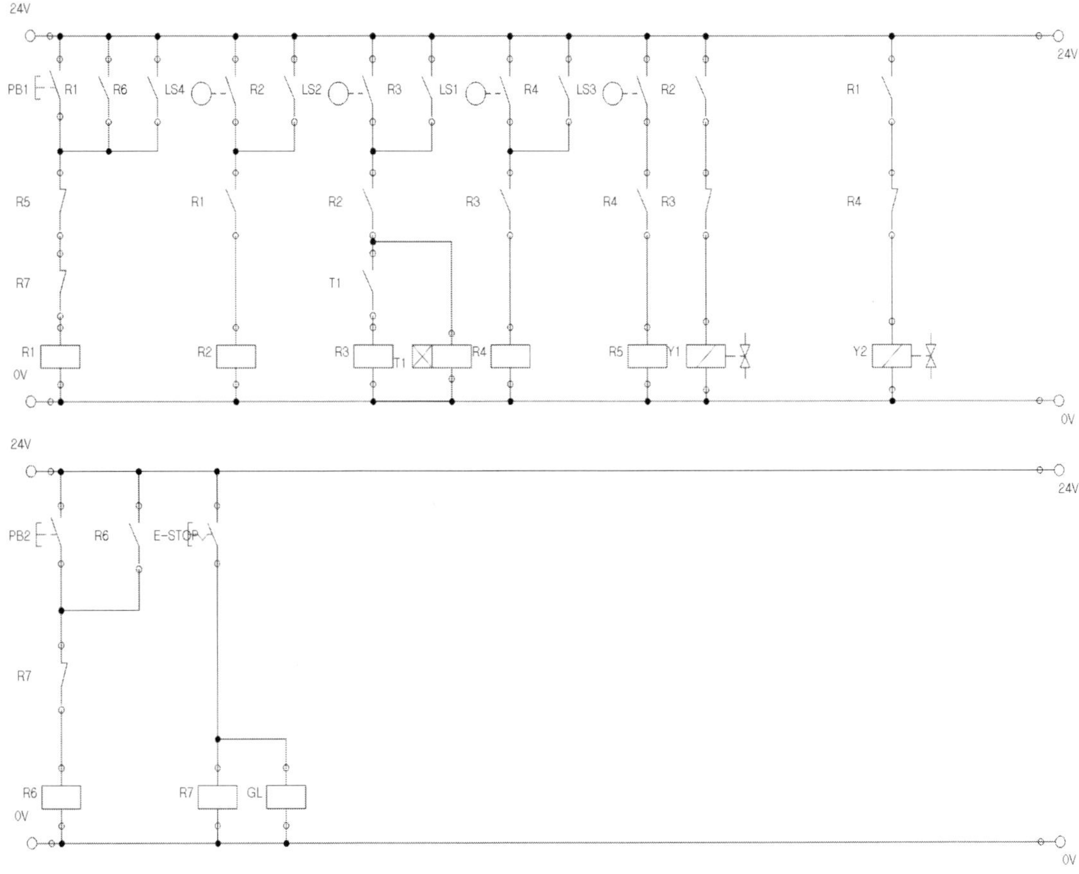

< 유지보수 계획 1) >

다. 시스템 유지보수 2)

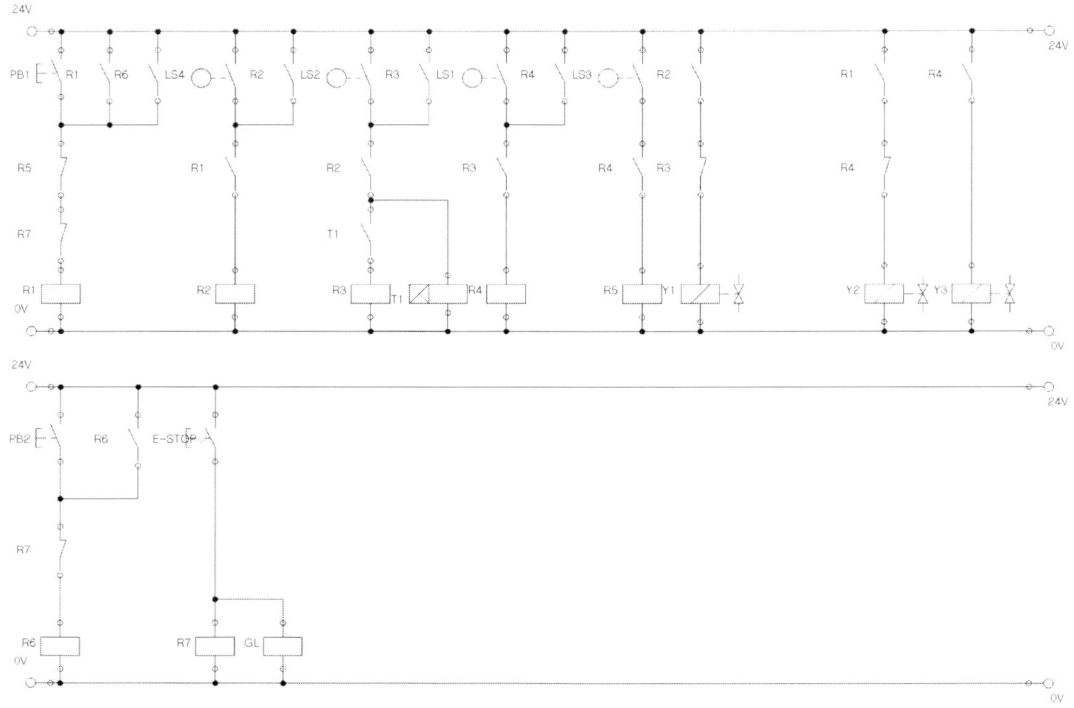

< 유지보수 계획 2) >

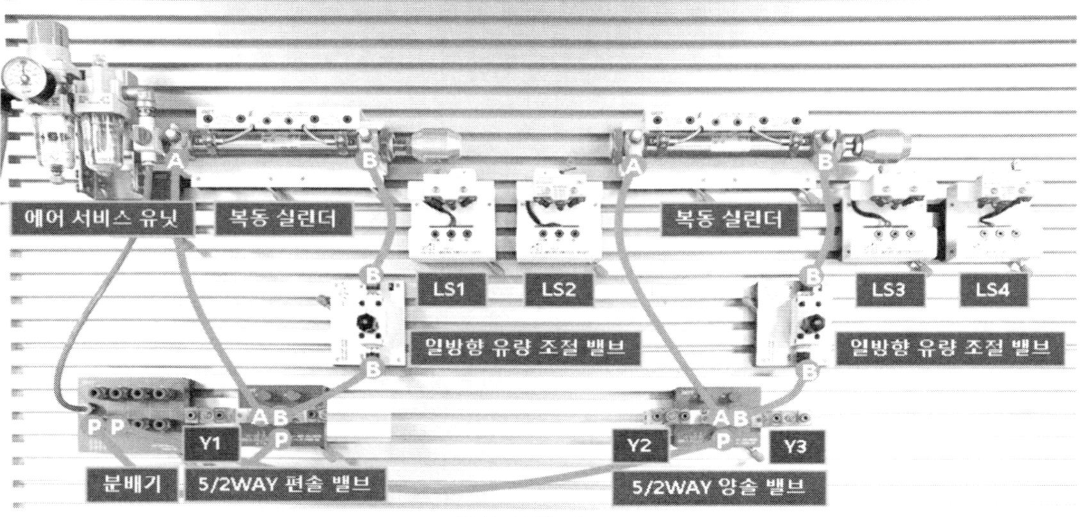

< 밸브 교체 모습 >

나. 기본 동작(정지 우선 회로)

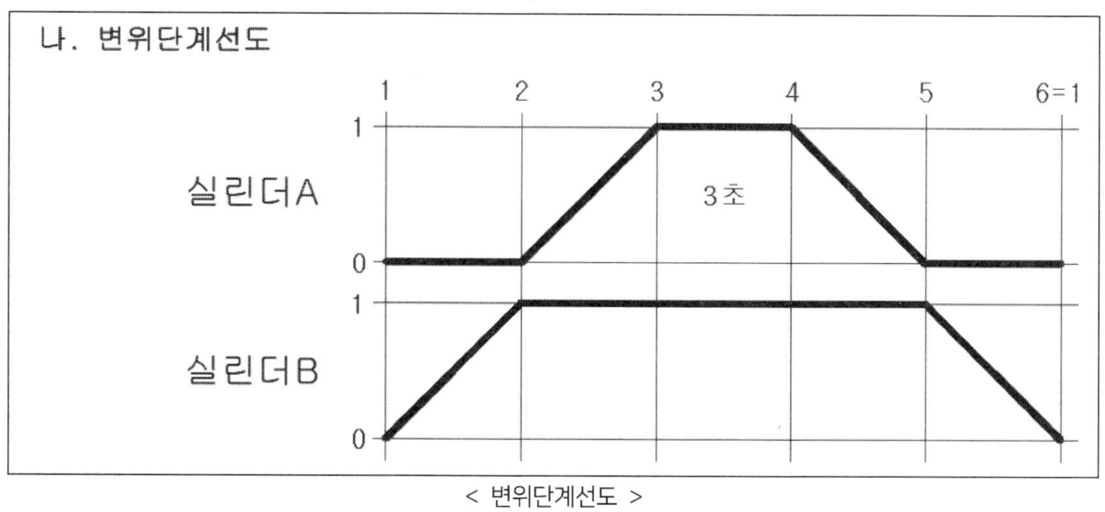

< 변위단계선도 >

기동 및 정지 우선 회로에서 각 행정에 맞는 리밋 스위치의 조건을 직접 체크해 보기 바란다.

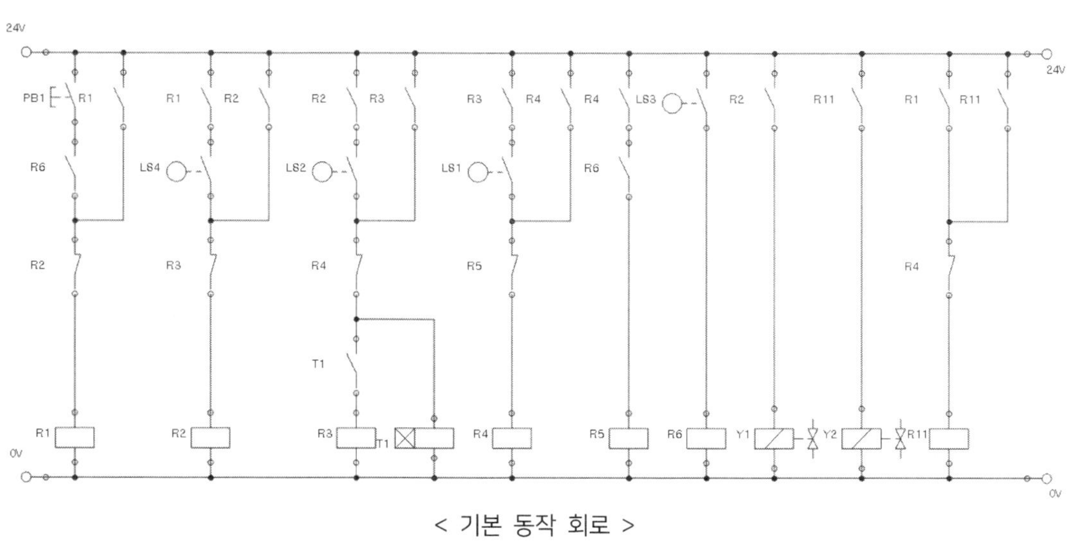

< 기본 동작 회로 >

다. 시스템 유지보수 1)

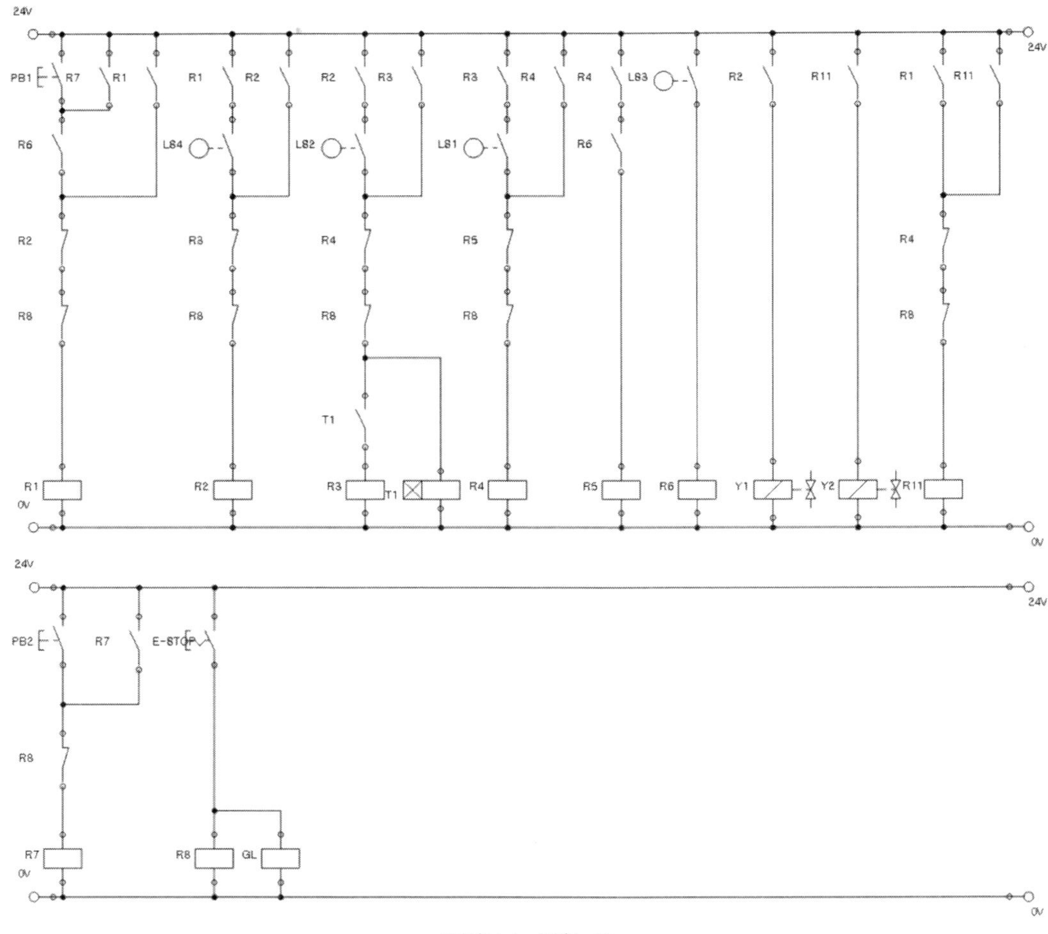

< 유지보수 계획 1) >

다. 시스템 유지보수 2)

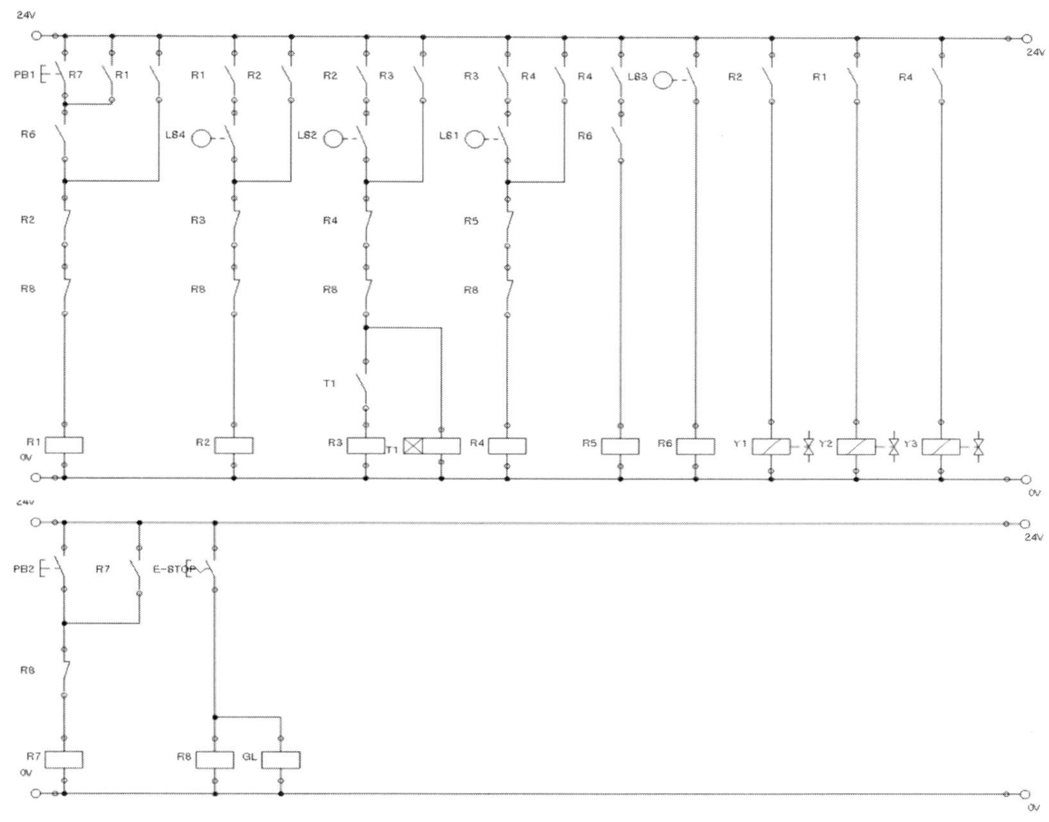

< 유지보수 계획 2) >

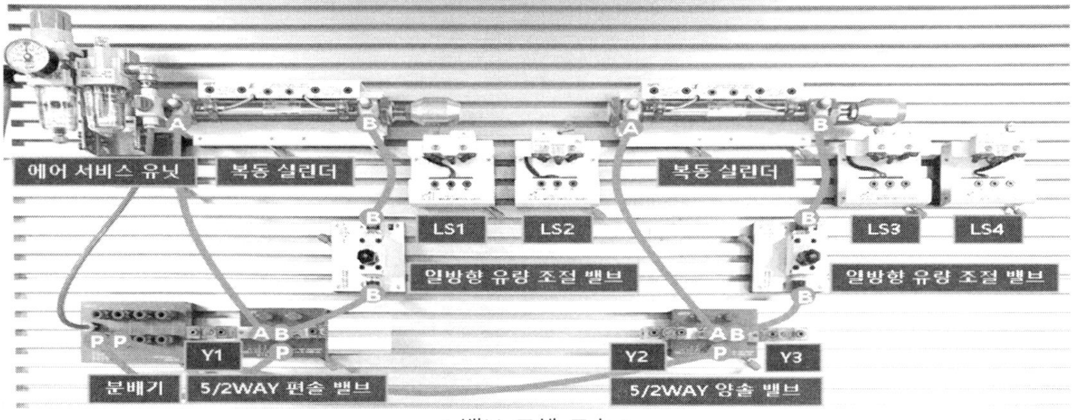

< 밸브 교체 모습 >

PART 04

유압 장치

현대 산업 현장에서는 기계의 자동화와 고정밀·고출력 작동을 위해 유체의 힘을 활용한 동력 전달 방식이 널리 사용되고 있다. 그중에서도 유압 시스템은 고하중을 정밀하고 안정적으로 제어할 수 있어 산업 기계, 건설 장비, 생산 설비 등 고출력이 요구되는 분야에서 폭넓게 활용되고 있다.

본 장에서는 유압 시스템의 기본 개념과 주요 구성 요소를 이해하고, 이를 바탕으로 기초 회로 설계 능력을 학습함으로써 유압 시스템 전반에 대한 이해도를 높이고자 한다.

과제에 대해 살펴보면, 유압 회로 구성 과제는 전기 제어 측면에서 공압 회로와 같은 방식으로 설계할 수 있다. 하지만 유압 시스템은 유압 기기를 사용한다는 특성이 있으므로 유지보수 계획 단계에서는 전기 회로가 아닌 유압 회로를 중심으로 구성해야 한다.

따라서 유압 회로를 설계 시 각 구성 부품의 기초적인 작동 원리를 정확히 이해하는 것이 매우 중요하다. 또한, 공압과 유압의 가장 큰 차이점 중 하나는 작동 유체의 처리 방식이다.

공압의 경우, 실린더에서 배출된 압축 공기를 대기 중으로 바로 방출할 수 있지만, 유압에서는 작동유를 반드시 탱크(Return Line)로 회수하여 재사용한다는 큰 차이점이 있다.

이러한 원리와 차이점을 바탕으로 이제 유압 장치의 구조와 작동 원리에 대해 학습해 보자.

1장 유압 실린더 및 방향 제어 밸브

1.1 유압 실린더

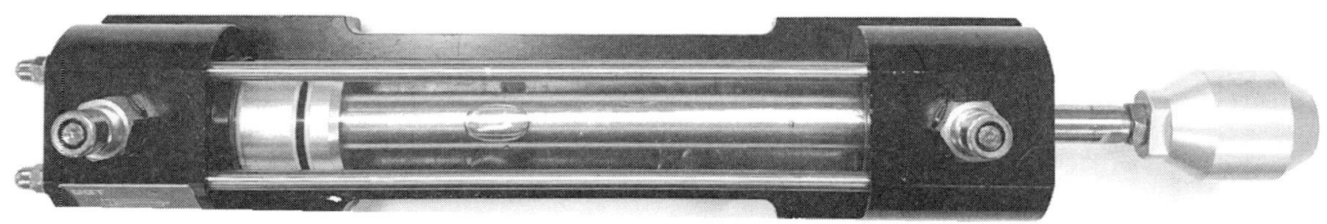

< 유압 실린더 >

유압 실린더는 유압 에너지를 직선 운동(Linear Motion)으로 변환하는 액추에이터(Actuator)로, 유압 시스템에서 가장 널리 사용되는 동력 전달 장치 중 하나이다. 내부의 피스톤에 유압유를 공급하여 전진(압축) 또는 후진(복귀) 운동을 반복한다.

작동 원리

피스톤 양단에 위치한 유입 포트(A, B) 중 한쪽에 유압을 공급하면 피스톤 로드(Piston Rod)는 직선 방향으로 전진하거나 후진하게 된다. 이때 반대쪽 포트는 탱크와 연결되어 유압 오일이 배출된다.

유량을 조절하면 실린더의 이동 속도를 제어할 수 있고, 압력을 조절하면 출력되는 힘을 제어할 수 있다. 유압 실린더는 높은 압력을 이용해 강한 힘을 발생시킬 수 있는 것이 특징이며, 유량·압력 조절 장치 및 센서와 연동하면 정밀한 위치 제어도 가능하다.

1.2 양측 솔레노이드 밸브

< 4/2 WAY 양측 솔레노이드 밸브 >

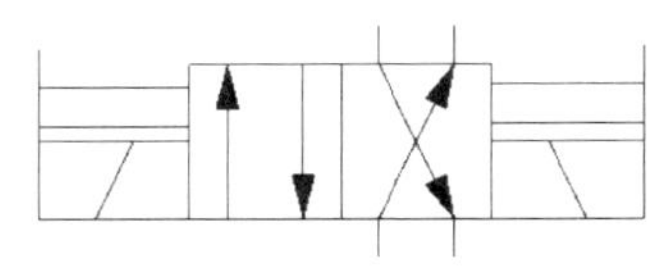

< 유압 기호 >

4/2 WAY 방향 제어 밸브는 4개의 포트(P, T, A, B)와 2개의 위치(Position)를 갖는 구조로, 양쪽에 솔레노이드가 장착되어 전기 신호에 따라 스풀이 좌우로 전환되며 유체의 흐름 방향을 제어한다.

양측 솔레노이드형 밸브는 한쪽 솔레노이드가 작동하면 해당 위치를 유지하며, 다른 쪽이 작동되기 전까지는 계속 그 상태를 유지하는 자기 유지형 구조이다. 스프링 복귀가 없기 때문에 전기 신호에 따라 상태가 기억된다.

작동 원리

밸브에는 두 개의 솔레노이드가 장착되어 있으며, 각 솔레노이드에 전기 신호가 인가되면 스풀이 해당 방향으로 이동하여 A 또는 B 포트로 유체를 공급하게 된다.

한 위치에서는 A 포트에 압력이 공급되고 B 포트는 탱크로 연결되며, 반대 위치에서는 B 포트에 압력이 공급되고 A 포트는 탱크로 연결된다.

즉 A-B 양방향으로 실린더를 제어할 수 있는 구조이다. 스프링 복귀가 없기 때문에 전기 신호가 차단되더라도, 마지막에 작동된 위치가 자기 유지(self-holding)되어 그대로 유지된다.

1.3 편측 솔레노이드 밸브

< 4/2 WAY 편측 솔레노이드 밸브 >

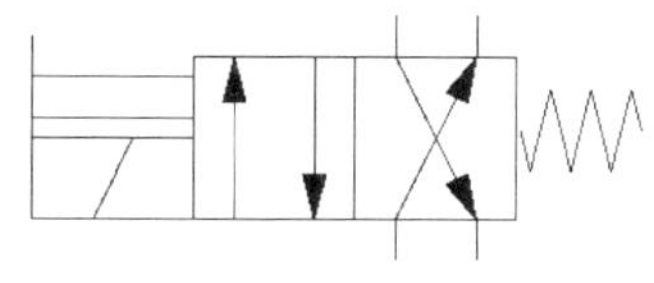

< 유압 기호 >

4/2 WAY 편측 솔레노이드 밸브는 4개의 포트(P, T, A, B)와 2개의 위치를 가진 방향 제어 밸브로, 한쪽에는 솔레노이드, 반대쪽에는 스프링이 장착되어 있다.

이 밸브는 전기 신호가 인가되면 솔레노이드가 작동하여 스풀이 전환되고, 전원이 차단되면 스프링의 복원력으로 자동 복귀되는 구조를 가지고 있다. 주로 단순 반복 동작이나, 정전 시 자동 복귀가 필요한 회로에 많이 사용된다.

작동 원리

솔레노이드에 전기 신호가 인가되면 전자석의 힘으로 스풀이 이동하여 유체는 P → A, B → T 방향으로 흐르게 되고, 실린더는 전진 동작을 수행한다. 전원이 차단되면 스프링의 힘으로 스풀이 원위치로 복귀되며 유체는 P → B, A → T 방향으로 흐르게 되어 실린더는 후진하게 된다.

1.4 양측 솔레노이드 밸브 전 포트 차단형

< 전 포트 차단형 밸브 >

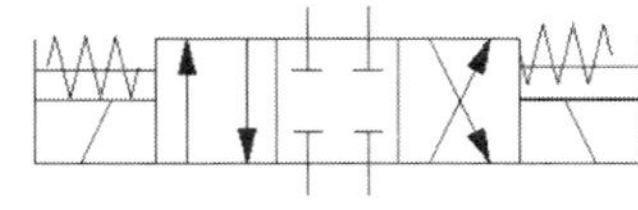

< 유압 기호 >

4/3 WAY 양측 솔레노이드 밸브(All Ports Blocked)는 4개의 포트(P, A, B, T)와 3개의 위치를 갖는 방향 제어 밸브이다. 양쪽에 솔레노이드가 설치되어 있어, 전기 신호에 따라 밸브가 좌우로 이동하며 중립 위치에서는 모든 포트가 차단되는 구조이다. 이 중립 상태를 올 블록(All Block) 또는 전 포트 차단형(All Ports Blocked)이라고 한다.

작동 원리

좌측 또는 우측 솔레노이드에 전기 신호가 인가되면, 스풀이 이동하면서 P 포트의 유체가 A 또는 B 포트로 공급되어 액추에이터가 전진 또는 후진 동작을 수행한다. 중립 상태(비전원 상태)에서는 모든 포트(P, A, B, T)가 차단되어 유체의 흐름이 완전히 막히고, 액추에이터는 현재 위치에서 정지 및 고정된 상태를 유지한다.

중립 위치에서 모든 유로가 차단되기 때문에 실린더나 액추에이터가 현재 위치에서 정확히 멈추어 있는 상태를 유지할 수 있다. 실린더를 특정 위치에 고정해야 하는 경우와 정전 시에도 위치 유지가 중요한 시스템에서 주로 사용된다.

예를 들어, 중량물을 지지하거나 정밀한 위치 제어가 필요한 장비에서는 중립 시 모든 유로가 차단되어 유체가 흐르지 않기 때문에 외부 힘이나 하중에 의한 움직임을 방지할 수 있다. 이러한 특성 때문에 공작 기계, 금형 장비, 리프팅 장치 등에서 많이 사용 된다.

1.5 양측 솔레노이드 밸브 P-T 접속형

< P-T 접속형 밸브 >

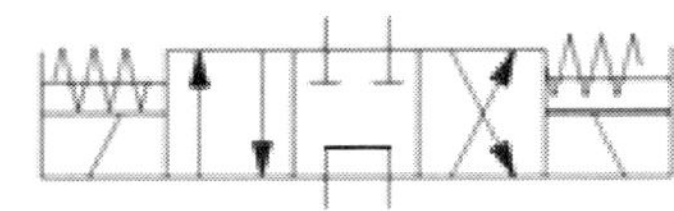

< 유압 기호 >

4/3 WAY 양측 솔레노이드 밸브(P-T 접속형)는 4개의 포트(P, A, B, T)와 3개의 위치를 갖는 방향 제어 밸브로, 중립 상태에서는 압력 포트(P)와 탱크 포트(T)가 연결되어 펌프의 유량이 탱크로 우회되며 무부하 상태를 유지하는 구조이다. 이 구조는 탠덤 센터(Tandem Center) 또는 펌프 우회형 중립 구조라고도 부른다.

작동 원리

좌우 솔레노이드에 전기 신호가 인가되면 스풀이 이동하여 A 또는 B 포트로 유압이 공급되며, 실린더가 전진 또는 후진 동작을 하게 된다. 중립 상태(비전원 시)에는 P 포트(압력)와 T 포트(배출)가 연결되어, 펌프에서 공급되는 유량이 직접 탱크로 우회하게 된다. 이때 A, B 포트는 차단되어 액추에이터(실린더 등)는 정지 상태를 유지한다. 중립 상태에서 유량이 탱크로 우회되므로 에너지를 절약할 수 있고 시스템의 발열도 방지할 수 있다.

1.6 양측 솔레노이드 밸브 A-B-T 접속형

< A-B-T 접속형 밸브 >

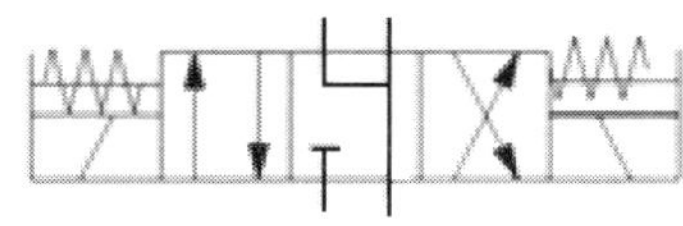

< 유압 기호 >

4/3 WAY 양측 솔레노이드 밸브(A-B-T 접속형)는 중립 위치에서 A, B, T 포트가 서로 연결되고, P 포트(압력 포트)는 차단되는 구조를 가지고 있다.

이 구조는 플로트 센터(Float Center) 또는 부동형 중립 구조라고 하며, 실린더가 자유롭게 움직일 수 있도록 구성된 방식이다. 주로 하중에 의해 실린더가 자연스럽게 내려오거나, 외부 힘에 따라 자유롭게 반응해야 하는 회로에서 사용된다.

작동 원리

좌측 또는 우측 솔레노이드에 전기 신호가 인가되면 스풀이 이동하면서 P 포트에서 공급된 유체가 A 또는 B 포트로 흐르게 되어 액추에이터(실린더 등)가 동작하게 된다. 중립 상태(비전원 시)에는 A, B, T 포트가 서로 연결되어 실린더 내부의 유체가 자유롭게 탱크로 유출되며, P 포트는 차단되어 펌프 압력은 유입되지 않는다. 이로 인해 실린더는 외부 하중에 따라 자유롭게 이동할 수 있다.

2.1 릴리프 밸브

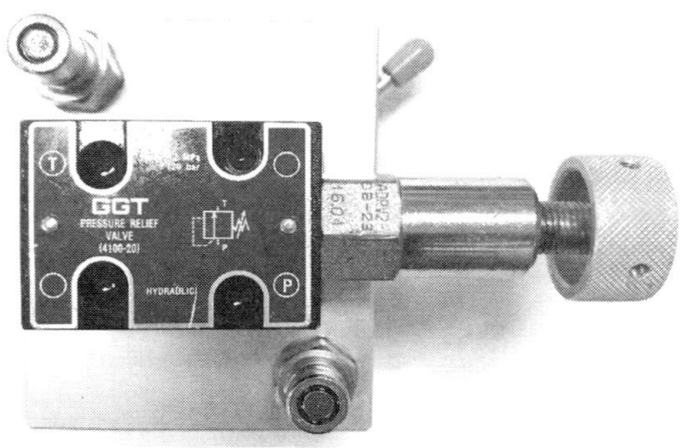

< 릴리프 밸브 >

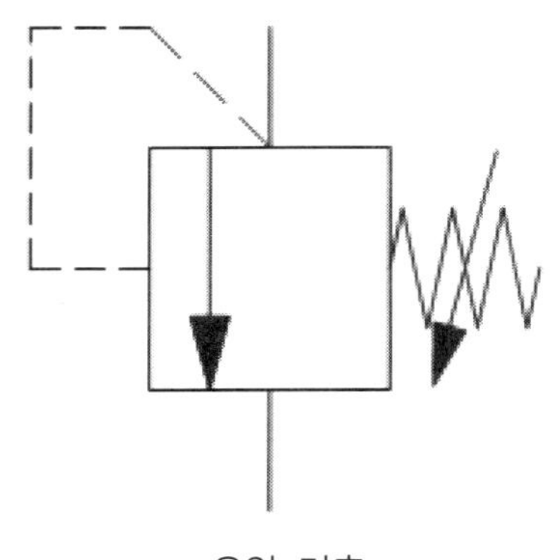

< 유압 기호 >

릴리프 밸브는 유압 회로의 압력을 일정하게 유지하고, 과도한 압력 상승 시 유체를 탱크로 배출하여 시스템을 보호하는 안전밸브이다. 주로 펌프에서 발생하는 과잉 압력이나 부하로 인해 상승한 압력을 제어하는 데 사용되며, 실린더, 모터, 밸브 등 주요 유압 구성 요소가 과압으로 파손되는 것을 방지한다. 급격한 부하 변화, 배관 막힘 등의 이상 상황에서도 자동으로 작동하여 시스템 전체의 압력을 안전하게 유지하며 안정성 확보에 기여한다.

과도한 압력으로 인한 고장을 사전에 예방함으로써 정비 교체 주기를 연장하고 유지보수 비용 절감 효과도 기대할 수 있다.

작동 원리

설정 압력 이하에서는 밸브가 닫혀 있어 유압유가 통과하지 못한다. 시스템 압력이 설정 압력 이상으로 상승하면, 파일럿 라인을 통해 작동 압력이 스프링을 밀어내며 밸브가 열리고 유압유가 탱크로 배출된다. 압력이 설정값 이하로 떨어지면 스프링의 힘에 의해 다시 밸브가 닫히며 유체 흐름을 차단한다.

1) 릴리프 밸브를 이용한 기초 회로

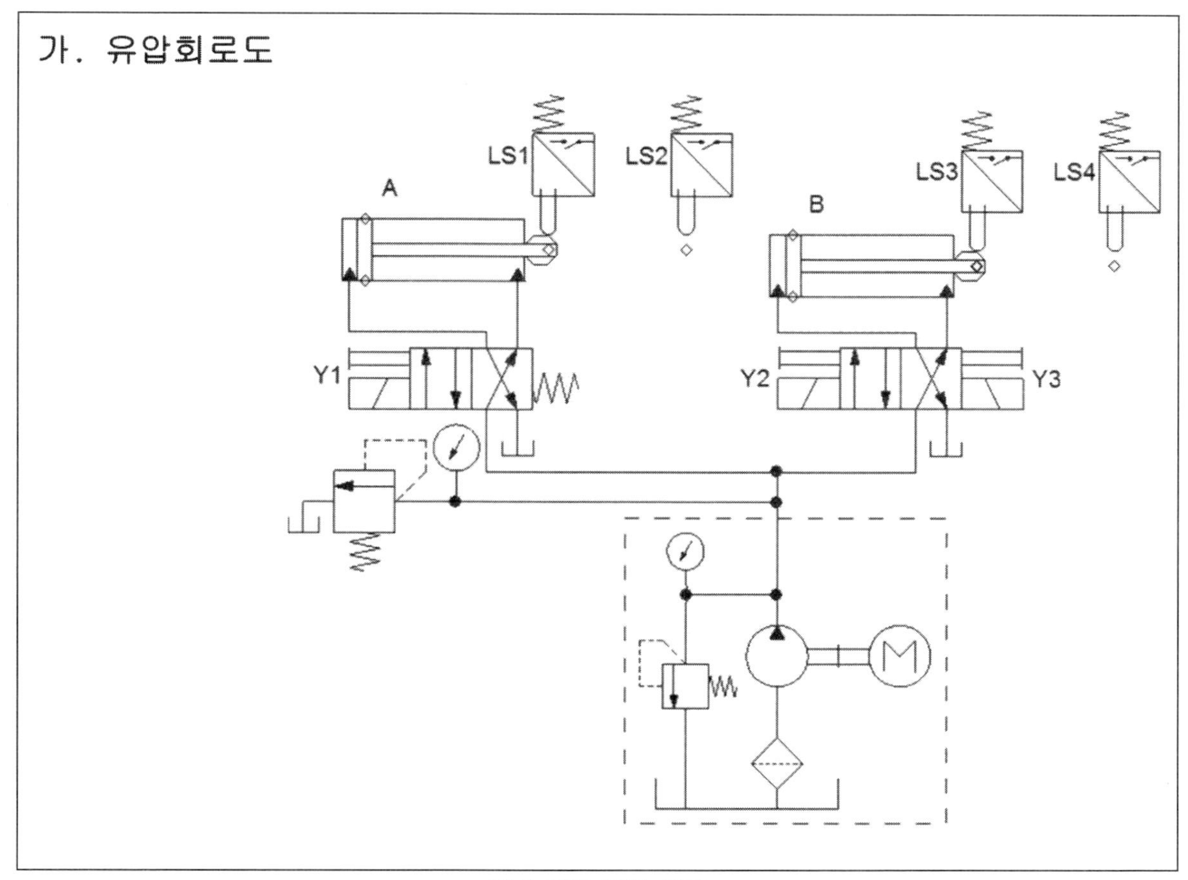

< 최대 압력 제한 회로 >

최대 압력 제한 회로

릴리프 밸브를 이용한 최대 압력 제한 회로는, 유압 시스템에서 시스템의 압력이 설정값 이상으로 상승하지 않도록 제어하는 회로이다. 이 회로는 유압 시스템의 안전성과 유압 기기 보호를 위해 가장 기본적이면서 필수적인 구성으로 사용된다.

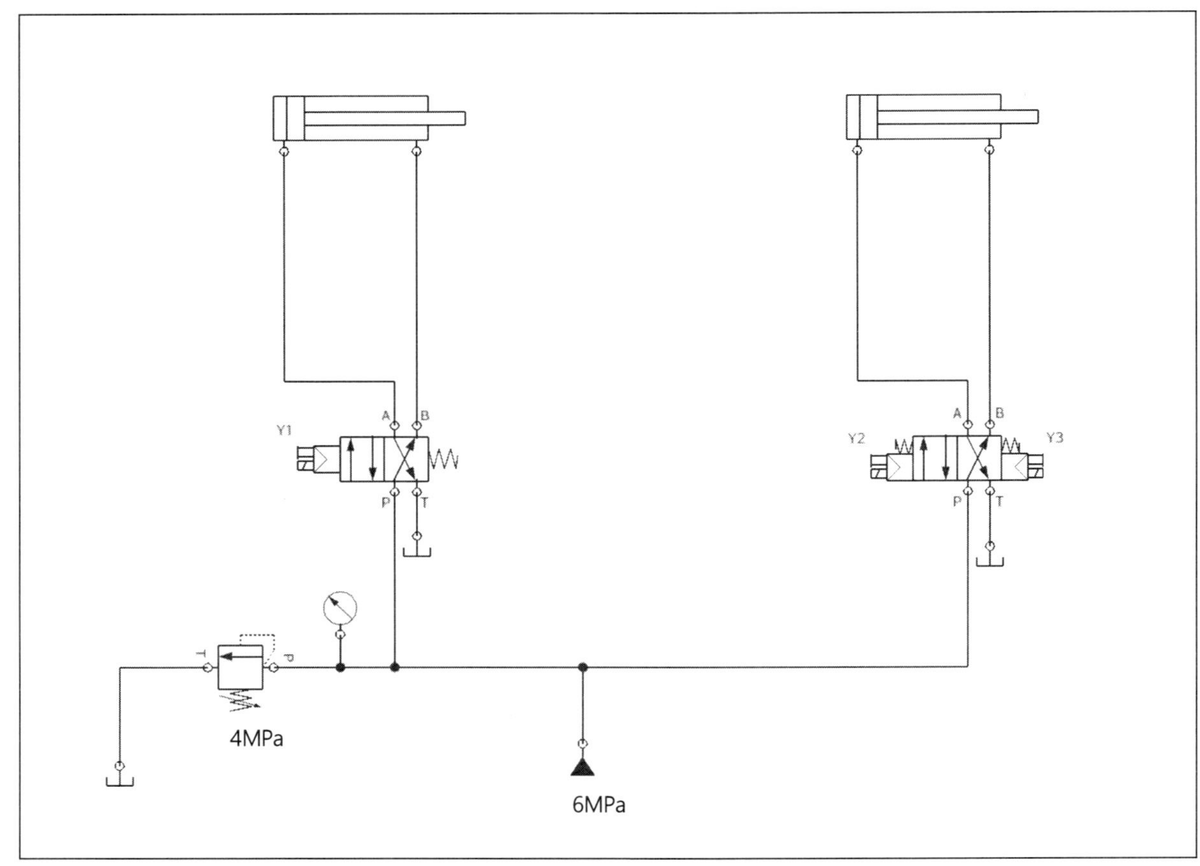

< 최대 압력 제한 회로 >

회로 설명

펌프에서 공급되는 압력은 6MPa이지만, 릴리프 밸브의 압력이 4MPa로 설정되어 있기 때문에 회로 내의 실제 압력은 최대 4MPa로 제한된다. 릴리프 밸브는 시스템 압력이 설정 압력 4MPa를 초과할 경우 초과한 유압을 탱크로 배출시킨다. 이로 인해 작동기, 배관, 밸브 등의 구성 요소가 안전한 압력 범위 내에서 동작할 수 있도록 보호된다.

2) 최대 압력 제한 회로 구성

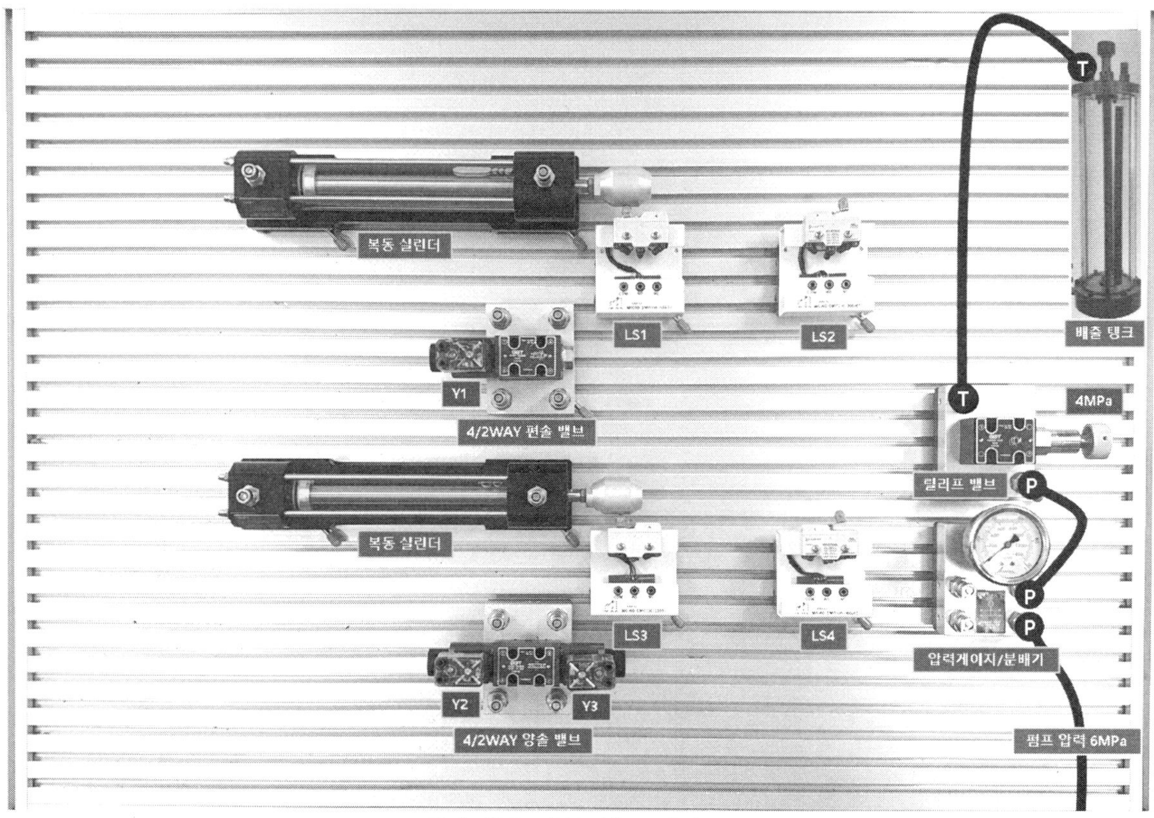

< 최대 압력 제한 회로 결선도 >

1. 유압 펌프에서 공급되는 6MPa의 압력을 압력 게이지가 부착된 분배기에 연결한다.
   이때 압력 게이지에는 실제 공급 압력인 6MPa가 표시된다.
2. 분배기의 한 포트를 릴리프 밸브의 P 포트(입력 측)에 연결하고, T 포트(배출 측)는 탱크로 연결한다.
3. 릴리프 밸브의 설정 압력을 4Mpa로 조정한 후, 압력 게이지를 통해 설정 압력을 확인한다.
4. 회로 압력이 설정값인 4MPa를 초과하면 초과된 유압은 릴리프 밸브를 통해 탱크로 배출된다.
   이때 압력 게이지에는 4MPa가 표시되며, 회로 내 압력은 4MPa로 안정적으로 유지된다.

3) 최대 압력 제한 회로(실린더) 구성

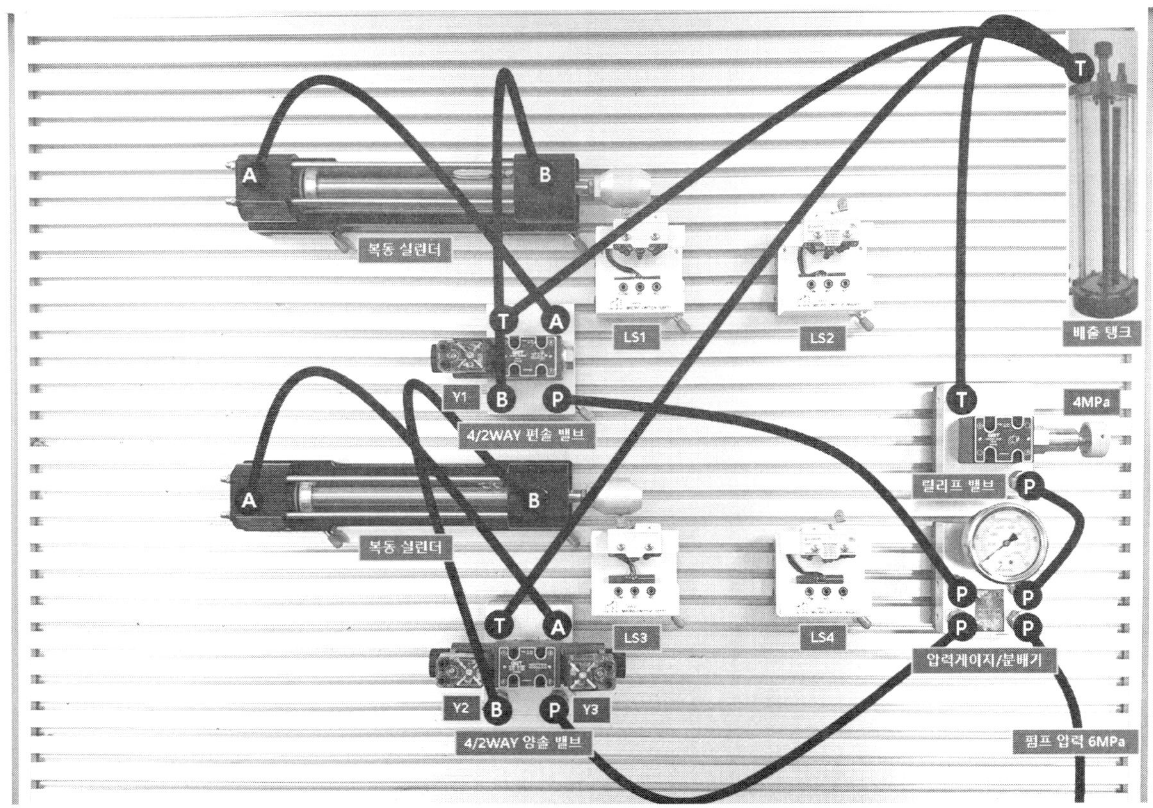

< 최대 압력 제한 회로 결선도 >

1. 압력 게이지 부착형 분배기에서 편측 및 양측 솔레노이드 밸브의 P 포트(공급 포트)에 유압이 공급되도록 연결한다.
2. 밸브의 A 포트는 실린더의 후진단에 B 포트는 전진단에 각각 연결하여 실린더의 왕복 동작이 가능하도록 구성한다.
3. 밸브의 T 포트는 탱크로 연결하여, 배출되는 유압이 순환되도록 한다.
4. 릴리프 밸브의 설정 압력이 4MPa로 설정되어 있기 때문에 실린더 역시 최대 4MPa의 압력으로 동작하게 된다.

최대 압력 제한 회로는 유압 회로의 안정성 확보 및 장비 보호를 위한 기본적이면서도 필수적인 회로이다. 모든 공개 문제 및 실무 회로에서 기본적으로 적용되는 회로이므로 잘 숙지하시길 바란다.

2.2 감압 밸브

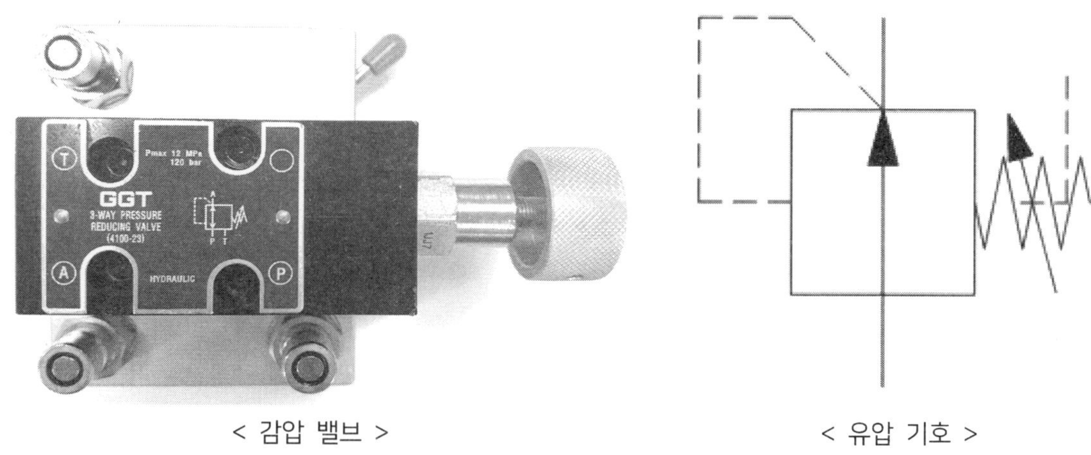

< 감압 밸브 >　　　　　< 유압 기호 >

감압 밸브는 공급 압력이 설정된 압력보다 높을 경우, 유압을 탱크로 우회시켜 압력을 설정 값 이하로 낮추고 일정하게 유지하는 제어 밸브이다. 이 밸브는 주로 유압 회로 내 특정 구간만 저압 운전이 필요한 경우에 사용되며, 해당 구간에 감압 밸브를 설치하여 압력을 분리 제어할 수 있다.

이를 통해 동일한 유압 공급원을 사용하면서도 일부 구간에서는 저압 조건을 유지할 수 있어, 고압에 민감한 실린더나 유압 모터 등을 보호하고 안정적인 운전을 가능하게 한다.

감압 밸브는 주로 로봇 그리퍼, 소형 실린더 등 소형 액추에이터에 저압 공급이 필요한 경우나, 유압 회로에서 각 구간의 압력을 분리 제어할 때 사용된다.

작동 원리

P 포트에 감압 밸브의 설정 압력보다 높은 압력이 유입되면, 이 압력이 파일럿 라인을 통해 밸브 내부로 전달된다. 출구(A 포트)의 압력이 설정된 압력보다 낮을 경우, 밸브는 열려 유압이 그대로 A 포트를 통해 흐르게 된다.

출구 압력이 설정값에 도달하면 이 압력이 파일럿 라인을 통해 작용하여 스풀을 이동시키고, P 포트에서 A 포트로 흐르는 유로를 조절하는 동시에 A 포트의 과도한 압력은 T 포트(탱크)로 배출된다.

이 과정을 통해 출구 압력은 설정된 값 이하로 유지되며, 일정한 저압 상태가 안정적으로 유지된다.

1) 감압 밸브 사용 예제

다. 유지보수 계획

2) 실린더 B의 압력라인(P)에 감압밸브와 압력계를 설치하여 유압 회로도를 변경하고,
   2차측의 압력이 2 ± 0.5 MPa이 되도록 조정하시오.

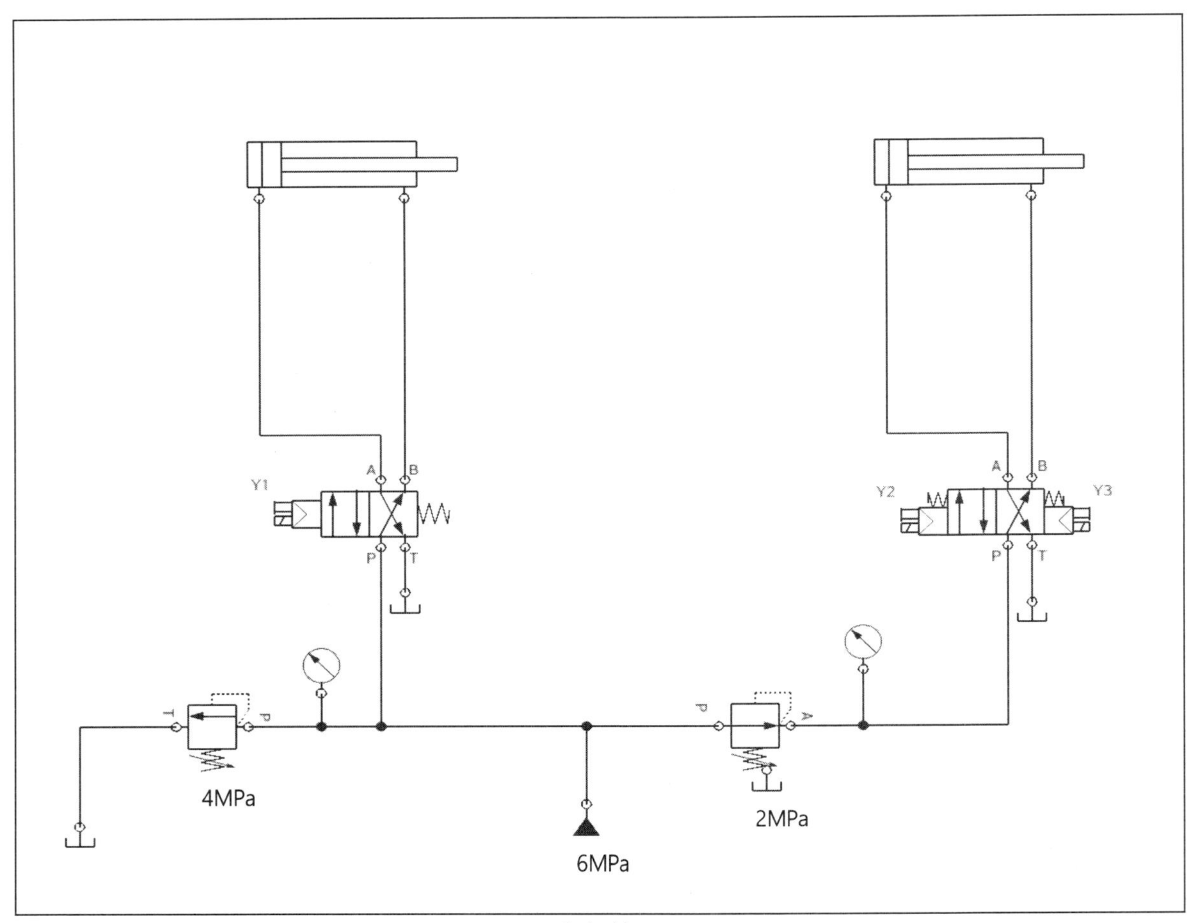

< 감압 회로 >

회로 설명

최대 압력 제한 회로에 의해 회로 전체의 압력은 4MPa로 제한된다.

B 실린더에는 감압 밸브가 설치되어 있어 공급 압력이 2MPa로 낮춰진 후 전달된다.

따라서 최종적으로 A 실린더는 최대 압력인 4MPa, B 실린더는 감압된 2MPa의 압력으로 각
각 제어된다. 실린더 B는 지정된 낮은 압력(2 ± 0.5 MPa)에서만 동작하도록 제한하여, 이를 통
해 실린더가 너무 강한 힘으로 작동하지 않게 제어하고 제품 손상이나 과잉 작동을 방지할 수
있다.

2) 최대 압력 제한 회로 구성

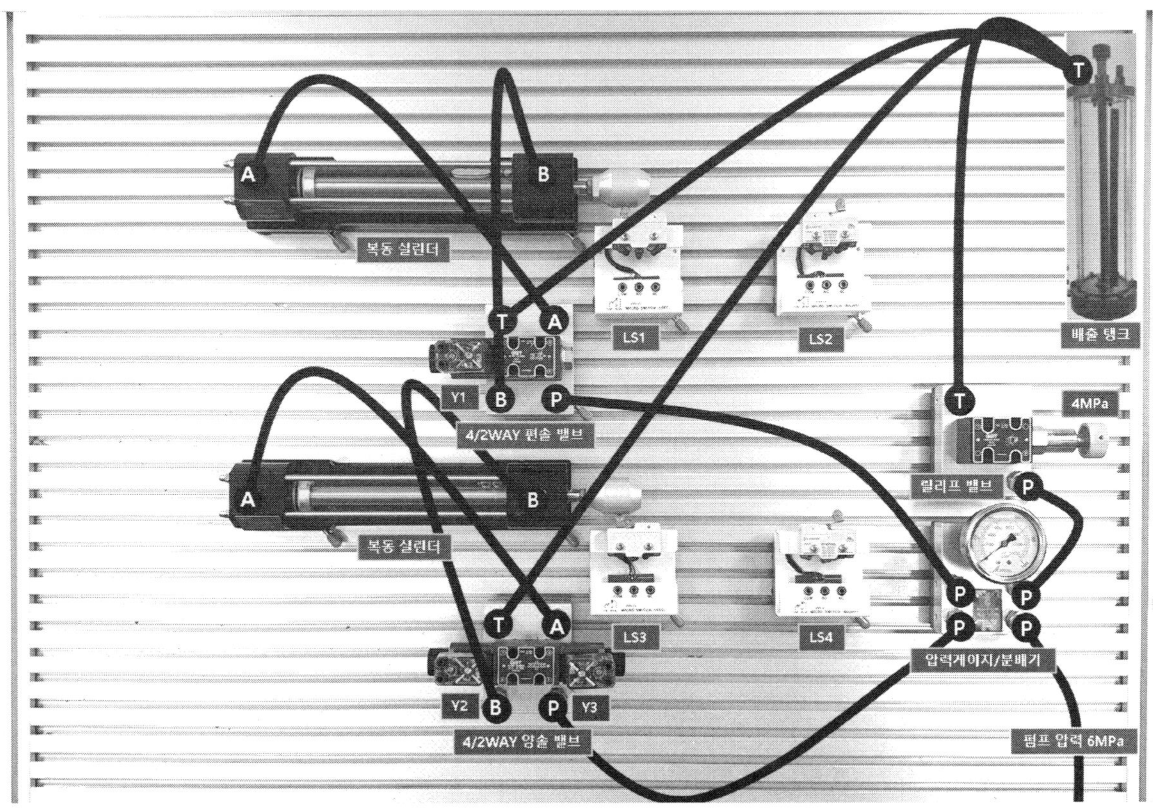

< 최대 압력 제한 회로 결선도 >

1. 기본 구성은 최대 압력 제한 회로와 동일하게 연결한다.

2. 공개 문제에서는 B 실린더의 동작 압력이 2 ± 0.5MPa(약 2MPa)로 제한되도록 요구하고 있으므로, B 실린더에 공급되는 압력을 감압 밸브를 통해 2MPa로 낮춰 주어야 한다.

3) 감압 회로 구성

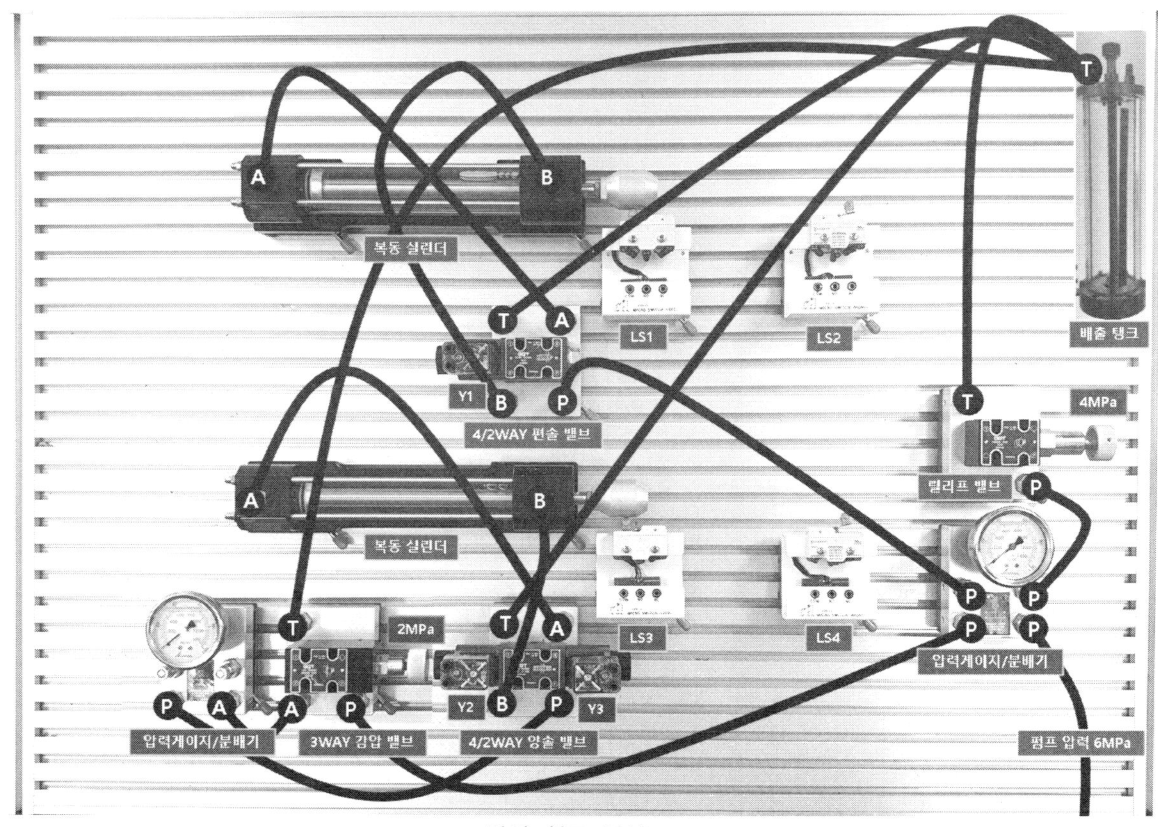

< 감압 회로 결선도 >

1. 실린더 B를 제어하는 양측 솔레노이드 밸브에 공급되는 유압을 감압하기 위해 감압 밸브를 설치한다.

2. 압력 게이지 부착형 분배기에서 출력되는 4MPa의 유압을 감압 밸브의 P 포트에 연결하고, 감압 밸브의 A 포트는 추가로 설치한 압력 게이지 부착형 분배기에, T 포트는 탱크에 연결한다.

3. 추가로 설치한 압력 게이지 부착형 분배기에서 밸브의 P 포트로 유압을 공급해 준다.

4. 감압 밸브의 설정 압력을 2MPa로 조정하여 실린더 B에 공급되는 유압이 요구 압력 범위인 2 ± 0.5MPa 내에 들도록 설정하고 이를 압력 게이지를 통해 확인한다.

5. 이와 같은 구성으로 인해 실린더 B에는 감압된 2MPa의 압력이 공급된다.

결과적으로 A 실린더는 최대 압력인 4MPa로, B 실린더는 감압된 2MPa로 동작하여 서로 다른 압력 조건에서 작동하게 된다.

3.1 카운터 밸런스 밸브

< 카운터 밸런스 밸브 >

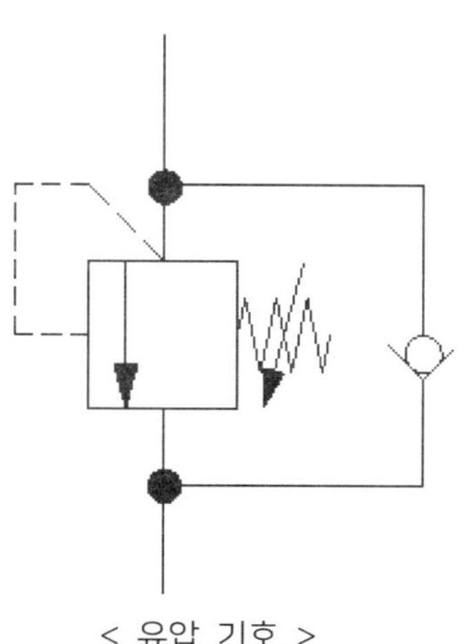

< 유압 기호 >

카운터 밸런스 밸브는 하중이 걸린 실린더나 유압 모터가 중력 또는 외력에 의해, 급격하게 움직이지 않도록 유압 흐름을 제어하는 제어 밸브이다. 일반 방향 제어 밸브의 경우 밸브 내부의 스풀과 하우징 사이에는 미세한 간극이 존재하며, 이 틈을 통해 소량의 유압유가 누설되어 실린더 헤드에 무거운 장비나 구조물이 장착된 경우 중력에 의해 자중에 의한 낙하 위험이 발생할 수 있다.

이러한 상황을 방지하기 위해 카운터 밸런스 밸브는 실린더에서 배출되는 유압유의 흐름을 제어하여 자중 낙하를 방지하는 안전 제어 장치로 사용된다.

주로 수직 작동 실린더의 하강 제어 지게차, 굴삭기 붐 실린더의 낙하 방지, 중력 하강 로드가 있는 장비의 안정 적인 제어를 위하여 사용된다.

작동 원리

설정 압력 이상이 되면 파일럿 라인에 압력이 가해져 밸브가 열리고 유압이 통과하게 된다. 반대로 설정 압력보다 낮을 경우, 밸브는 닫히며 체크 밸브에 의해 유압이 차단되어 흐를 수 없게 된다.

즉 자중 낙하에 의해 발생하는 압력은 설정 압력보다 낮기 때문에 밸브가 열리지 않으며, 결과적으로 유압이 밸브 라인을 통과하지 못해 자중 낙하를 방지할 수 있다.

정상적인 작동 압력(방향 제어 밸브를 통해 공급되는 압력)이 유입되면, 파일럿 라인을 통해 들어온 압력이 카운터 밸런스 밸브의 파일럿 포트에 작용하여 스프링 힘을 이겨 내고 밸브를 개방함으로써 실린더로 유압이 공급된다.

이와 같은 구조는 정상 압력이 공급되지 않는 상황에서는 실린더의 동작을 차단하여 하중에 의한 낙하를 효과적으로 방지할 수 있도록 해 준다.

카운터 밸런스 밸브는 릴리프 밸브와 체크 밸브의 기능을 하나의 밸브에 통합한 구조로, 개별 릴리프 밸브와 체크 밸브를 조합하여 동일한 회로를 구성할 수도 있다.

1) 카운터 밸런스 밸브 사용 예제

실린더 A 전진 시 일방향 유량조절밸브를 사용하여 미터인 회로를 구성하고, 실린더 로드측에 카운터 밸런스 밸브와 압력계를 사용하여 자중낙하방지 회로를 구성하시오. (단, 속도는 약 50% 정도로, 압력은 3 ± 0.5MPa이 되도록 설정하시오.)

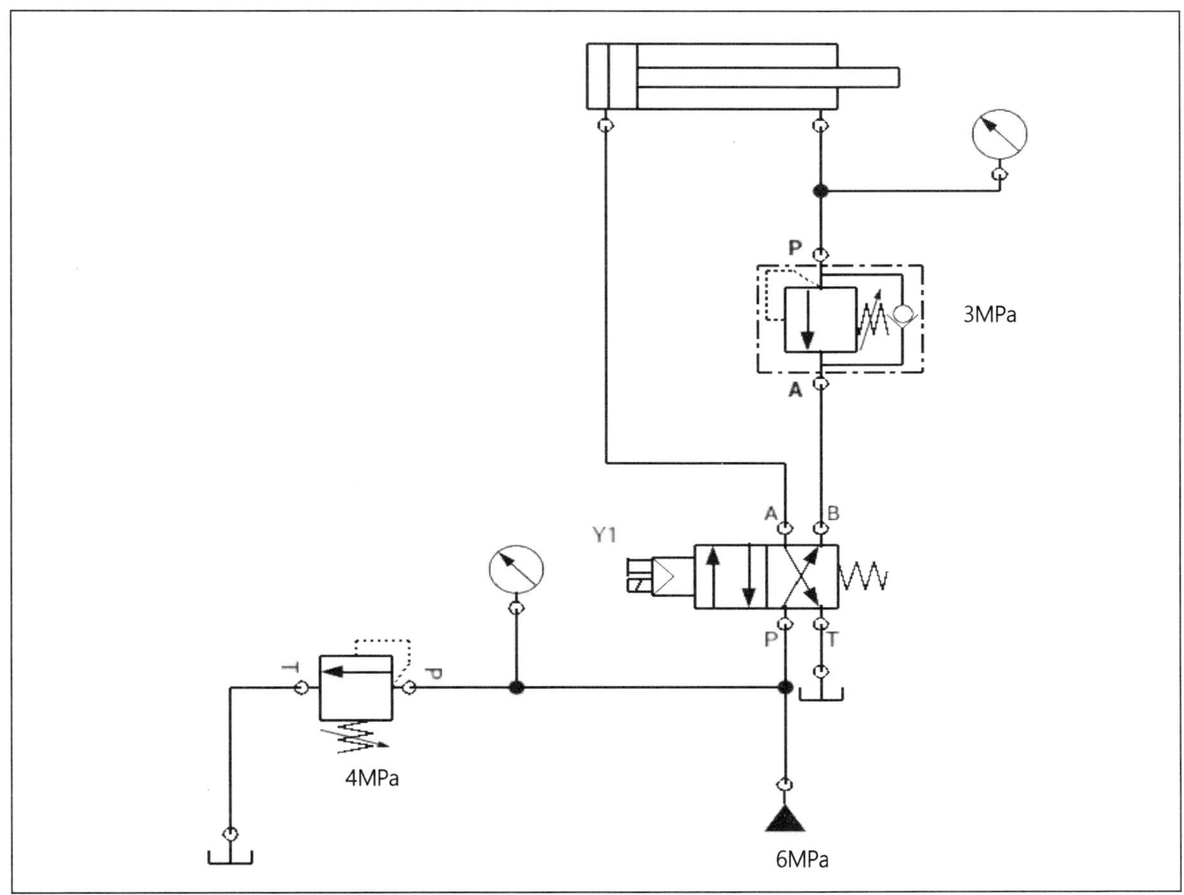

< 자중 낙하 방지 회로 >

회로 설명

실린더가 수직으로 설치된 경우 하중 및 중력에 의해 실린더가 비의도적으로 하강하는 것을 방지하기 위해 카운터 밸런스 밸브를 사용하는 회로를 구성한다. 카운터 밸런스 밸브의 설정 압력이 3MPa일 경우, 실린더에 작용하는 압력이 3MPa 이하(예: 자중에 의한 낙하 상황)라면 밸브는 열리지 않아 오일이 배출되지 않으므로 실린더의 자중 낙하를 방지할 수 있다. 반면, 유압 밸브에 의해 3MPa 이상의 압력이 공급되면 카운터 밸런스 밸브가 개방되어 유압이 흐르게 되고, 실린더는 정상적인 유압 작동에 따라 하강하게 된다.

2) 자중 낙하 방지 회로 구성

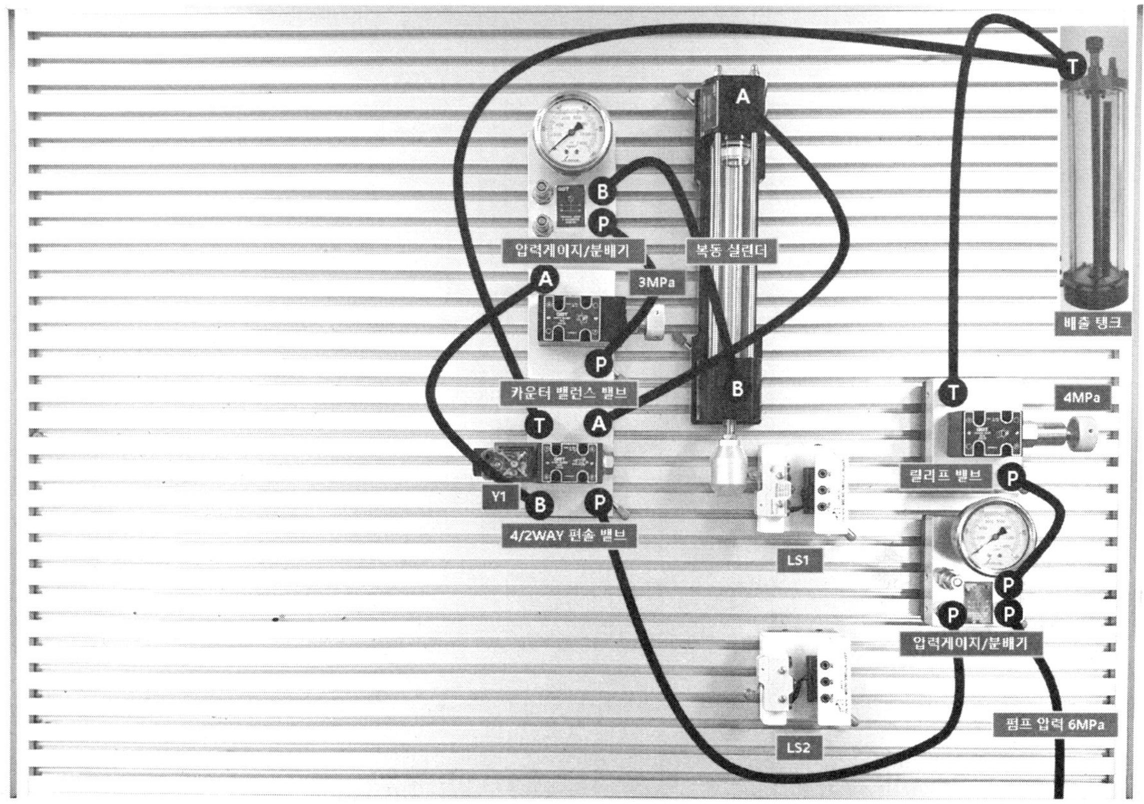

< 자중 낙하 방지 회로 결선도 >

1. 회로의 기본 구성은 최대 압력 제한 회로와 동일하게 연결된다.
2. 실린더의 자중 낙하를 방지하기 위해, 실린더 하단(로드 측)에 카운터 밸런스 밸브를 설치한다.
3. 실린더의 B 포트(하강 측)에서 자중 낙하 시 유출되는 유압을 제어하기 위해, 실린더의 B 포트에서 압력 게이지 부착형 분배기를 거쳐 카운터 밸런스 밸브의 P 포트로 연결한다.
4. 카운터 밸런스 밸브의 A 포트는 편측 솔레노이드 밸브의 B 포트로 연결한다.

실린더가 수직으로 설치되고 헤드 측에 큰 하중이 걸린 상태에서는 하중에 의해 유체가 밀려 자연적으로 낙하할 위험이 존재한다.

이때 카운터 밸런스 밸브가 설정된 압력 3MPa 이상이 되어야 열리도록 구성되어 있기 때문에 외부 유압 공급 없이 하중만으로는 유압이 배출되지 않으며 자중 낙하가 방지된다.

반면, 유압 밸브가 작동하여 설정 압력 이상으로 공급되면, 카운터 밸런스 밸브가 열려 정상적으로 실린더가 하강하게 된다.

3.2 압력 스위치

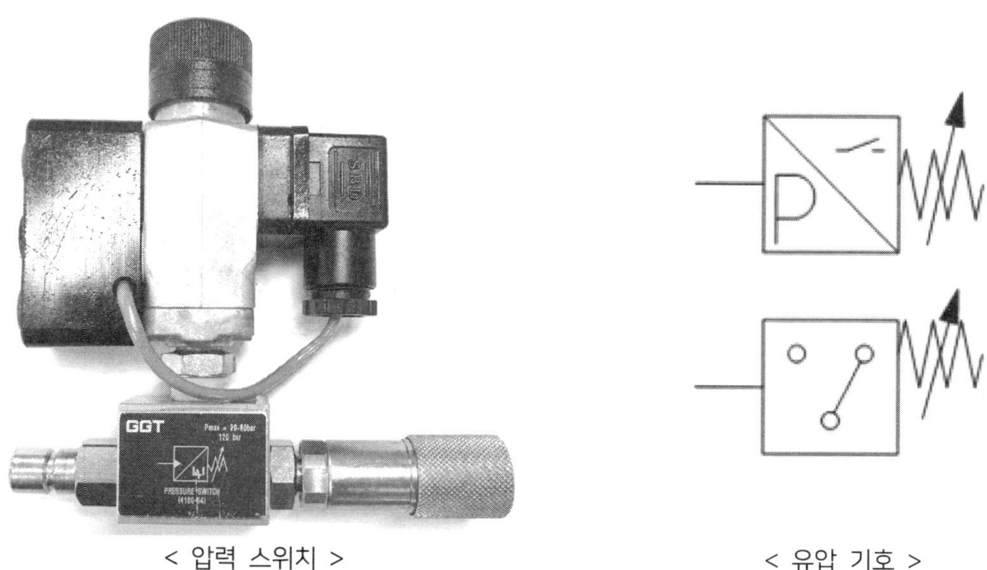

< 압력 스위치 >   < 유압 기호 >

압력 스위치는 유압 또는 공압 회로 내의 압력을 감지하여 설정된 압력에 도달했을 때 전기 신호(ON/OFF)를 출력하는 센서형 제어 장치이다. 주로 자동화 시스템에서 조건 판별, 압력 감시 및 보호 기능에 활용된다.

작동 원리

회로 내 압력이 상승하여 설정 압력(예: 3MPa)에 도달하면, 내부의 다이어프램 또는 피스톤이 이동하여 스위치 접점을 작동시킨다. 이때 전기 회로로 ON/OFF 신호를 출력하여 모터 정지, 경고등 점등 등의 제어가 이루어진다. 압력이 복귀 압력 이하로 떨어지면 스위치는 원래 상태로 복귀한다.

이때 작동 압력과 복귀 압력 사이의 차이를 히스테리시스(Hysteresis)라고 하며, 스위치의 과도한 반복 작동을 방지하기 위한 안정 장치 역할을 한다.

1) 압력 스위치 사용 예제

실린더 A의 전진 리밋스위치 LS2를 제거하고 압력스위치와 압력게이지를 설치하여 전진 완료 후 압력스위치의 설정압력에 도달했을 때 실린더 B가 전진하도록 회로를 변경하시오. (단, 압력은 3 ± 0.5 MPa이 되도록 설정하시오.)

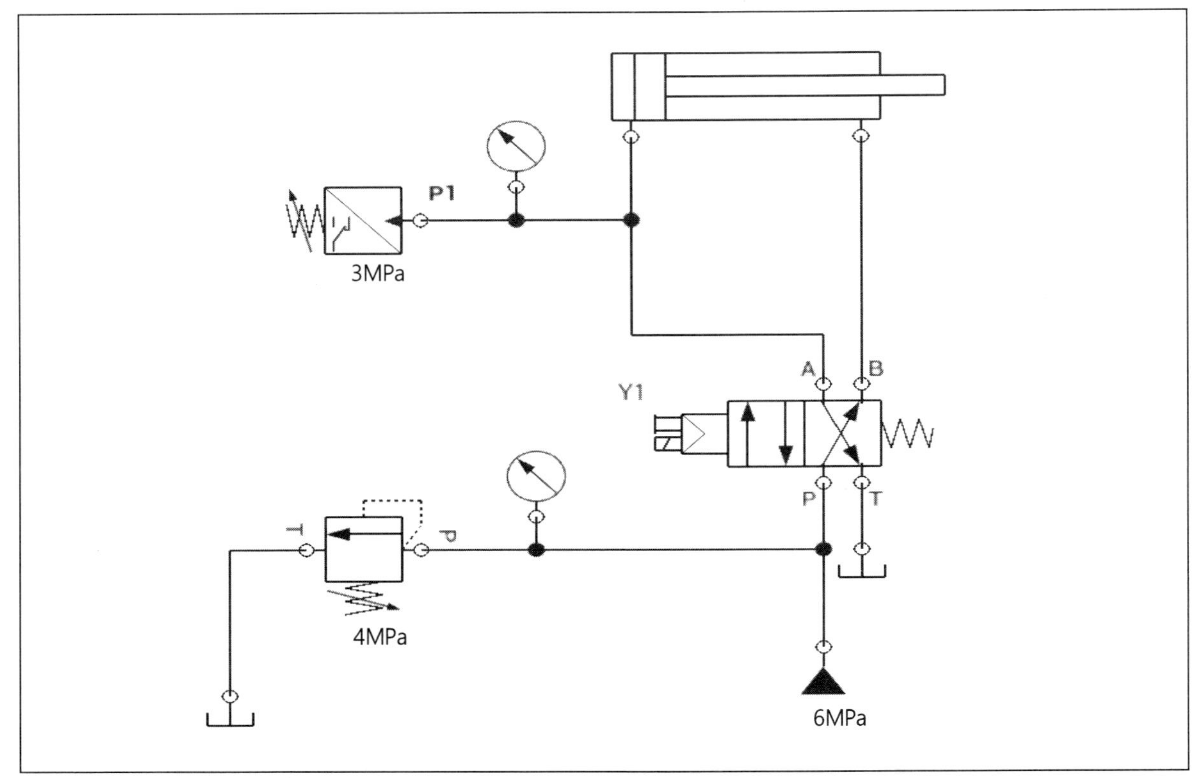

< 압력 스위치 회로 >

기존에는 실린더의 전진 완료 신호를 리밋 스위치(LS2)로 검출하였으나, LS2를 제거하고 압력 스위치를 이용하여 실린더의 전진 완료를 검출하는 회로이다.

실린더가 전진을 완료하면 실린더 내 공간의 압력이 상승하여 압력 스위치에 전달된다.

압력 스위치는 설정된 압력값 3MPa에 도달했을 때 내부 접점을 ON 상태로 전환하게 되며, 이 접점을 기존의 리밋 스위치 접점과 동일한 방식으로 회로에 연결하여 사용할 수 있다.

압력 스위치는 위치가 아닌 압력의 변화를 기준으로 신호를 출력하기 때문에 외부 충격이나 리밋 스위치의 설치 오차 등에 민감하지 않고, 보다 정밀하게 실린더 동작 완료를 검출할 수 있는 장점이 있다.

또한, 밀폐된 공간이나 리밋 스위치 설치가 어려운 환경에서도 유용하게 적용할 수 있다.

2) 압력 스위치 회로(초기 상태) 구성

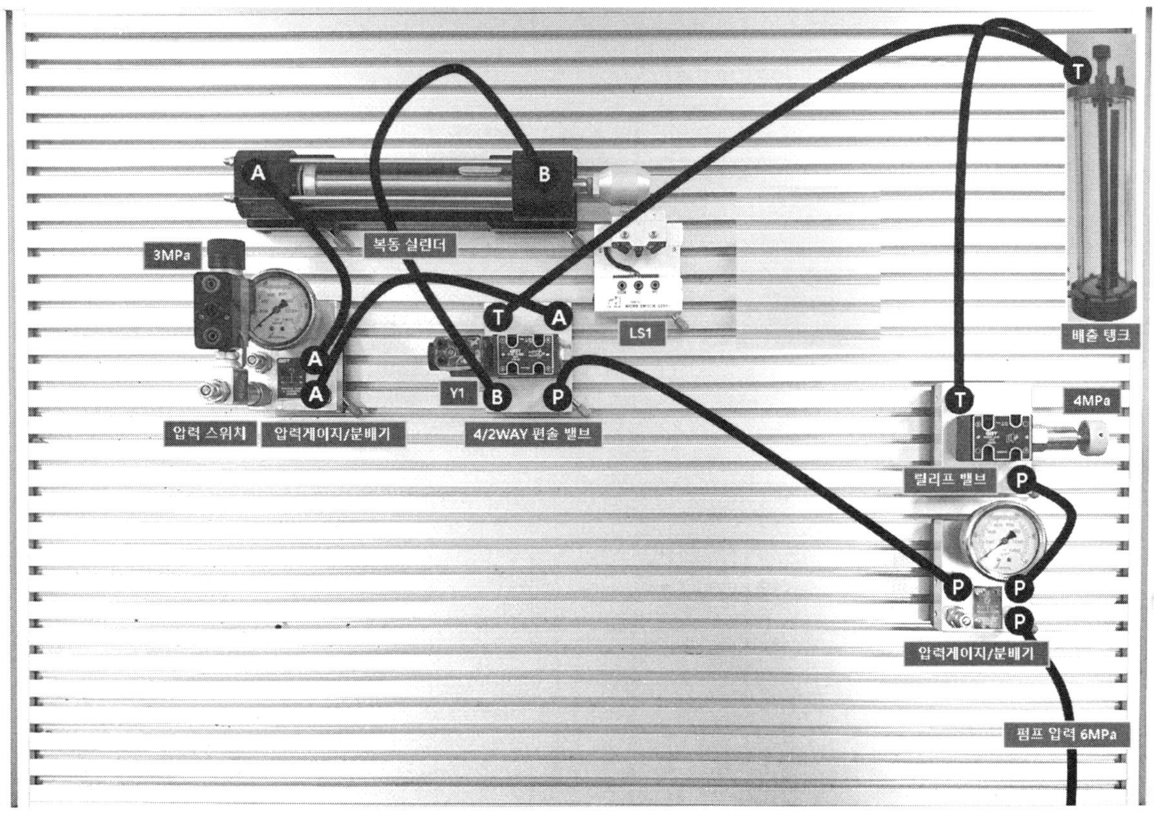

< 압력 스위치 회로 결선도 >

1. 실린더의 전진 완료 상태를 감지하기 위해 압력 스위치를 압력 게이지 부착형 분배기에 설치한다.
2. 밸브 A 포트를 압력 게이지 부착형 분배기에 연결하고, 압력 게이지 부착형 분배기에서 실린더 A 포트에 연결한다.
3. 실린더 전진 완료 여부는 압력 스위치를 통해 감지하므로 기존에 사용하던 리밋 스위치 LS2는 제거한다.

3) 압력 스위치 회로 구성(실린더 전진 완료)

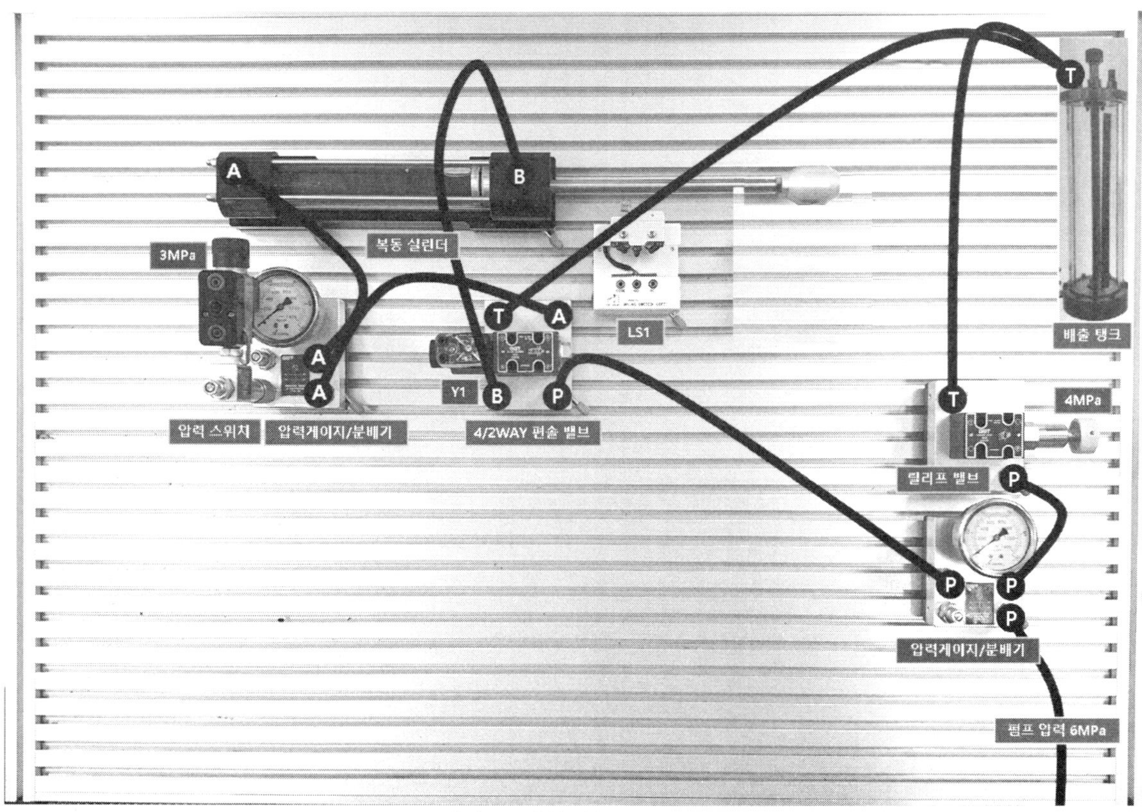

< 압력 스위치 회로 결선도 >

1. 실린더가 전진을 완료하면 실린더 내부 공간의 압력이 상승하게 되며, 이 압력은 압력 스위치로 전달된다. 전달되는 압력은 약 4MPa인 것을 압력 게이지를 통해 확인할 수 있다.
2. 실린더 전진 완료 후, 압력 스위치의 조절 밸브를 통해 접점이 3MPa 초과 시 동작하도록 설정한다.
3. 압력 스위치의 접점은 기존 LS2 리밋 스위치가 사용되던 회로에 대체하여 결선한다.
4. 이를 통해 LS2 대신 압력 스위치를 활용하여 실린더의 전진 완료 여부를 감지할 수 있다.

4.1 파일럿 조작 체크 밸브

< 파일럿 조작 체크 밸브 >

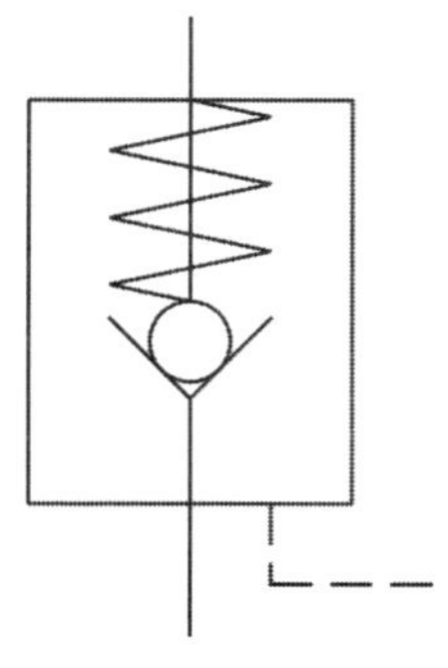

< 유압 기호 >

파일럿 조작 체크 밸브는 일반 체크 밸브와 동일하게 정방향 흐름은 허용하고, 역방향의 흐름은 체크 밸브를 통해 차단하지만, 외부에서 파일럿 압력을 인가하면 역방향 흐름도 가능하도록 설계된 밸브이다.

즉 기본은 역류 방지지만 외부 압력을 통하여 역방향 흐름도 가능한 밸브이다.

작동 원리

정방향 유체 흐름 시에는 내부 체크 구조가 열려 자유롭게 흐름을 허용하지만, 역방향 유체 흐름은 차단한다(일방향 유량 제어 밸브와 동일 기능). 그러나 외부에서 파일럿 포트에 압력을 인가하면, 내부 메커니즘이 작동하여 체크 요소가 강제로 열리고 유체가 역방향으로도 흐를 수 있다.

즉 필요에 따라 역방향으로 개방이 허용되는 밸브이다.

1) 파일럿 조작 체크 밸브 사용 예제

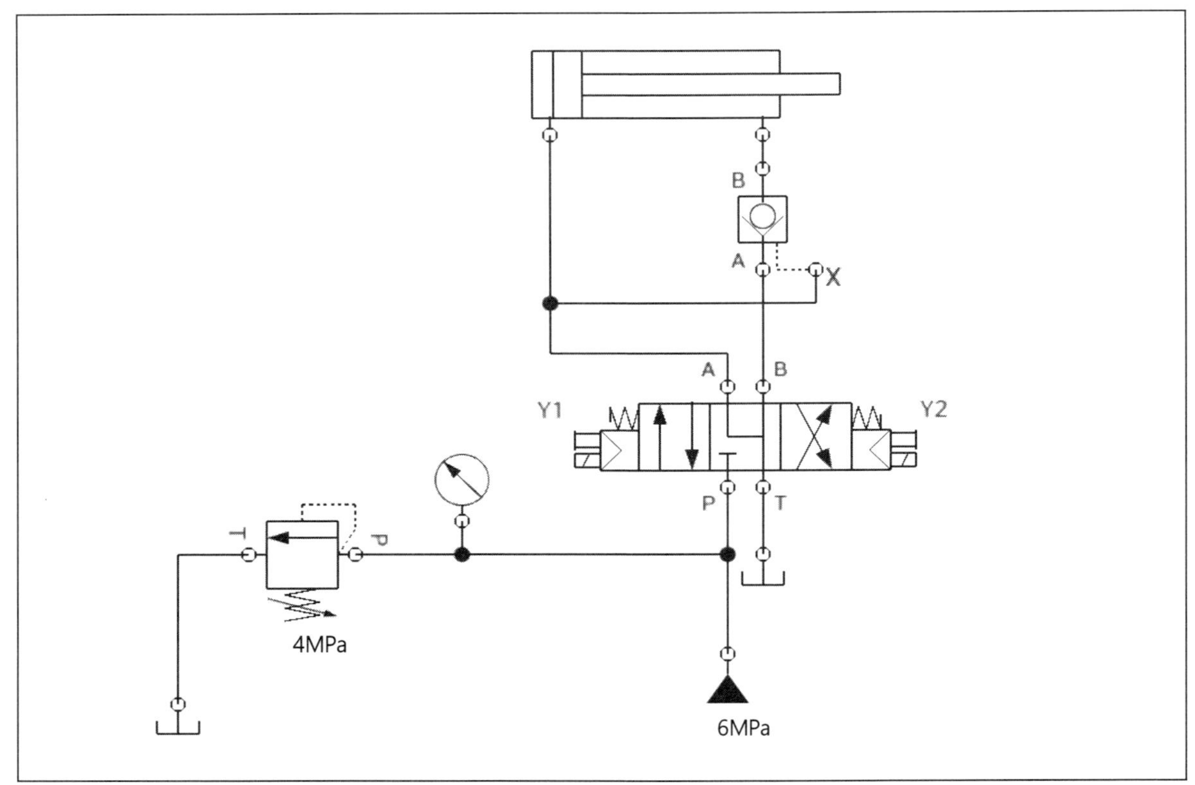

< 파일럿 조작 체크 밸브 중간 정지 회로 >

회로 설명

기존 밸브를 4/3 WAY A-B-T 접속형 솔레노이드 밸브로 교체하고, 파일럿 조작 체크 밸브를 추가한다.

밸브의 코일 Y1에 전기 신호가 인가(ON)되면 A 포트를 통해 실린더에 유압이 공급된다.

동시에 A 포트의 유압은 파일럿 체크 밸브의 파일럿 포트(X 포트)로 전달되어 체크 밸브를 개방시키고, 실린더 로드 측(B 포트)에 있던 오일이 배출되어 전진한다. 이후 Y1 신호가 OFF 되면, 밸브는 스프링에 의해 자동으로 중립 위치로 복귀한다. 이때 X 포트의 압력이 제거되므로 파일럿 체크 밸브는 다시 닫히며 유압의 역류를 차단하게 된다.

이로 인해 실린더 내부 오일이 고정되고 실린더는 하중이나 외력에도 현재 위치에 정지하게 된다.

2) 파일럿 조작 체크 밸브 중간 정지 회로 구성

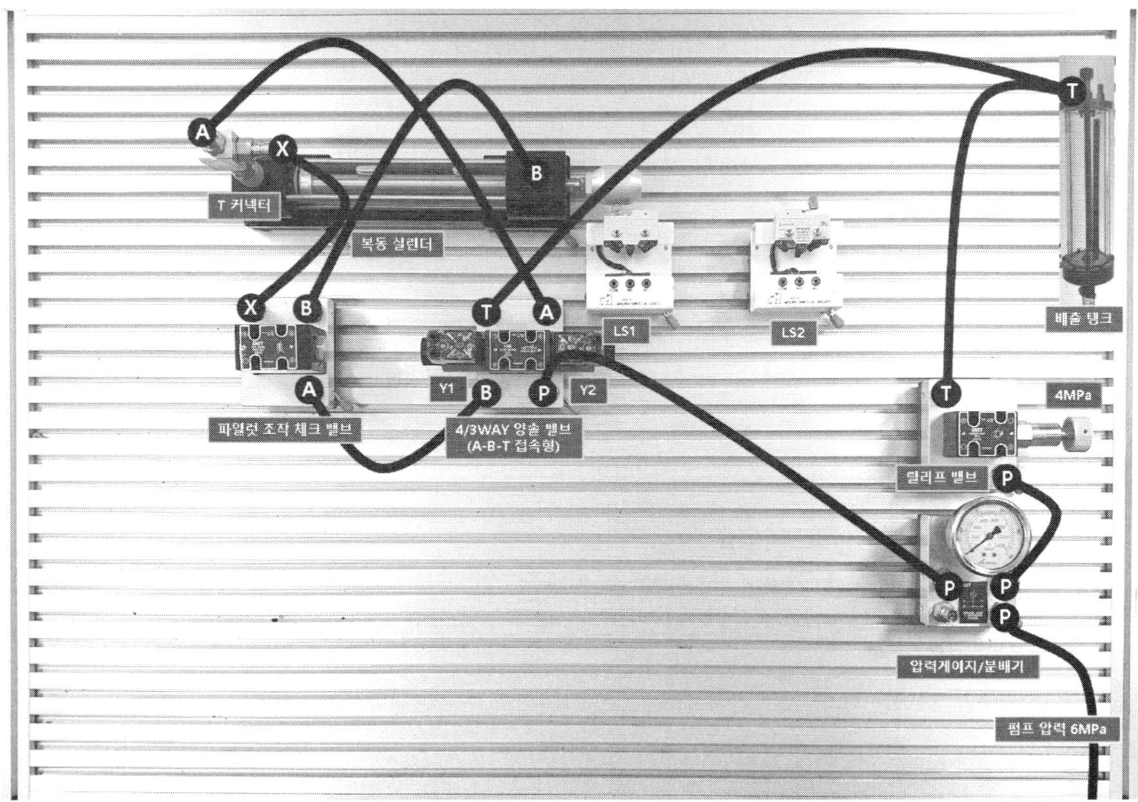

< 파일럿 조작 체크 밸브 중간 정지 회로 결선도 >

1. 압력 게이지 부착형 분배기에서 밸브의 P 포트에 유압을 공급해 준다.

2. 실린더 A 포트에 T 커넥터를 장착한다.

3. 밸브의 A 포트를 T 커넥터에 연결하고 T 커넥터 남은 포트는 파일럿 체크 밸브의 X 포트에 연결한다.

4. 밸브의 B 포트는 파일럿 체크 밸브의 A 포트 파일럿 체크 밸브의 B 포트는 실린더 B 포트에 연결한다.

4.2 양방향 유량 제어 밸브

< 양방향 유량 제어 밸브 >

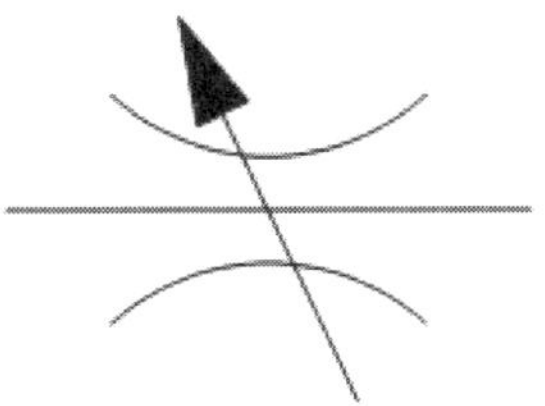

< 유압 기호 >

유량 제어 밸브는 유압 회로 내 유체의 흐름 속도를 조절하여 액추에이터(실린더, 모터 등)의 작동 속도를 일정하게 제어하는 밸브이다.

양방향 유량 제어 밸브는 유체가 두 방향으로 흐를 때 모두 유량을 제어할 수 있는 구조로 되어 있어, 왕복 운동을 제어하는 회로에 사용된다.

작동 원리

밸브의 조절 핸들을 조절하여 통과하는 유체의 유량을 조절한다. 양방향 모두에 유량 제어 구조가 적용되어 실린더의 전진과 후진 시 모두 일정한 속도를 유지할 수 있다.

1) 양방향 유량 제어 밸브 사용 예제

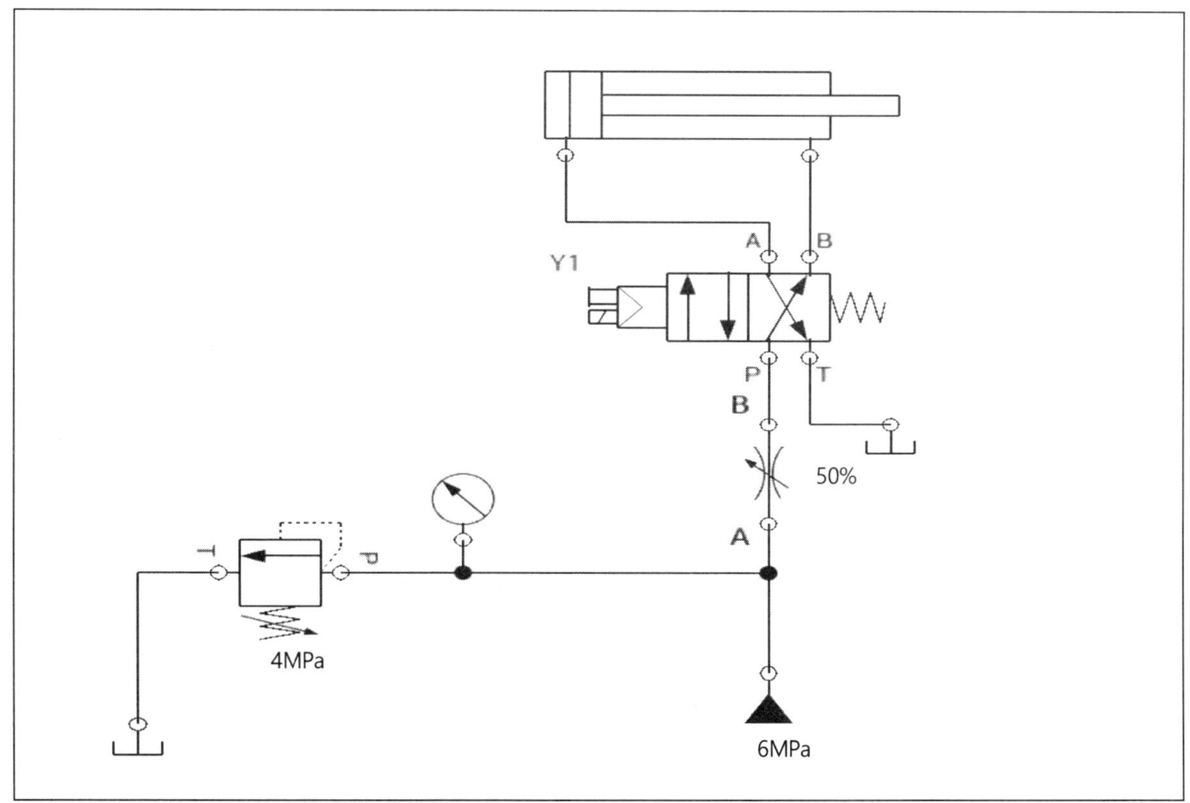

< 실린더 속도 제어 회로 >

회로 설명

양방향 유량 제어 밸브를 편측 솔레노이드 밸브의 P 포트(공급 포트)에 설치함으로써 공급되는 유압의 유량을 조절 핸들 통해 조절하여 실린더의 속도를 제어하는 회로이다. 공개 문제에서 요구한 50% 유량 조건을 만족시키기 위해 기존 실린더의 전진 및 후진 속도를 조절 핸들을 이용하여 각각 50% 수준으로 감속해 주면 된다. 양방향 유량 제어 밸브는 두 방향 모두 유량 조절이 가능하도록 설계된 구조이므로 P 포트(공급 라인)에 설치할 경우 실린더가 전진할 때뿐만 아니라 후진 시에도 유량 제어가 이루어진다. 따라서 별도의 복귀 측 유량 제어 없이 양방향 속도 제어가 가능하여 회로 구성이 간단하면서도 안정적인 속도 제어 효과를 얻을 수 있는 장점이 있다.

2) 실린더 속도 제어 회로 구성

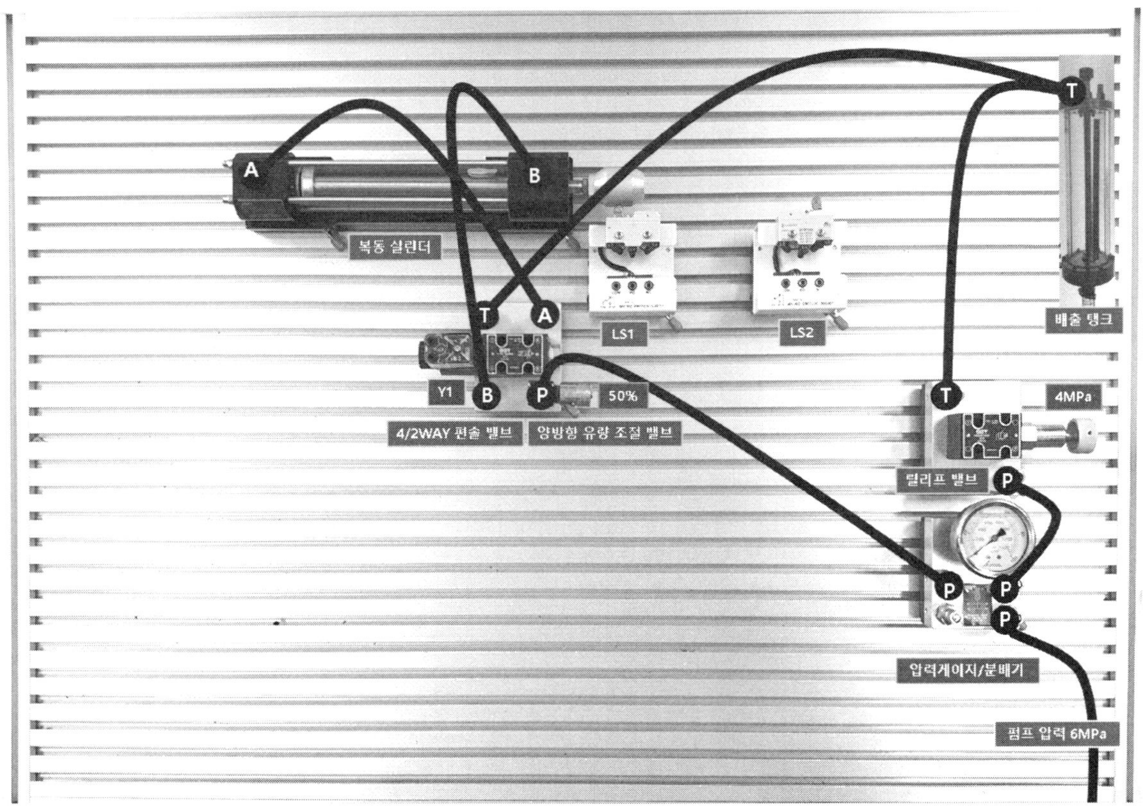

< 실린더 속도 제어 회로 결선도 >

1. 밸브의 P 포트에 양방향 유량 제어 밸브를 설치한다.

2. 압력 게이지 부착형 분배기에서 양방향 유량 제어 밸브의 A 포트에 결선해 준다.

   이를 통해 밸브의 P 포트로 공급되는 유압이 양방향 유량 제어 밸브를 통해 조절된다.

3. 양방향 유량 제어 밸브의 조절 핸들을 이용해 유량 배출량을 조정하여 실린더 속도를 기존의 50% 수준으로 설정한다.

3) 양방향 유량 제어 밸브 사용 예제

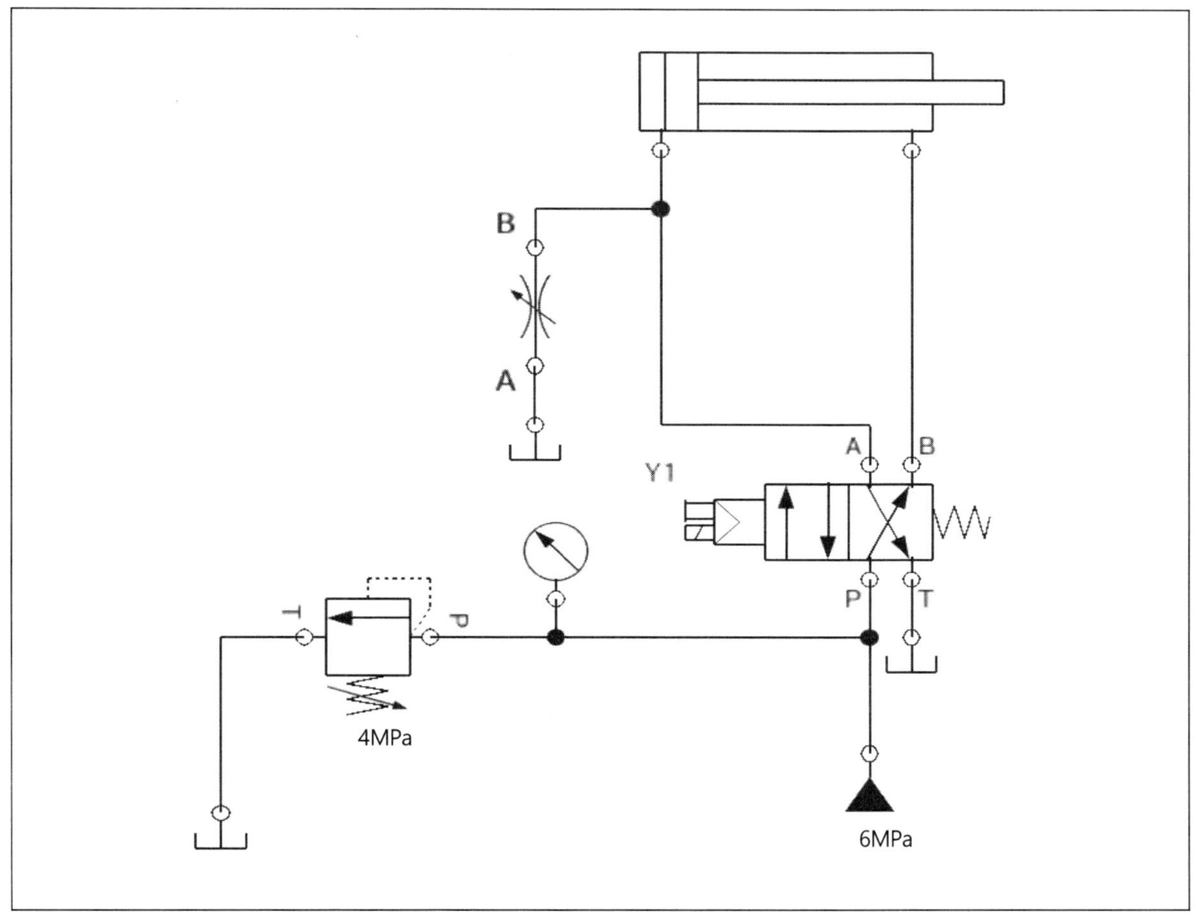

< 블리드 오프 회로 >

블리드 오프(Bleed-Off)는 직역하면 '일부를 빼낸다'라는 의미로, 펌프에서 공급된 유량 중 일부를 탱크로 배출시켜 실린더에 도달하는 유량을 줄임으로써 속도를 제어하는 방식이다.

본 회로에서는 A 실린더의 전진 속도 제어가 요구되었기 때문에 밸브의 A 포트와 실린더 A 포트 사이에 양방향 유량 제어 밸브를 설치한다.

이를 통해 실린더에 공급되는 유압의 일부를 탱크로 배출함으로써 실린더에 도달하는 실질적인 유량이 줄어들고, 그 결과 전진 속도가 감속된다.

양방향 유량 제어 밸브의 조절 핸들을 통해 유량 배출량을 조절하여 실린더 속도를 제어할 수 있다.

4) 블리드 오프 회로 구성

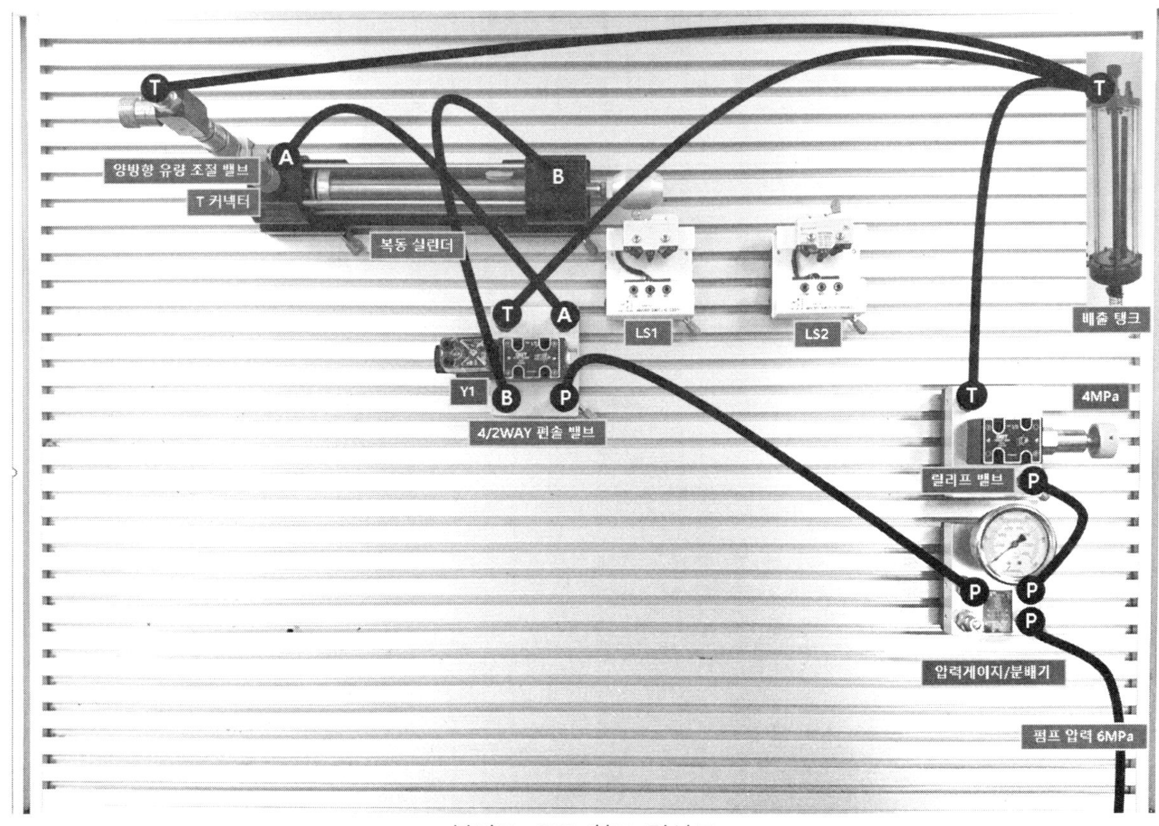

< 블리드 오프 회로 결선도 >

1. 실린더 A 포트에 T 커넥터를 먼저 설치한다.

2. T 커넥터의 상단 포트에 양방향 유량 제어 밸브를 설치한다.

3. 유량 제어 밸브의 상단 포트를 배출 탱크에 연결한다.

4. T 커넥터의 남은 포트는 밸브의 A 포트에 연결하여 밸브 동작 시 유압이 공급되도록 한다.

5. 밸브 A 포트에 공급되는 유량 중 일부는 양방향 유량 제어 밸브를 통해 탱크로 배출된다.

6. 양방향 유량 제어 밸브의 조절 핸들을 이용해 유량 배출량을 조정하여 실린더 속도를 제어한다.

4.3 일방향 유량 제어 밸브

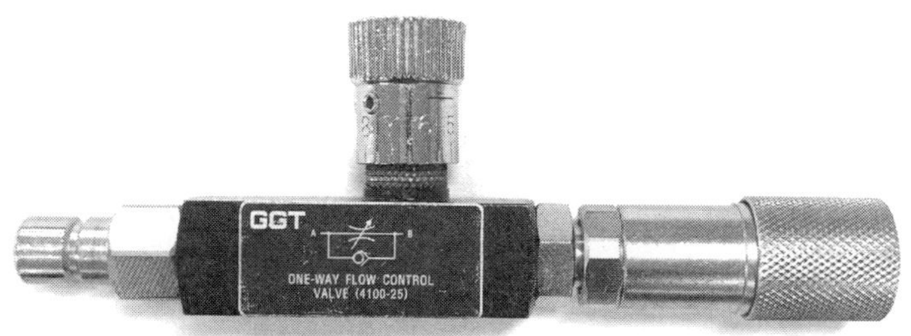

< 일방향 유량 제어 밸브 >

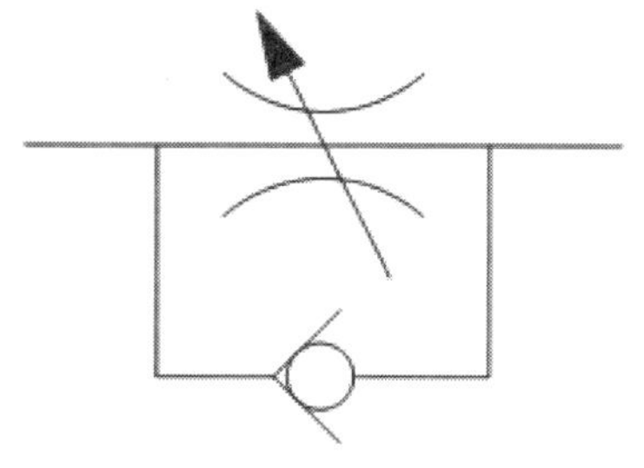

< 유압 기호 >

  일방향 유량 제어 밸브는 유압 회로 내 유체의 흐름을 한 방향으로만 제어하고, 반대 방향은 자유롭게 흐르도록 구성된 밸브이다.

  주로 실린더의 한 방향 속도를 조절하고 반대 방향은 빠르게 복귀시키고자 할 때 사용된다.

작동 원리

  설정된 방향(유량 제어 방향)으로 유체가 흐를 경우 체크 밸브 라인으로는 유량이 흐를 수 없게 되고, 조절 밸브를 통해 조절된 유량이 흐르게 되어 실린더의 속도가 조절된다.

  반대 방향에서는 체크 밸브 라인을 통하여 유압이 흐를 수 있으므로 유체가 자유롭게 흐르게 된다.

1) 일방향 유량 제어 밸브 사용 예제

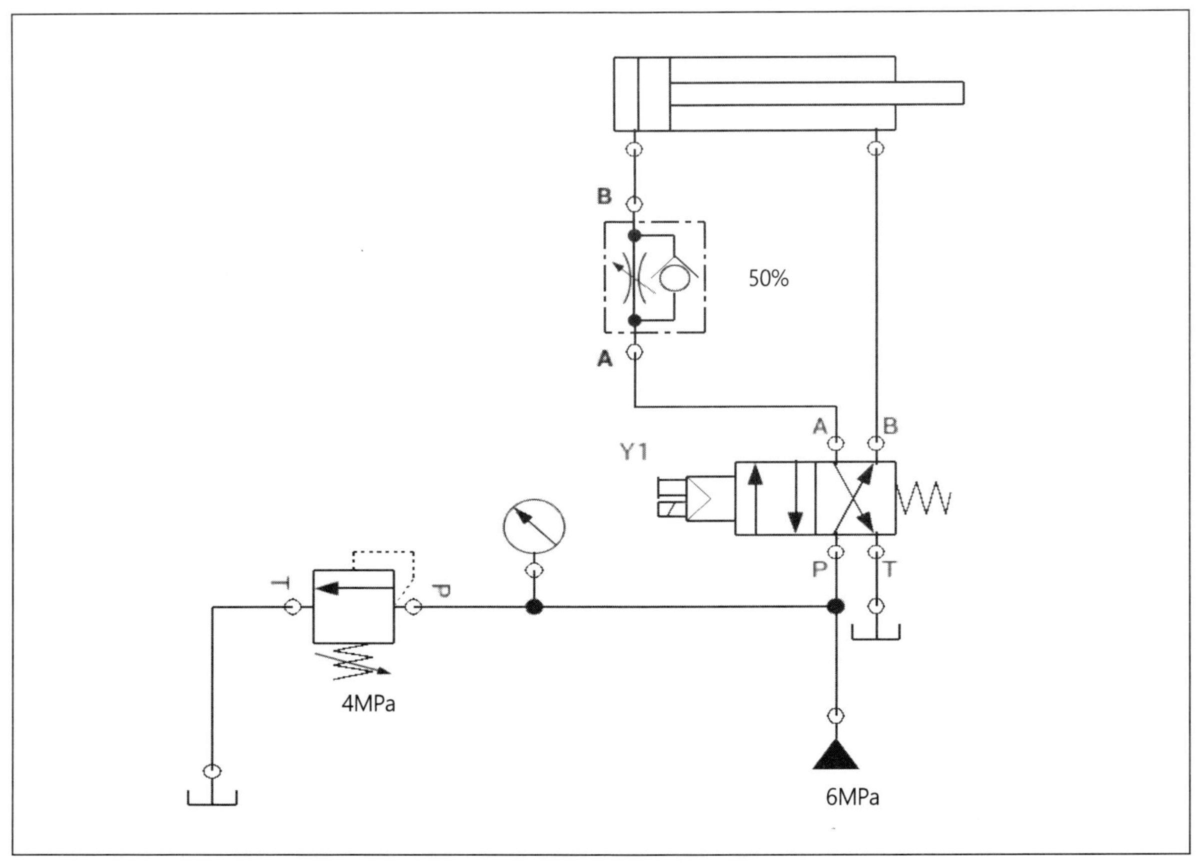

< 미터인 방식 회로 >

미터인 방식 제어 회로는 일방향 유량 제어 밸브를 통해 실린더로 유입되는 유량을 제어하여 실린더의 전진 속도를 조절하는 구조이다. 과제 요구 사항이 미터인 방식이므로 실린더에서 배출되는 유량이 아닌, 유입되는 유량을 조절하여 속도를 제어해야 한다.

이를 위해 A 포트에서 실린더로 연결되는 유압 라인에 일방향 유량 제어 밸브를 설치한다.

전진 시에는 체크 밸브가 닫혀 있으므로 유압은 조절 밸브를 통해서만 실린더로 유입된다.

따라서 조절 밸브에서 설정한 유량만큼만 공급되어 전진 속도가 제어된다. 후진 시에는 체크 밸브 라인으로 유압이 자유롭게 흐르기 때문에 속도 제한 없이 빠르게 후진할 수 있다.

2) 미터인 방식 회로 구성

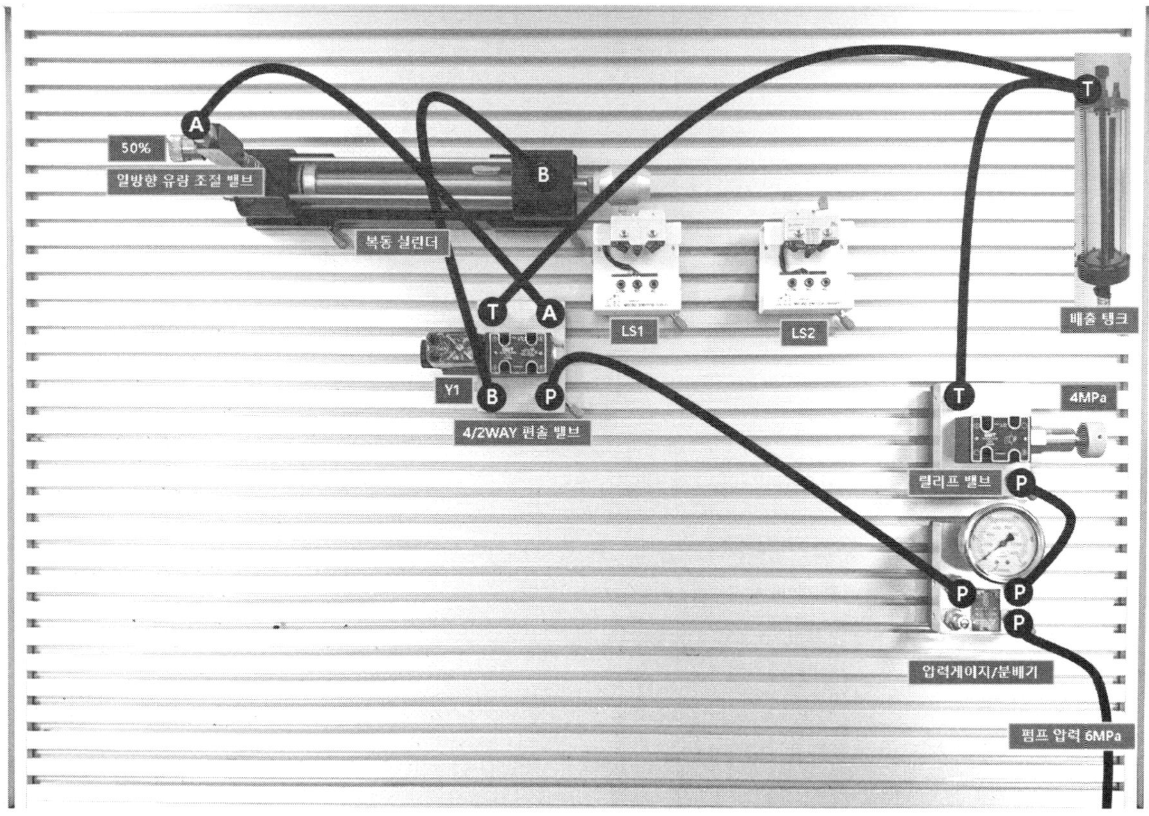

< 미터인 방식 회로 결선도 >

1. 실린더 A 포트에 일방향 유량 제어 밸브를 설치한다.

2. 밸브의 A 포트를 일방향 유량 제어 밸브의 상단 포트에 연결한다.

3. 실린더 전진을 위한 유압은 일방향 유량 제어 밸브의 조절부를 통해 조절되며, 이에 따라 전진 속도가 제어된다.

4. 조절 밸브를 통해 실린더의 속도를 기존의 50% 수준으로 감속시킨다.

4.4 체크 밸브

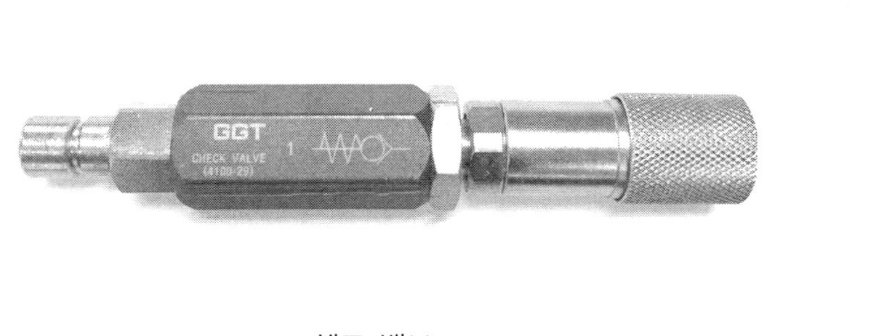

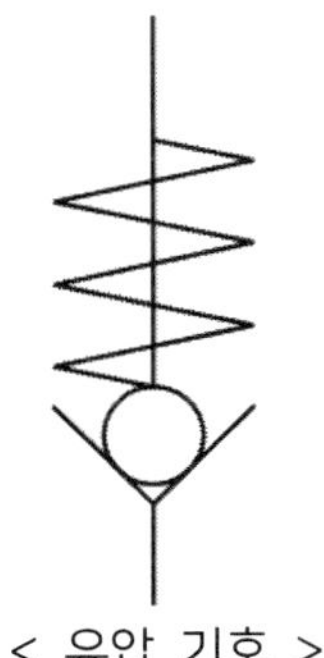

< 체크 밸브 >   < 유압 기호 >

체크 밸브는 유체가 한 방향으로만 흐르도록 하고, 반대 방향의 흐름은 차단하는 일방향 밸브이다.

유압 회로에서 역류 방지, 유압 유지, 회로 분리 등 다양한 목적으로 사용된다.

작동 원리

정상 방향(정방향)에서 유체가 흐르면 내부의 밸브 요소(볼 또는 디스크)가 밀려 열리며 유체가 통과하며, 반대 방향(역방향)으로 압력이 가해지면 밸브 요소가 시트(Seat)에 밀착되어 유로를 차단하여 유체가 역류하지 못하게 한다.

1) 체크 밸브 사용 예제

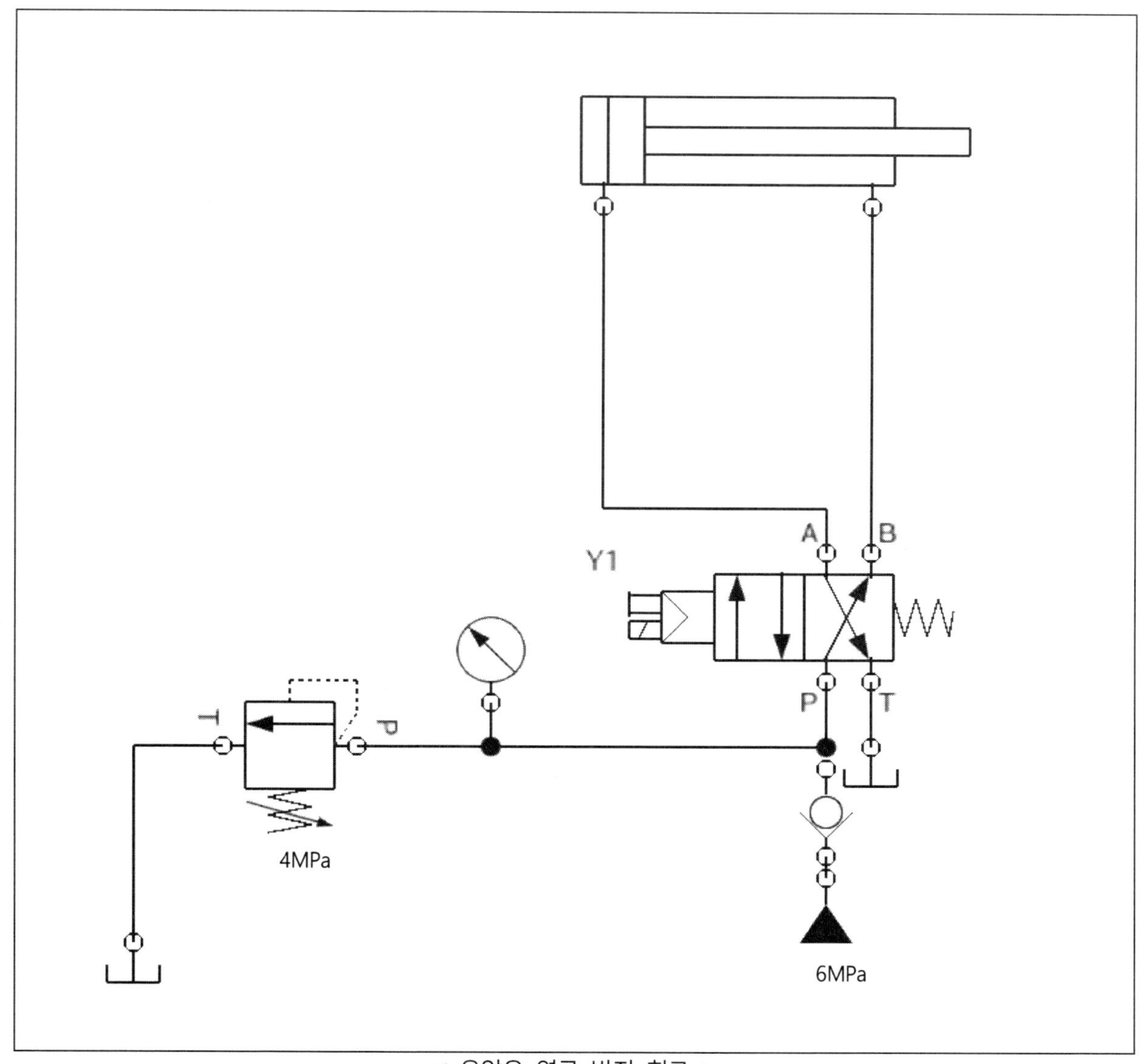

< 유압유 역류 방지 회로 >

펌프로부터 공급되는 압력은 체크 밸브를 통해 분배기에 공급된다.

이로 인해 펌프에서 공급되는 정방향 유량은 체크 밸브가 열리며 정상적으로 흐를 수 있고,
역방향 유동은 체크 밸브 기능에 의해 차단되어 유체가 펌프로 역류하는 것을 방지한다.

2) 유압유 역류 방지 회로 구성

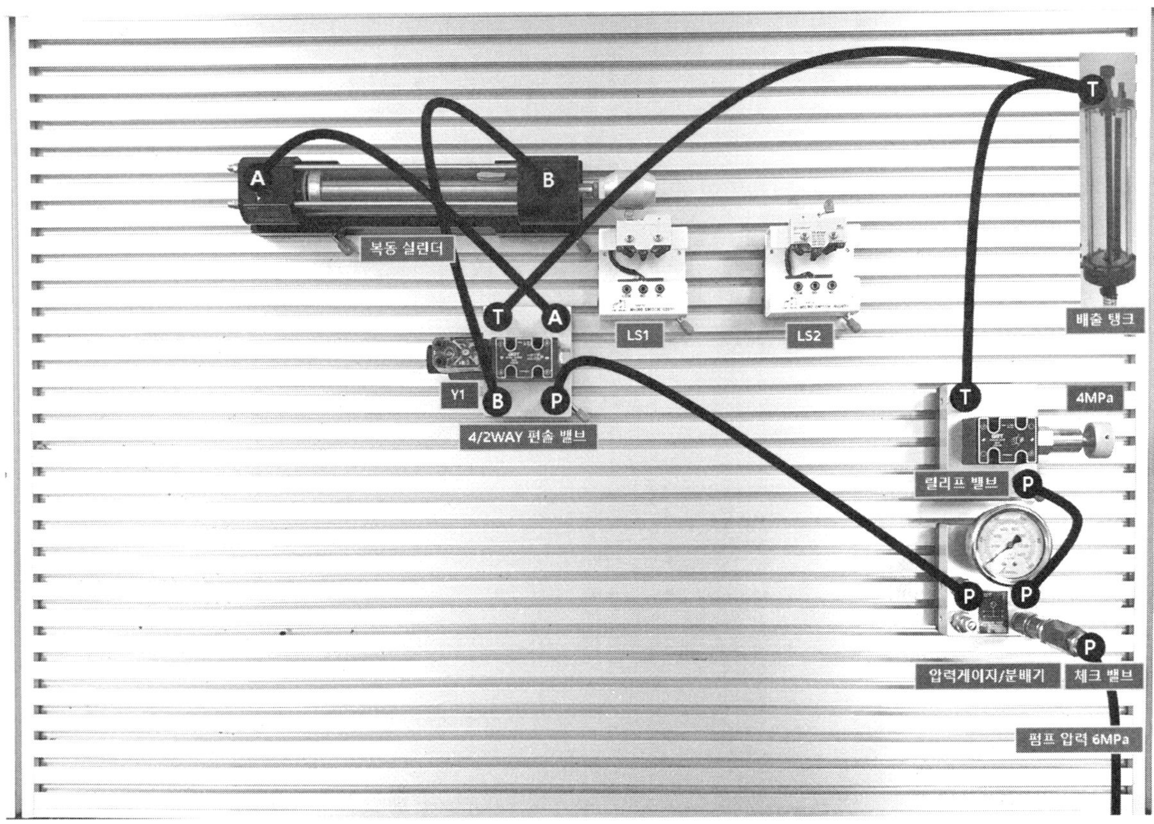

< 유압유 역류 방지 회로 결선도 >

1. 압력 게이지 부착형 분배기에 체크 밸브를 설치한다.

2. 펌프로부터 공급되는 유압을 체크 밸브 P 포트에 연결한다.

3. 이로써 역방향 유동은 체크 밸브 기능에 의해 차단되어 유체가 펌프로 역류하는 것을 방
   지한다.

5.1 압력 게이지 부착형 분배기

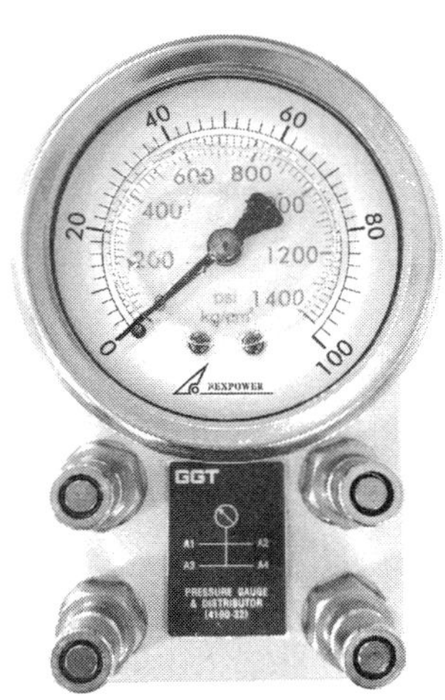

< 압력 게이지 부착형 분배기 >

　압력 게이지 부착형 분배기는 유압을 여러 방향으로 분배하는 동시에 각 회로에 공급되는 압력을 확인할 수 있도록 압력 게이지가 장착된 장치이다.

　유압을 여러 갈래로 나누어 공급하면서 현재 시스템 압력을 실시간으로 확인할 수 있는 장치이다.

5.2 T 커넥터

< T 커넥터 >

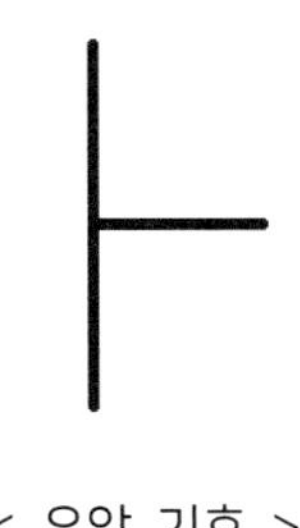

< 유압 기호 >

T 커넥터는 유압 또는 공압 배관에서 유체의 흐름을 두 갈래로 나누거나 합치는 데 사용하는 연결 부품이다.

이름처럼 모양이 영문자 T자 형태로 되어 있어서 이렇게 부른다.

주로 한쪽에서 들어온 유체를 두 방향으로 분기하거나, 두 방향에서 들어온 유체를 한 방향으로 합류하기 위해 사용된다.

5.3 잔압 제거기

< 잔압 제거기 >

잔압 제거기는 유압 회로나 장비 사용 후 회로 내에 남아 있는 잔류 압력(잔압)을 안전하게 배출하여, 유지보수 시 발생할 수 있는 사고를 예방하는 장치이다. 유압 호스를 체결할 때 연결이 원활하지 않은 경우 소켓 불량 외에도 회로 내 잔압이 원인이 될 수 있다.

이때 소켓에 잔압 제거기를 연결하여 내부 압력을 제거하면, 압력 저항 없이 호스를 쉽게 체결할 수 있어 작업 효율성과 안전성을 높일 수 있다.

PART 05

유압 장치
공개 문제
풀이 및 정답

[공개]

국가기술자격 실기시험문제

자격종목	설비보전산업기사	과 제 명	유압시스템 설계 및 구성

※ 문제지는 시험종료 후 본인이 가져갈 수 있습니다.

비번호		시험일시		시험장명	

※ 시험시간: [제2과제] 50분

1. 요구사항

※ 지급된 재료 및 시설을 사용하여 아래 작업을 완성하시오.
※ 한번 제출한 작품의 재작업은 허용되지 않습니다.

가. 유압회로도 구성

1) **유압회로도**와 같이 기기를 선정하여 고정판에 배치하시오.
 가) 기기는 수평 또는 수직방향으로 수험자가 임의로 배치하고, 리밋 스위치는
  방향성을 고려하여 설치하시오.
2) 유압호스를 사용하여 기기를 연결하시오.
 가) 유압호스가 시스템 동작에 영향을 주지 않도록 정리하시오.
3) 유압회로 내 최고압력을 4±0.2 MPa로 설정하시오.

나. 기본동작

1) PB1을 1회 ON-OFF하면 **변위단계선도**와 같이 1사이클 단속 동작되도록 전기회로도를
 설계하여 시스템을 구성하고 시험감독위원에게 확인받으시오.
 가) 전기 배선은 + 는 적색으로, - 는 청색 또는 흑색으로 연결하고, 전선이 시스템
  동작에 영향을 주지 않도록 정리하시오.
 나) 지정되지 않은 누름버튼 스위치는 자동복귀형 스위치를 사용하시오.

다. 시스템 유지보수

1) 동작 확인 후 **유지보수 계획**과 같이 시스템을 변경하고 시험감독위원에게
 확인받으시오.

라. 정리정돈

1) 평가 종료 후 작업한 자리의 부품 정리, 기름 제거, 유압 배관 정리, 전선 정리 등
 모든 상태를 초기 상태로 정리하시오.

[공개]

자격종목	설비보전산업기사	과 제 명	유압시스템 설계 및 구성

2. 수험자 유의사항

※ 다음의 유의사항을 고려하여 요구사항을 완성하시오.

※ 작업형 과제별 배점은 [공기압시스템 설계 및 구성 30점, 유압시스템 설계 및 구성 30점, 가스 절단 및 용접 40점]이며, 이외 세부항목 배점은 비공개입니다.

1) 시험 시작 전 장비의 이상유무를 확인합니다.

2) 시험 중 반드시 시험감독위원의 지시에 따라야 하며, 시험감독위원의 지시가 없는 한 시험장을 임의로 이탈할 수 없습니다.

3) 시험에 필요한 기기 이외의 부품이나 장비에 임의로 접촉하지 않도록 주의하시기 바랍니다.

4) 유압 배관의 제거는 공급 압력을 차단한 후 실시하시기 바랍니다.

5) 유압 펌프는 OFF상태를 기본으로 하고, 회로 검증 등 필요한 경우에만 동작시키시기 바랍니다.

6) 유압회로가 무부하회로일 경우 압력 설정에 주의하시기 바랍니다.

7) 전기 합선 시에는 즉시 전원공급 장치의 전원을 차단하시기 바랍니다.

8) 실린더의 작동 부분에는 전선 및 호스가 접촉되지 않도록 주의하여야 합니다.

9) "기본동작 → 시스템 유지보수" 순서대로 시험감독위원에게 평가받습니다.
(단, 각 동작의 평가는 전원이 유지된 상태에서 2회 이상 시도하여 동일하게 정상 동작이 되어야 하며, 1회만 동작하고 정상적으로 재동작하지 않으면 인정하지 않습니다.)

10) 평가 기회는 한 번만 부여되오니, 이점 유의하여 평가를 요청하시기 바랍니다.
(단, 평가가 불명확하여 재확인이 필요한 경우 시험감독위원의 판단에 따라 다시 동작시킬 수 있습니다. 회로를 변경 또는 수정할 수 없고, 동작만 재시도 합니다.)

11) 평가 종료 후 정리정돈 상태에 따라 감점될 수 있음을 유의하시기 바랍니다.

12) 시험 중 작업복 및 안전보호구를 착용하여 안전수칙을 준수하여야 하며, 안전수칙 미준수로 인해 감점될 수 있음을 유의하시기 바랍니다.
(단, 슬리퍼, 샌들 착용 등 복장이 작업에 부적합할 경우 응시가 불가능합니다.)

13) 다음 사항은 실격에 해당하여 채점 대상에서 제외됩니다.

가) 수험자 본인이 수험 도중 시험에 대한 기권 의사를 표현하는 경우

나) 실기시험 과정 중 1개 과정이라도 불참한 경우

다) 시설·장비의 조작 또는 재료의 취급이 미숙하여 위해를 일으킬 것으로 시험감독위원 전원이 합의하여 판단한 경우

라) 기능이 해당 등급 수준에 전혀 도달하지 못한 것으로 시험감독위원이 판단할 경우

마) 부정행위를 한 경우

바) 시험시간 내에 작품을 제출하지 못한 경우

사) 유압회로도와 다른 부품을 사용하거나 부품을 누락한 경우

아) 기본동작이 변위단계선도와 일치하지 않는 경우

자격종목	설비보전산업기사	과 제 명	유압시스템 설계 및 구성

3. 도면

가. 유압회로도

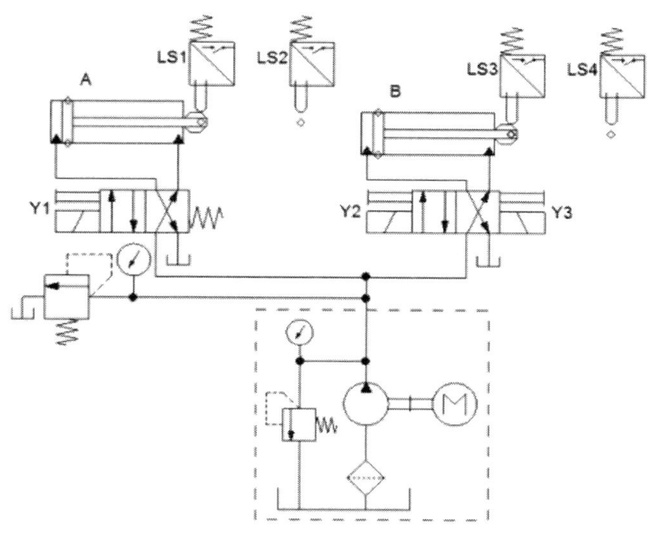

나. 변위단계선도

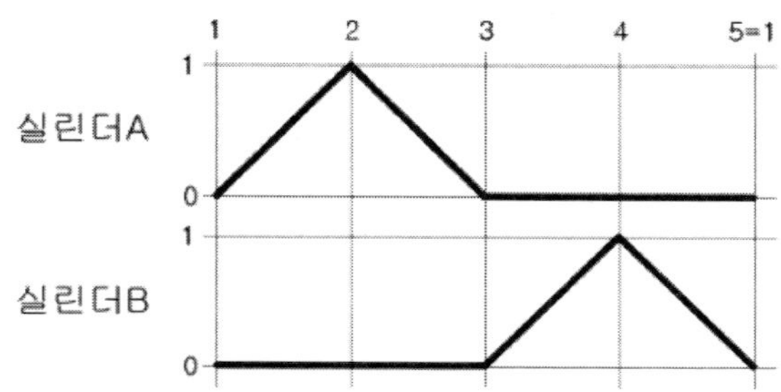

다. 유지보수 계획

1) 실린더 A 전진 시 일방향 유량조절밸브를 사용하여 미터인 회로를 구성하고, 실린더 로드측에 카운터 밸런스 밸브와 압력계를 사용하여 자중낙하방지 회로를 구성하시오. (단, 속도는 약 50% 정도로, 압력은 3 ± 0.5 MPa이 되도록 설정하시오.)

2) 실린더 B의 압력라인(P)에 감압밸브와 압력계를 설치하여 유압 회로도를 변경하고, 2차측의 압력이 2 ± 0.5 MPa이 되도록 조정하시오.

3) 유압유의 역류를 방지하기 위해 파워유닛의 토출구에 체크밸브를 추가하여 구성하시오.

가. 유압회로도

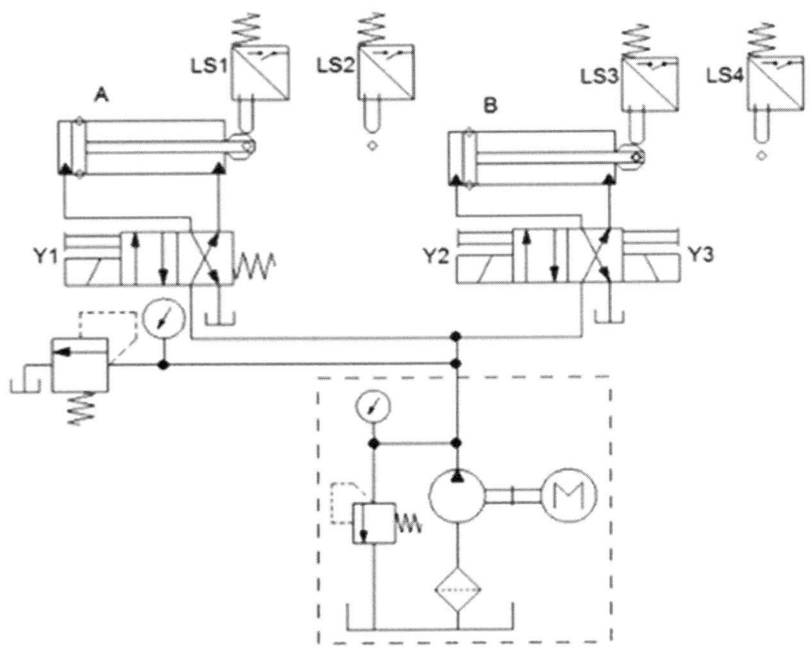

< 유압 회로도 >

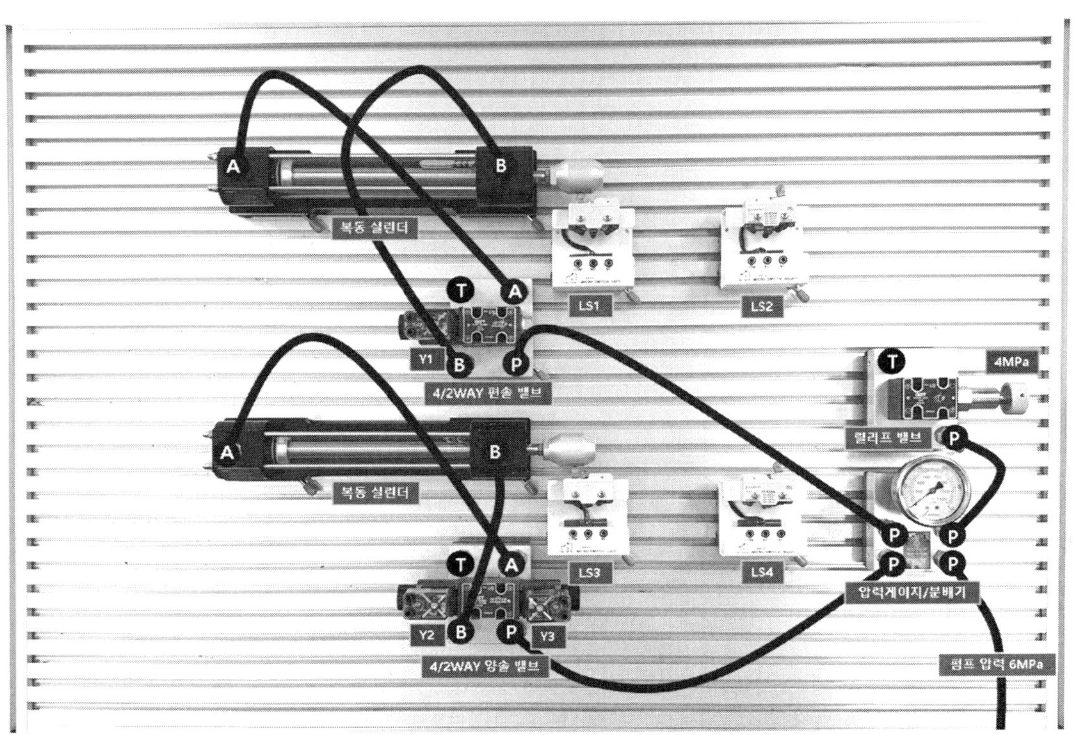

< 유압 회로 결선도 >

나. 변위단계선도

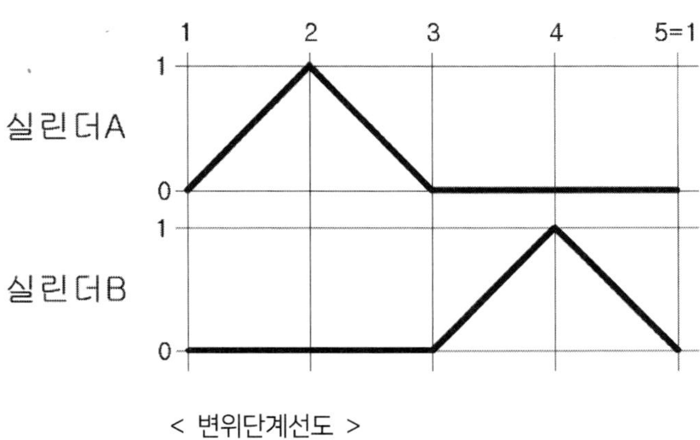

< 변위단계선도 >

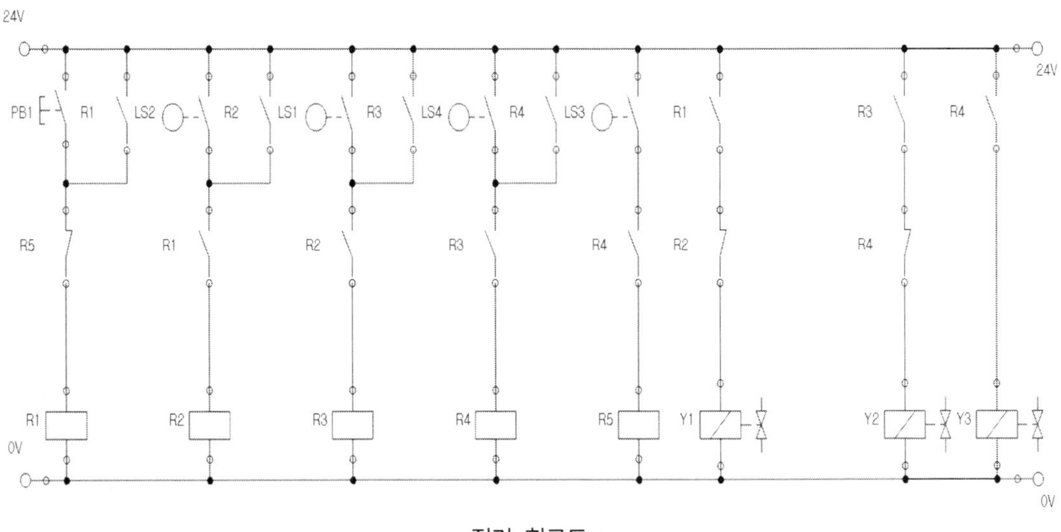

< 전기 회로도 >

다. 유지보수 계획

1) 실린더 A 전진 시 일방향 유량조절밸브를 사용하여 미터인 회로를 구성하고, 실린더
   로드측에 카운터 밸런스 밸브와 압력계를 사용하여 자중낙하방지 회로를 구성하시오.
   (단, 속도는 약 50% 정도로, 압력은 3 ± 0.5 MPa이 되도록 설정하시오.)

2) 실린더 B의 압력라인(P)에 감압밸브와 압력계를 설치하여 유압 회로도를 변경하고,
   2차측의 압력이 2 ± 0.5 MPa이 되도록 조정하시오.

3) 유압유의 역류를 방지하기 위해 파워유닛의 토출구에 체크밸브를 추가하여
   구성하시오.

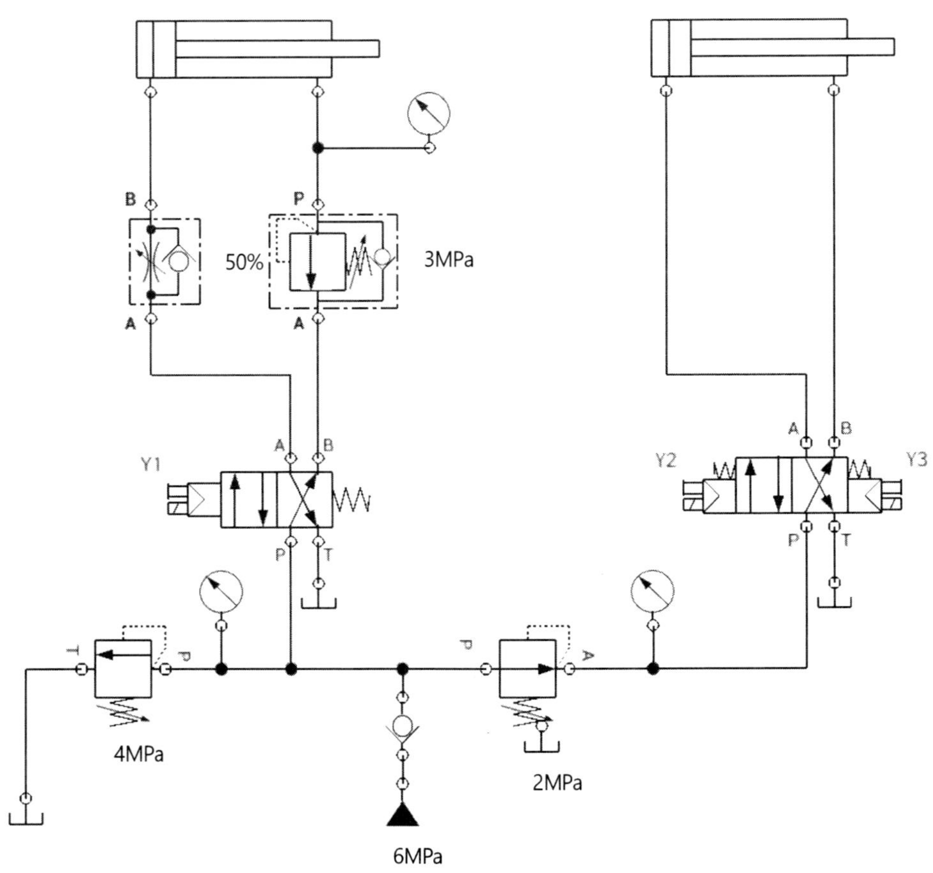

< 유지보수 계획 회로도 >

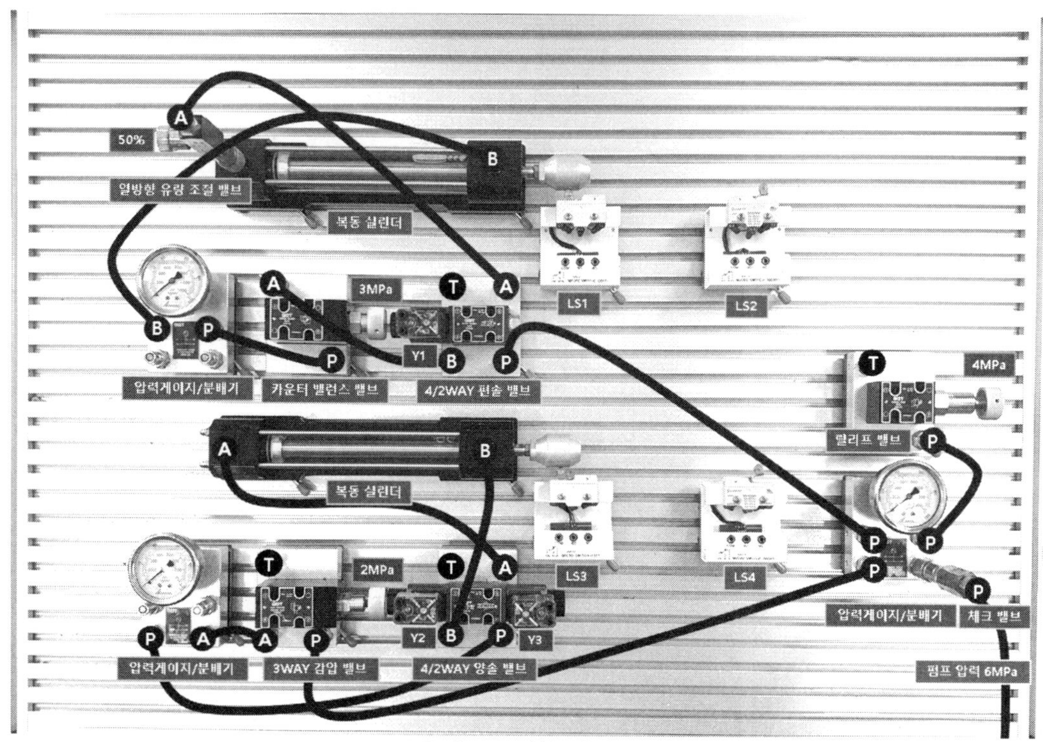

< 유지보수 계획 결선도 >

   T 포트 결선은 생략하였으며, 기기의 포트 위치는 제조사에 따라 다를 수 있으므로 확인 후 결선할 것.

자격종목	설비보전산업기사	과 제 명	유압시스템 설계 및 구성

3. 도면

가. 유압회로도

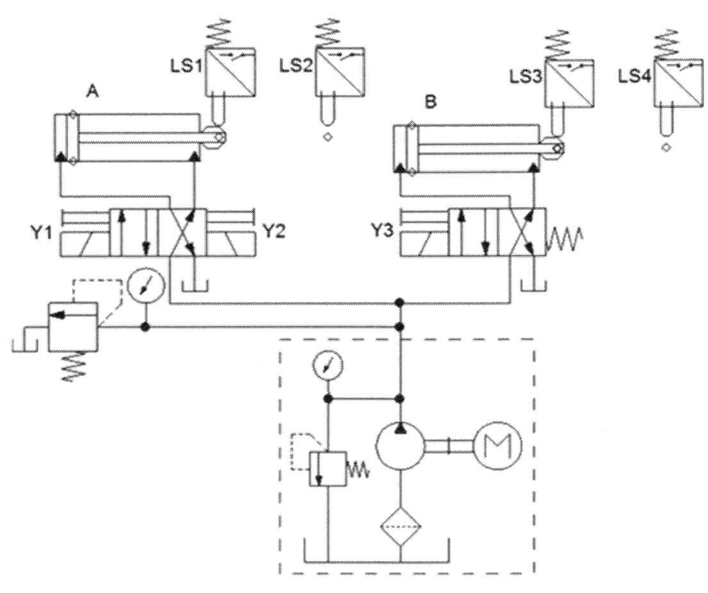

나. 변위단계선도

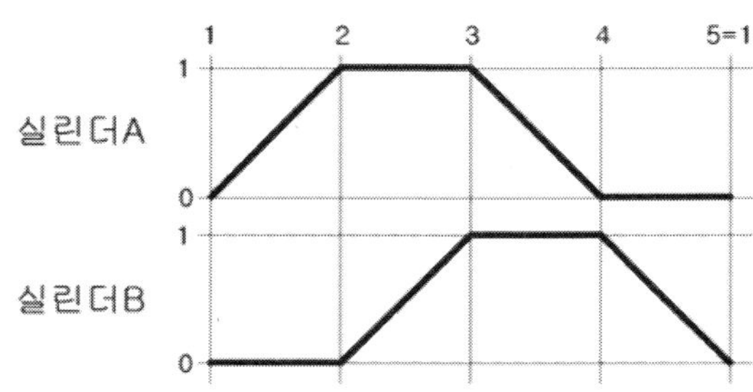

다. 유지보수 계획

1) 실린더 B 전진 시 일방향 유량조절밸브를 사용하여 미터인 회로를 구성하고, 실린더 로드측에 카운터 밸런스 밸브와 압력계를 사용하여 자중낙하방지 회로를 구성하시오. (단, 속도는 약 50% 정도로, 압력은 3 ± 0.5 MPa이 되도록 설정하시오.)
2) 실린더 A의 전진 속도가 제어되도록 블리드오프 회로를 구성하시오.
3) 유압유의 역류를 방지하기 위해 파워유닛의 토출구에 체크밸브를 추가하여 구성하시오.

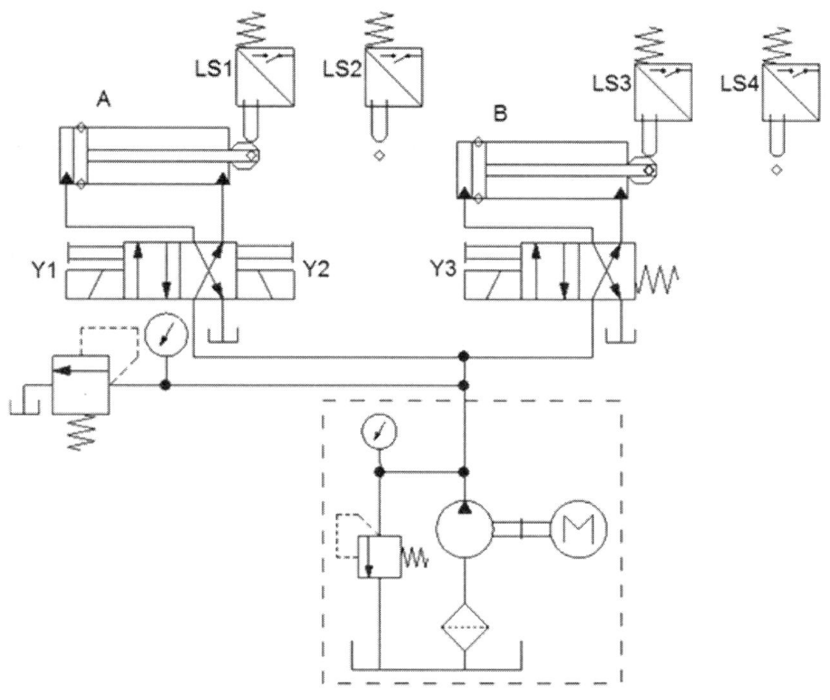

< 유압 회로도 >

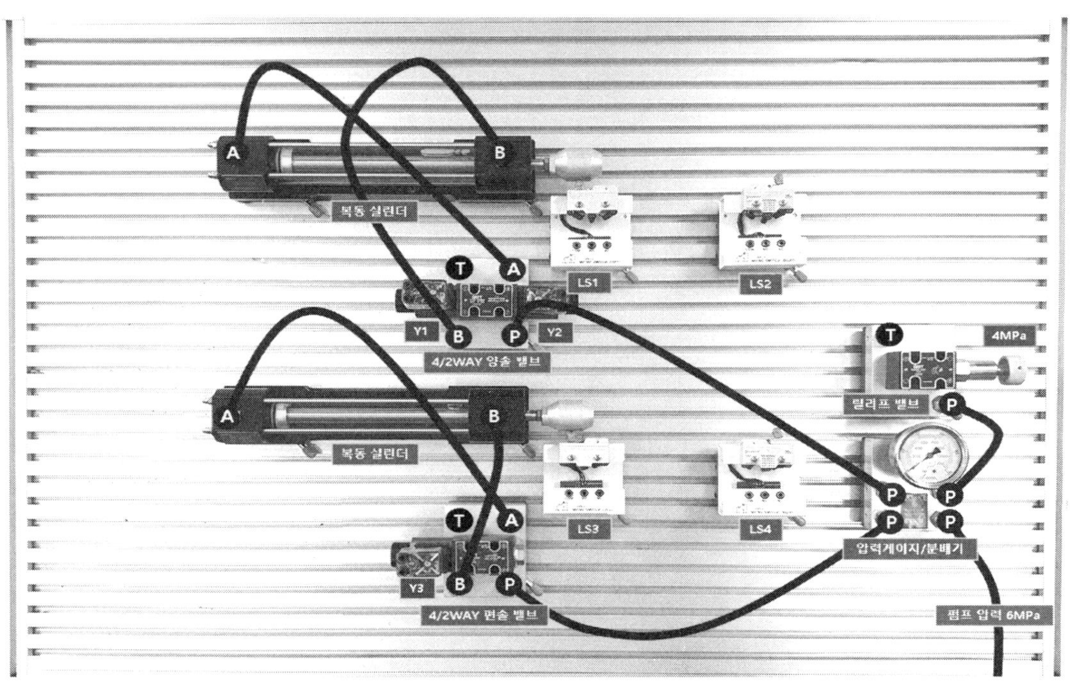

< 유압 회로 결선도 >

나. 변위단계선도

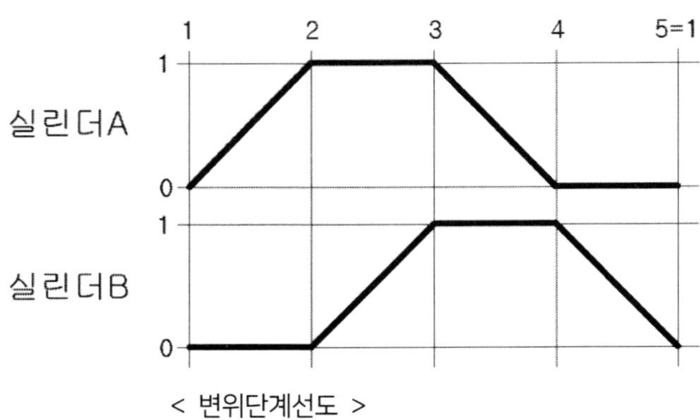

< 변위단계선도 >

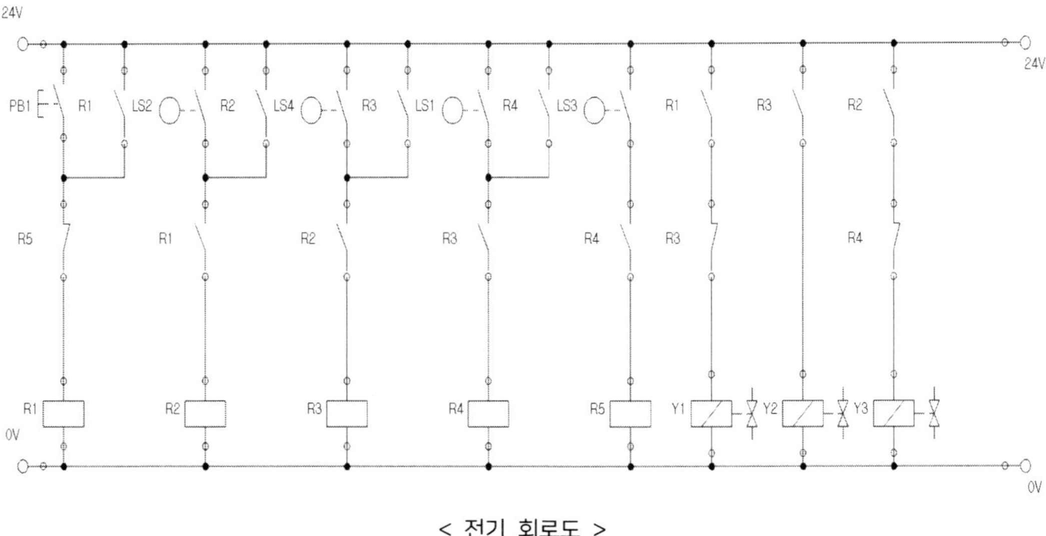

< 전기 회로도 >

1) 실린더 B 전진 시 일방향 유량조절밸브를 사용하여 미터인 회로를 구성하고, 실린더 로드측에 카운터 밸런스 밸브와 압력계를 사용하여 자중낙하방지 회로를 구성하시오. (단, 속도는 약 50% 정도로, 압력은 3 ± 0.5 MPa이 되도록 설정하시오.)

2) 실린더 A의 전진 속도가 제어되도록 블리드오프 회로를 구성하시오.

3) 유압유의 역류를 방지하기 위해 파워유닛의 토출구에 체크밸브를 추가하여 구성하시오.

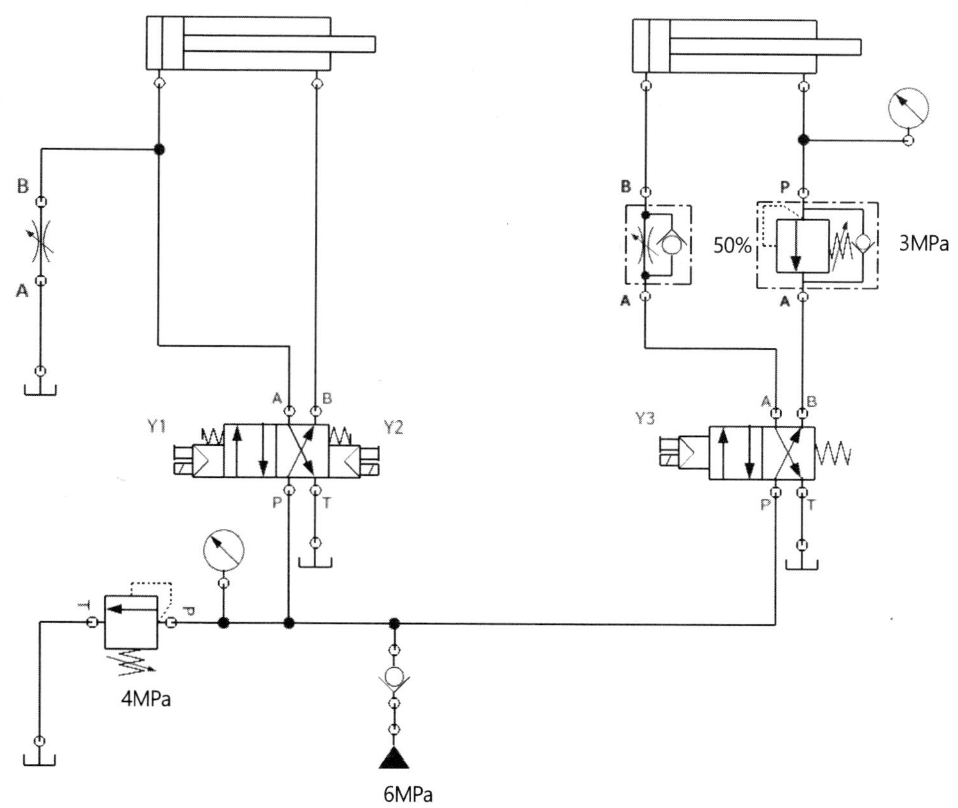

< 유지보수 계획 회로도 >

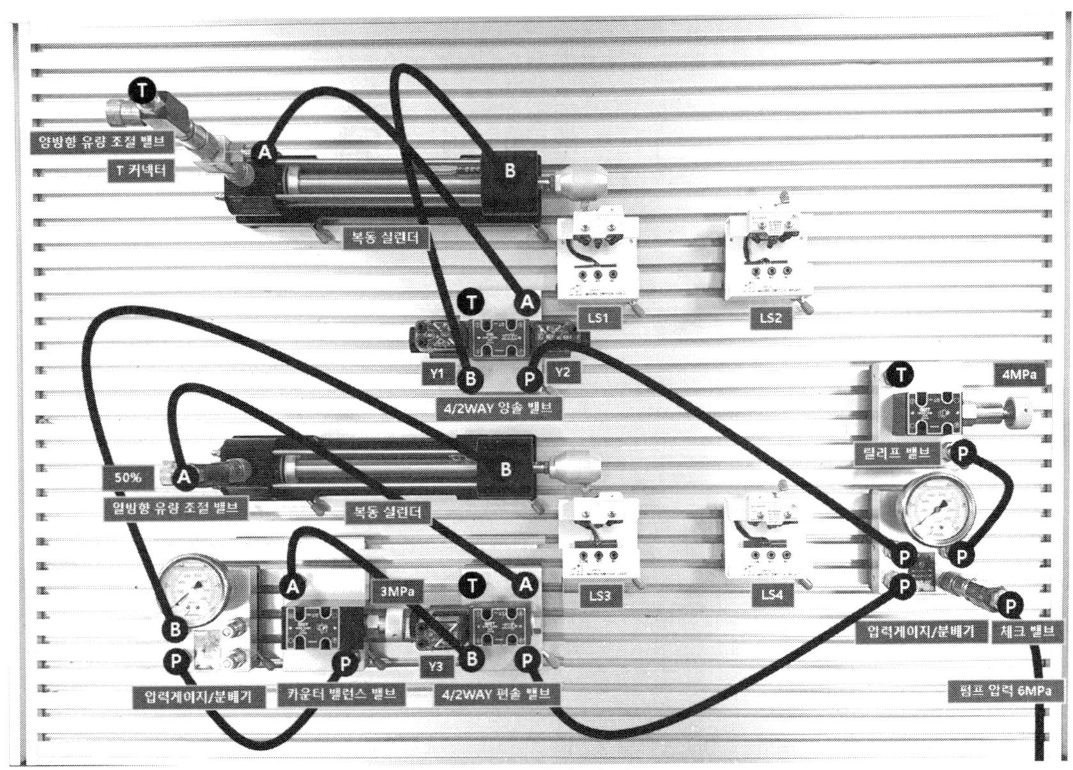

< 유지보수 계획 결선도 >

T 포트 결선은 생략하였으며, 기기의 포트 위치는 제조사에 따라 다를 수 있으므로 확인 후 결선할 것.

자격종목	설비보전산업기사	과 제 명	유압시스템 설계 및 구성

3. 도면

가. 유압회로도

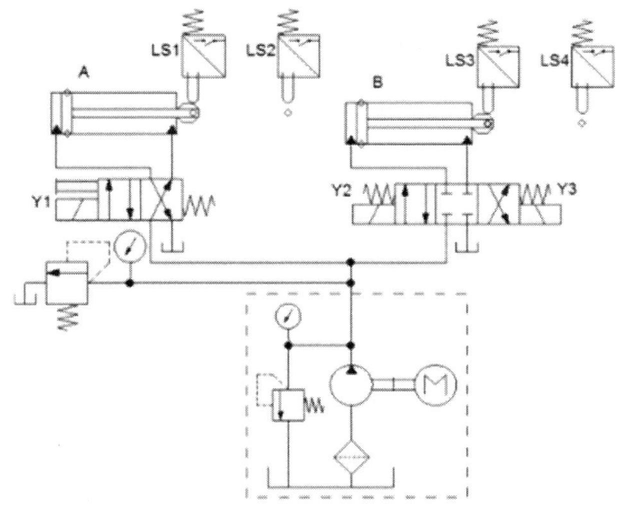

나. 변위단계선도

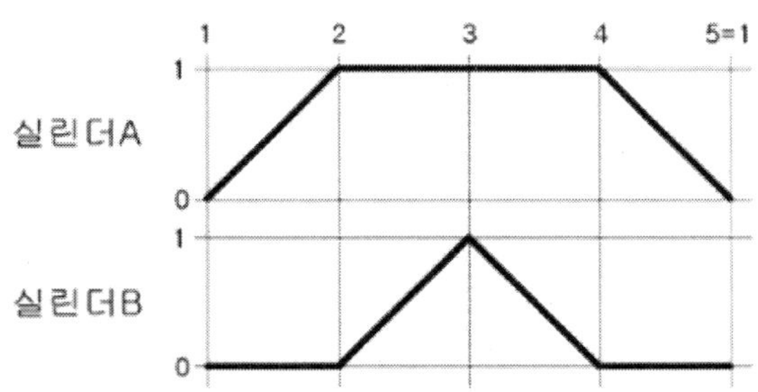

다. 유지보수 계획

1) 실린더 A 전진 시 일방향 유량조절밸브를 사용하여 미터인 회로를 구성하고, 실린더 로드측에 카운터 밸런스 밸브와 압력계를 사용하여 자중낙하방지 회로를 구성하시오.
   (단, 속도는 약 50% 정도로, 압력은 3 ± 0.5 MPa이 되도록 설정하시오.)

2) 실린더 B의 방향제어밸브를 4포트 3위치 A-B-T접속형 밸브로 교체하고, 로드측에 파일럿 조작 체크 밸브를 사용하여 로킹회로가 되도록 변경하시오.

3) 실린더 B의 전·후진 속도가 제어되도록 공급라인에 양방향 유량조절밸브를 사용하여 회로를 구성하시오.
   (단, 속도는 약 50% 정도가 되도록 설정하시오.)

가. 유압회로도

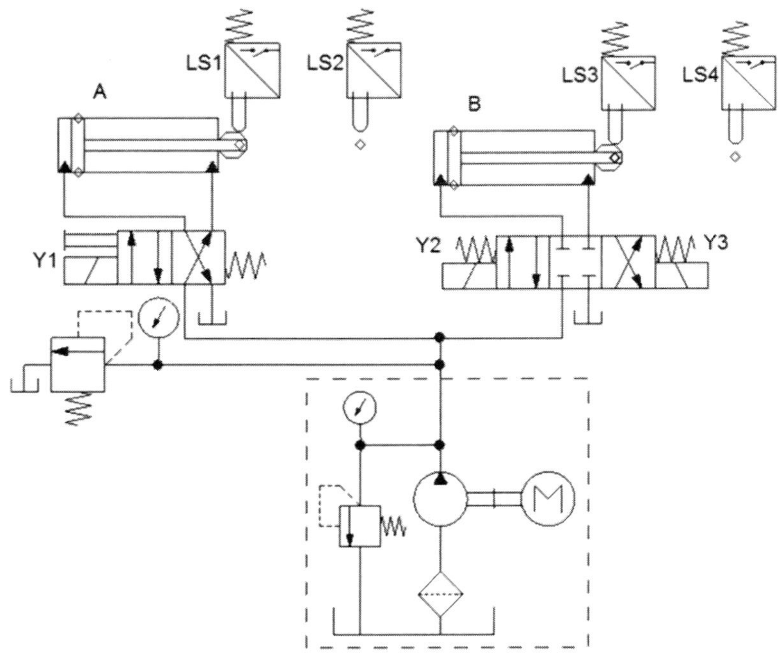

< 유압 회로도 >

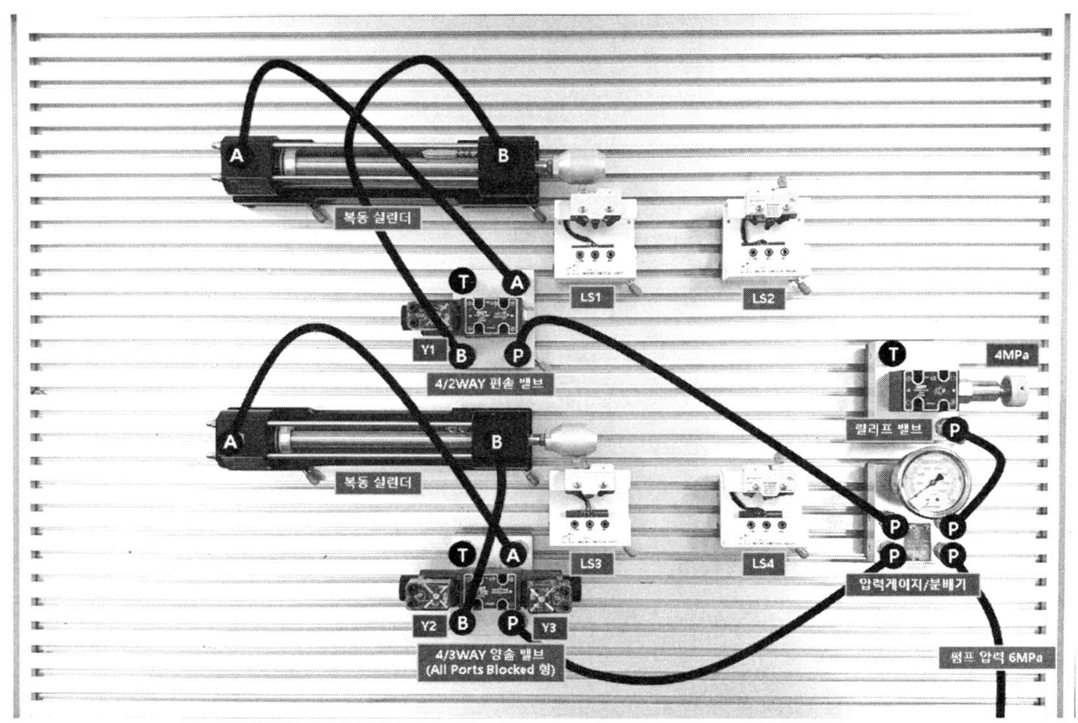

< 유압 회로 결선도 >

나. 변위단계선도

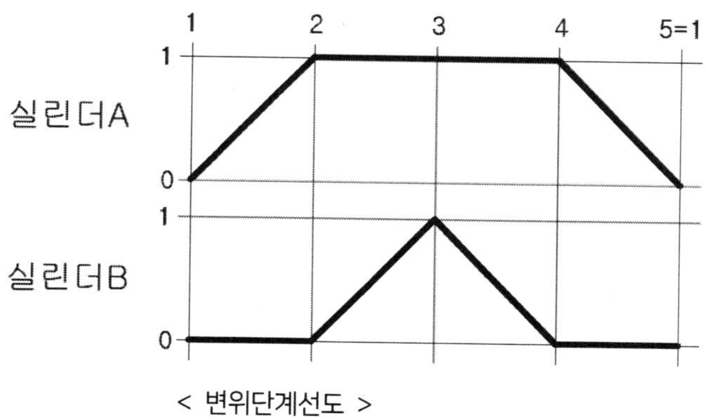

< 변위단계선도 >

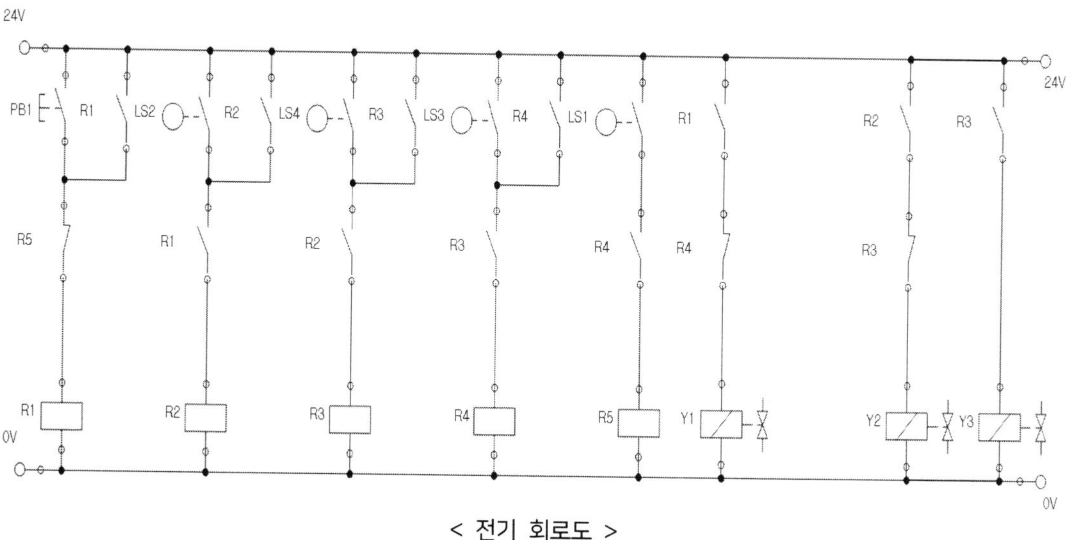

< 전기 회로도 >

1) 실린더 A 전진 시 일방향 유량조절밸브를 사용하여 미터인 회로를 구성하고, 실린더
   로드측에 카운터 밸런스 밸브와 압력계를 사용하여 자중낙하방지 회로를 구성하시오.
   (단, 속도는 약 50% 정도로, 압력은 3 ± 0.5 MPa이 되도록 설정하시오.)

2) 실린더 B의 방향제어밸브를 4포트 3위치 A-B-T접속형 밸브로 교체하고, 로드측에
   파일럿 조작 체크 밸브를 사용하여 로킹회로가 되도록 변경하시오.

3) 실린더 B의 전·후진 속도가 제어되도록 공급라인에 양방향 유량조절밸브를
   사용하여 회로를 구성하시오.
   (단, 속도는 약 50% 정도가 되도록 설정하시오.)

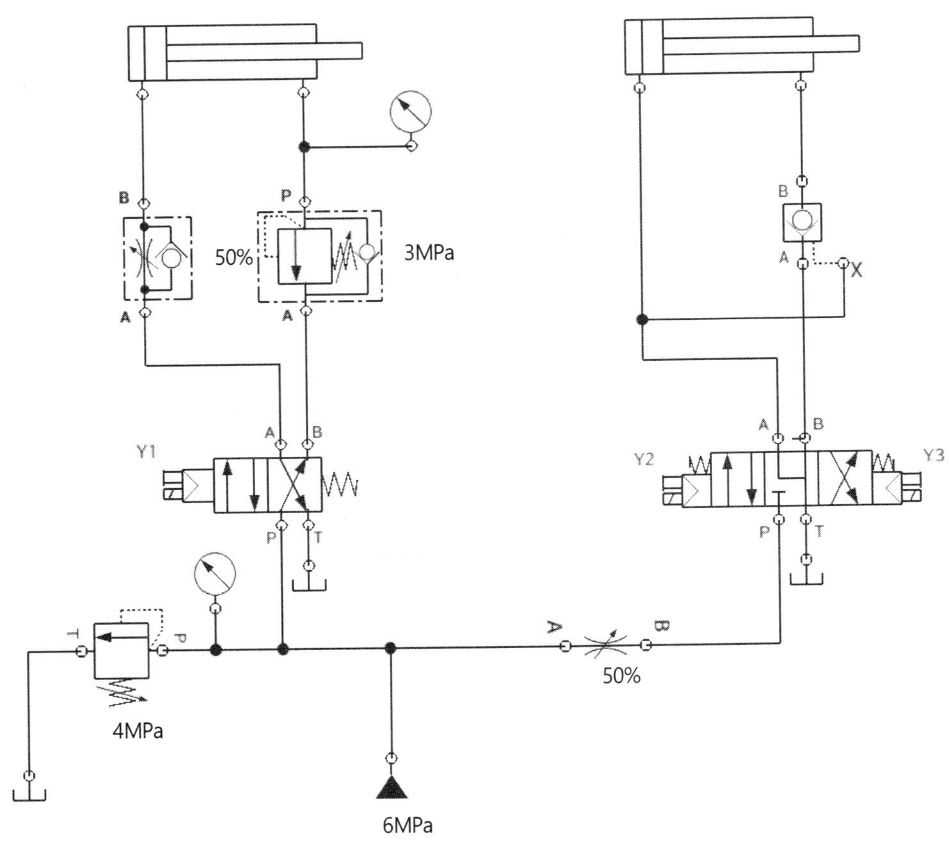

< 유지보수 계획 회로도 >

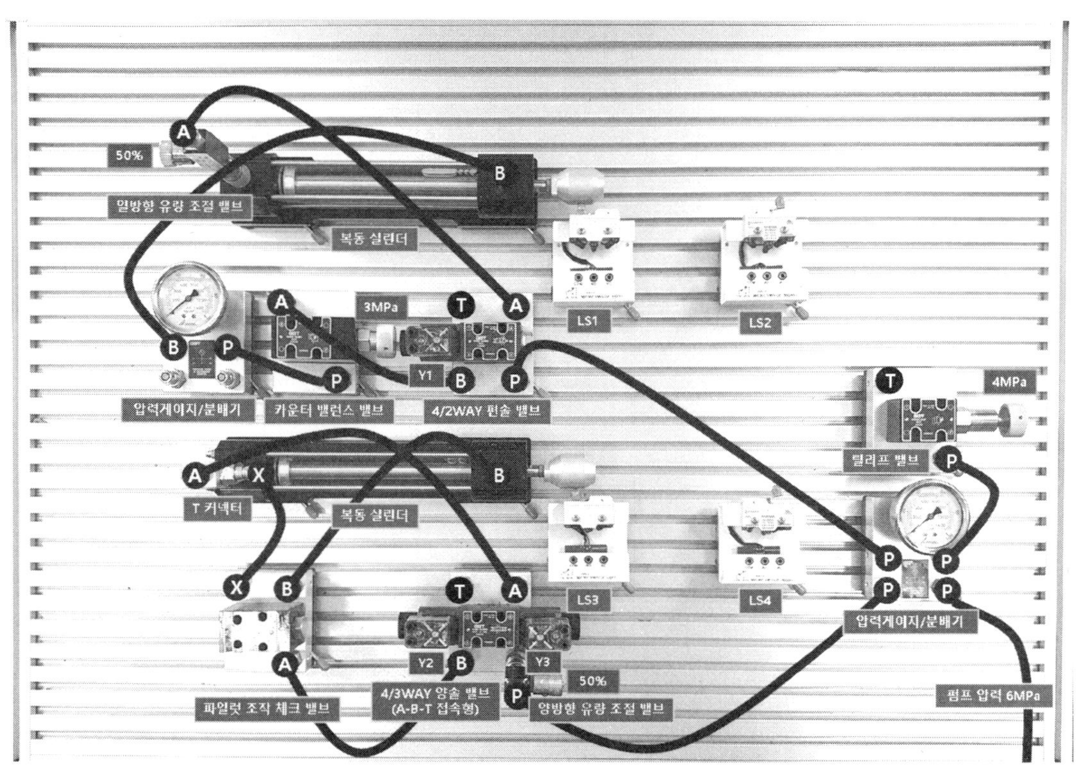

< 유지보수 계획 결선도 >

  T 포트 결선은 생략하였으며, 기기의 포트 위치는 제조사에 따라 다를 수 있으므로 확인 후 결선할 것.

자격종목	설비보전산업기사	과 제 명	유압시스템 설계 및 구성

3. 도면

가. 유압회로도

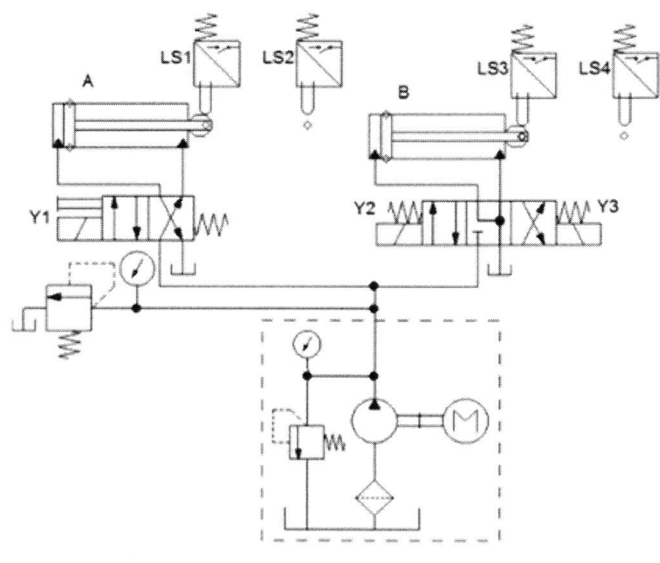

나. 변위단계선도

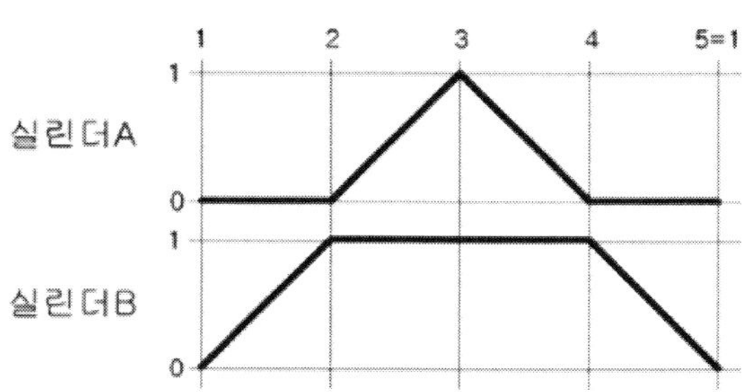

다. 유지보수 계획

1) 실린더 A 전진 시 일방향 유량조절밸브를 사용하여 미터인 회로를 구성하고, 실린더 로드측에 카운터 밸런스 밸브와 압력계를 사용하여 자중낙하방지 회로를 구성하시오. (단, 속도는 약 50% 정도로, 압력은 3 ± 0.5 MPa이 되도록 설정하시오.)

2) 실린더 B의 압력라인(P)에 감압밸브와 압력계를 설치하여 유압 회로도를 변경하고, 2차측의 압력이 2 ± 0.5 MPa이 되도록 조정하시오.

3) 유압유의 역류를 방지하기 위해 파워유닛의 토출구에 체크밸브를 추가하여 구성하시오.

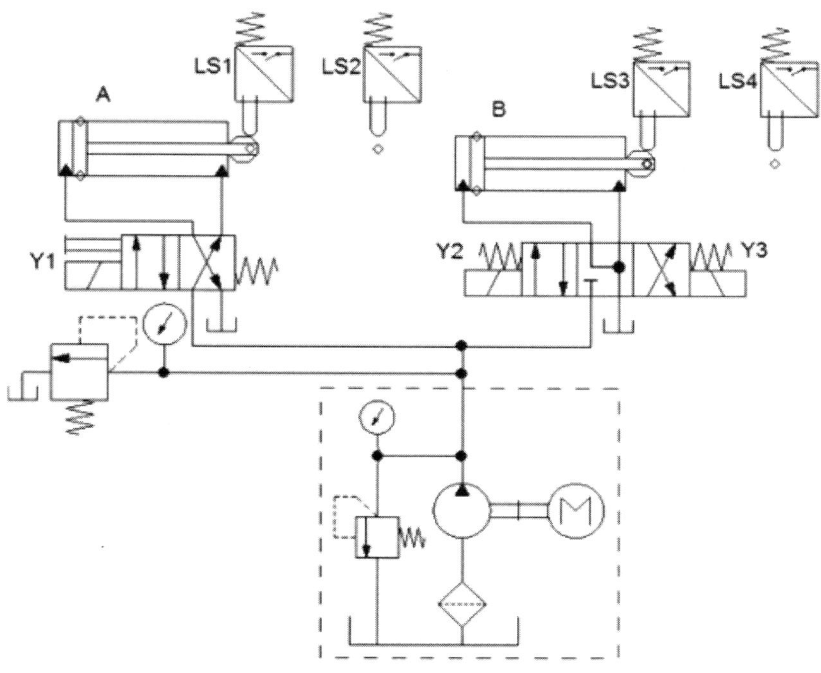

< 유압 회로도 >

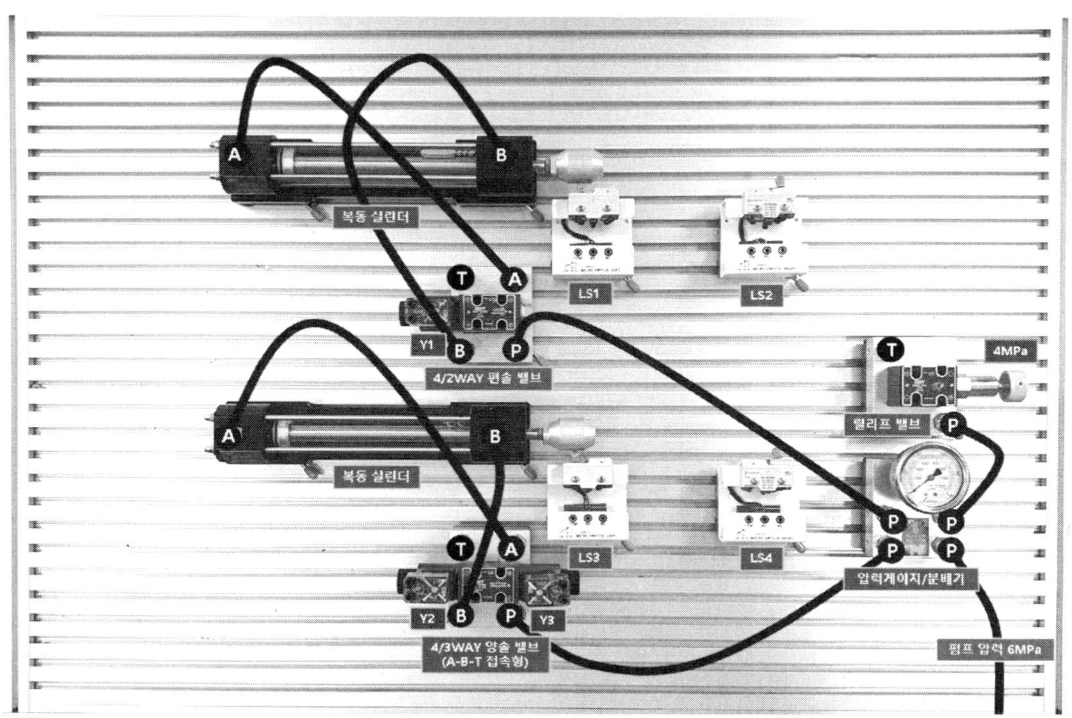

< 유압 회로 결선도 >

나. 변위단계선도

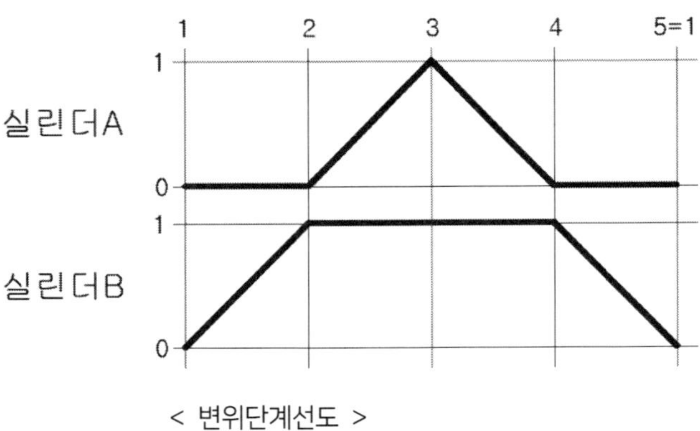

< 변위단계선도 >

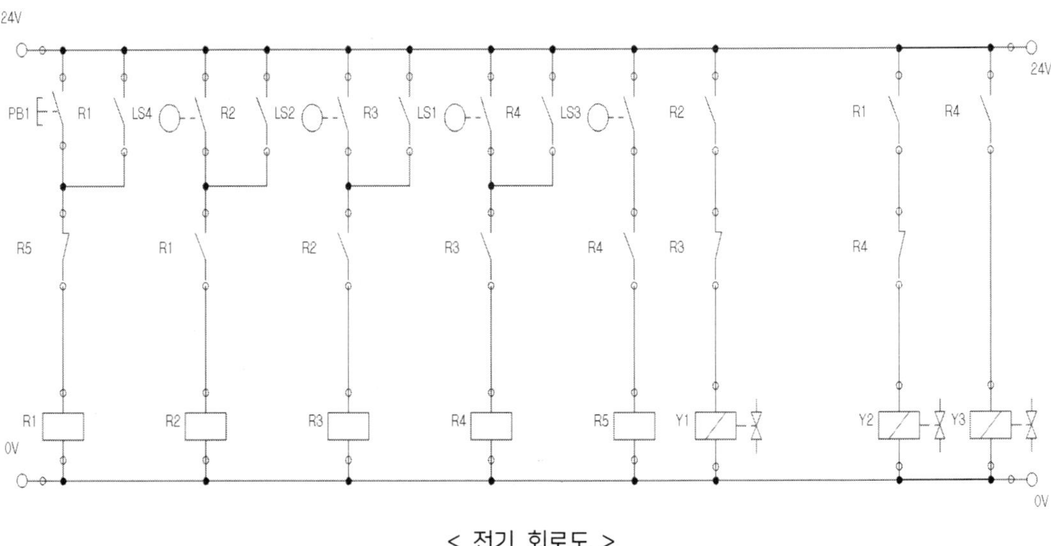

< 전기 회로도 >

다. 유지보수 계획

1) 실린더 A 전진 시 일방향 유량조절밸브를 사용하여 미터인 회로를 구성하고, 실린더
   로드측에 카운터 밸런스 밸브와 압력계를 사용하여 자중낙하방지 회로를 구성하시오.
   (단, 속도는 약 50% 정도로, 압력은 3 ± 0.5 MPa이 되도록 설정하시오.)

2) 실린더 B의 압력라인(P)에 감압밸브와 압력계를 설치하여 유압 회로도를 변경하고,
   2차측의 압력이 2 ± 0.5 MPa이 되도록 조정하시오.

3) 유압유의 역류를 방지하기 위해 파워유닛의 토출구에 체크밸브를 추가하여
   구성하시오.

< 유지보수 계획 >

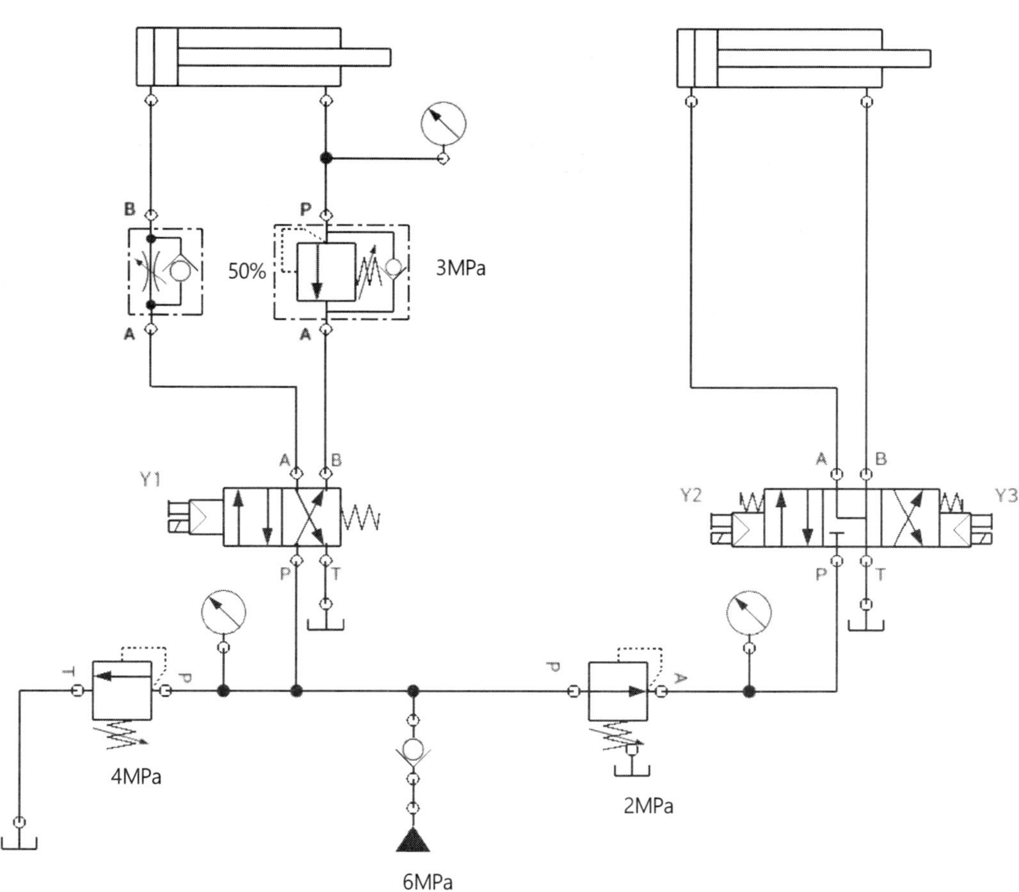

< 유지보수 계획 회로도 >

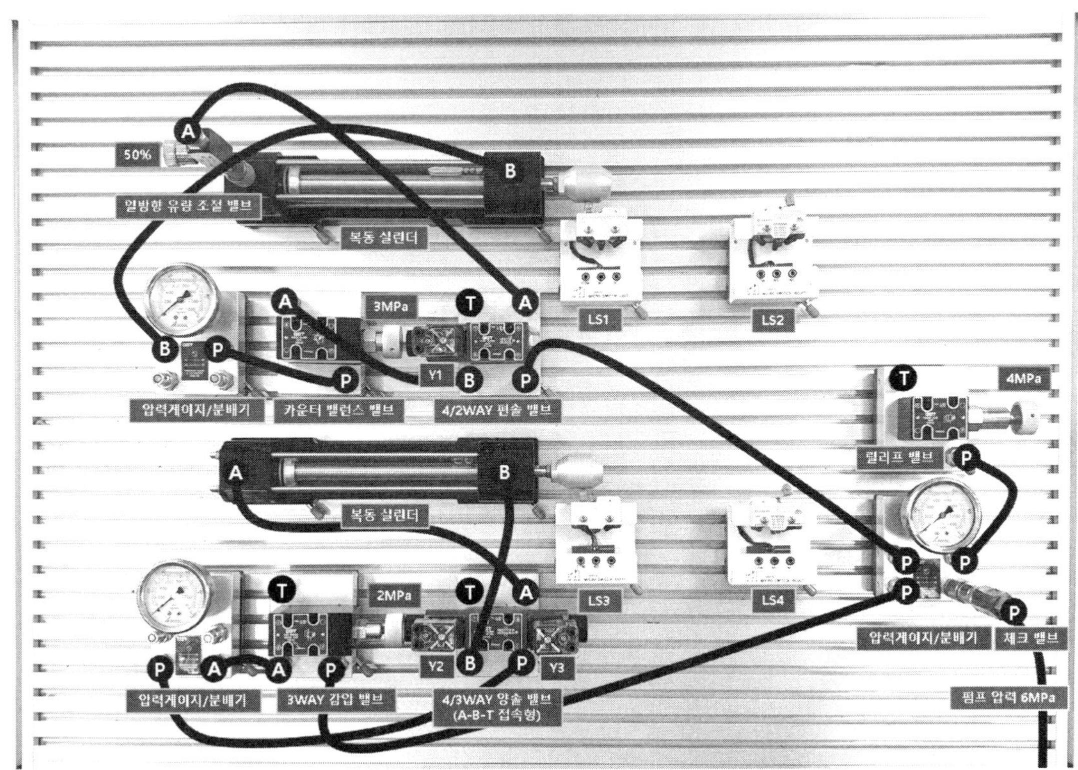

< 유지보수 계획 결선도 >

    T 포트 결선은 생략하였으며, 기기의 포트 위치는 제조사에 따라 다를 수 있으므로 확인 후 결선할 것.

자격종목	설비보전산업기사	과 제 명	유압시스템 설계 및 구성

3. 도면

가. 유압회로도

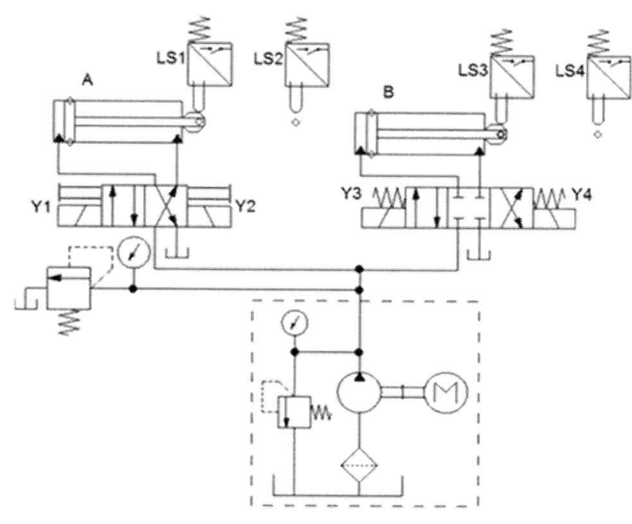

나. 변위단계선도

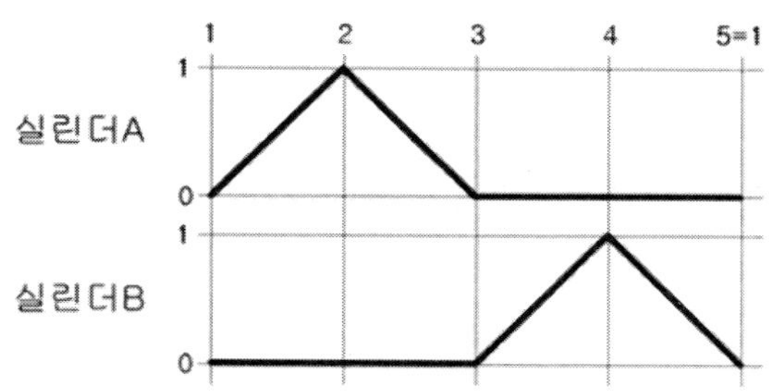

다. 유지보수 계획

1) 실린더 A의 전진 리밋스위치 LS2를 제거하고 압력스위치와 압력게이지를 설치하여 전진
   완료 후 압력스위치의 설정압력에 도달했을 때 실린더 A가 후진하도록 회로를 변경하시오.
   (단, 압력은 3 ± 0.5 MPa이 되도록 설정하시오.)

2) 실린더 B의 압력라인(P)에 감압밸브와 압력계를 설치하여 유압 회로도를 변경하고,
   2차측의 압력이 2 ± 0.5 MPa이 되도록 조정하시오.

3) 실린더 A, B의 전진 속도를 조절하기 위하여 일방향 유량조절밸브를 사용하여
   미터인 방식으로 회로를 구성하시오.
   (단, 속도는 약 50% 정도가 되도록 설정하시오.)

가. 유압회로도

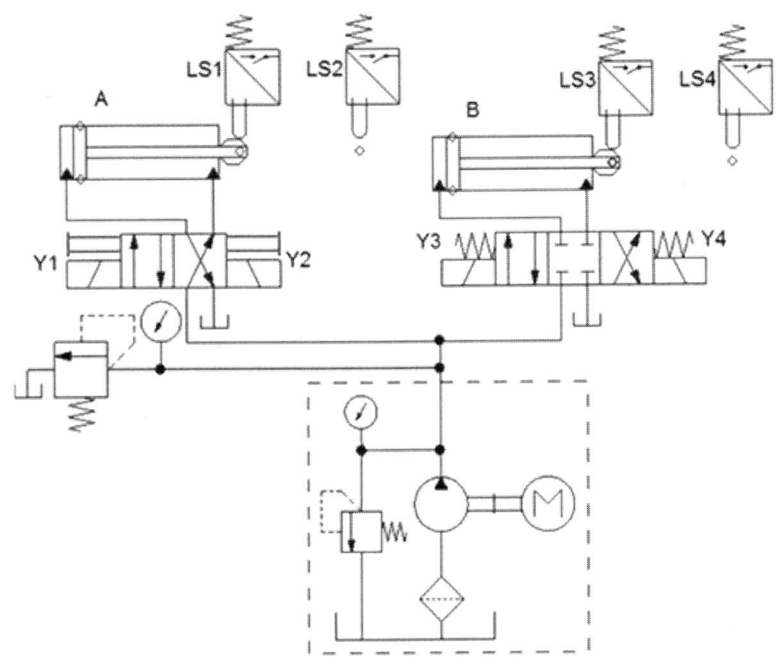

< 유압 회로도 >

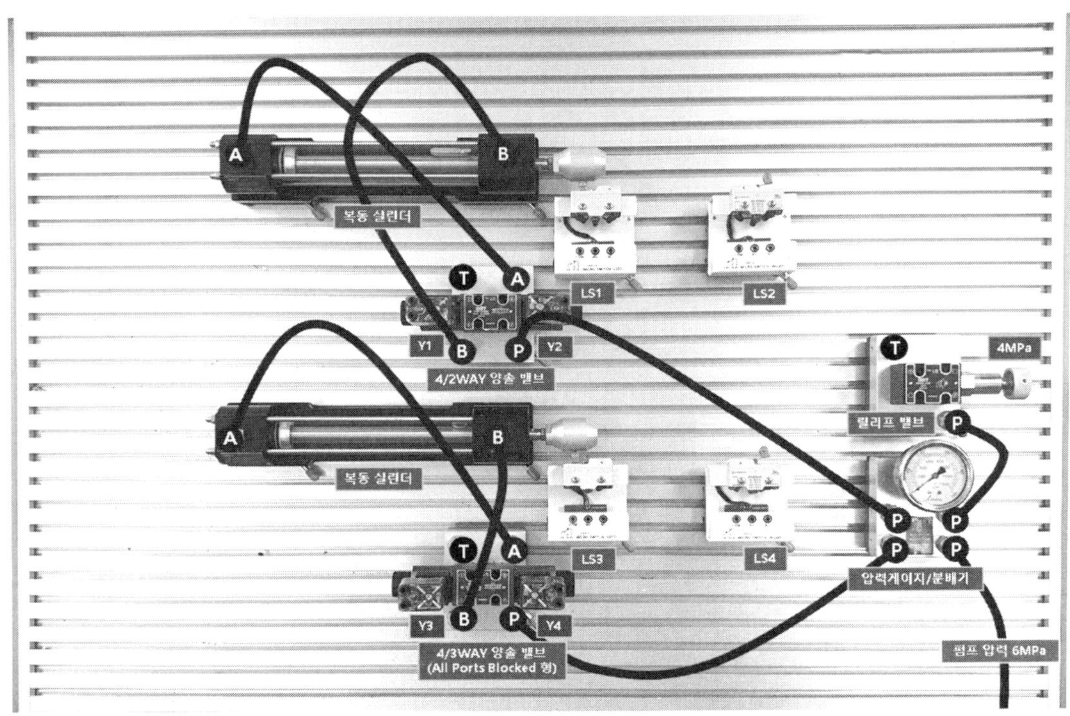

< 유압 회로 결선도 >

나. 변위단계선도

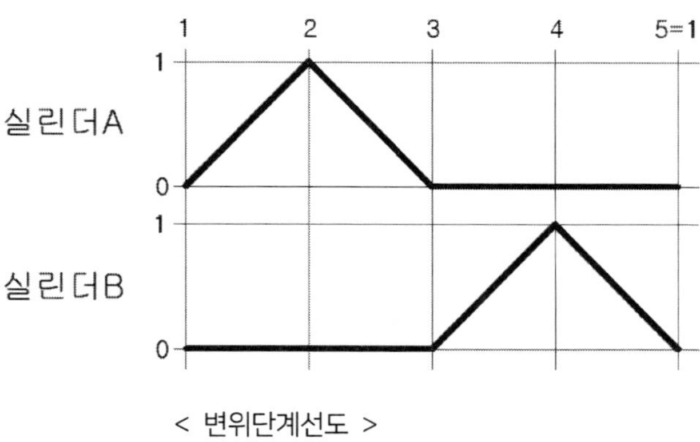

< 변위단계선도 >

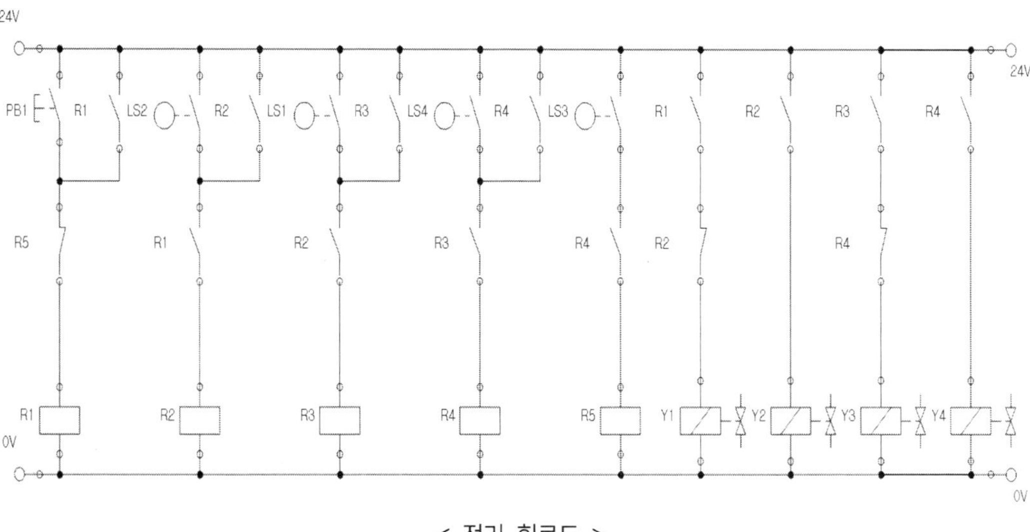

< 전기 회로도 >

다. 유지보수 계획

1) 실린더 A의 전진 리밋스위치 LS2를 제거하고 압력스위치와 압력게이지를 설치하여 전진
완료 후 압력스위치의 설정압력에 도달했을 때 실린더 A가 후진하도록 회로를 변경하시오.
(단, 압력은 3 ± 0.5 MPa이 되도록 설정하시오.)

2) 실린더 B의 압력라인(P)에 감압밸브와 압력계를 설치하여 유압 회로도를 변경하고,
2차측의 압력이 2 ± 0.5 MPa이 되도록 조정하시오.

3) 실린더 A, B의 전진 속도를 조절하기 위하여 일방향 유량조절밸브를 사용하여
미터인 방식으로 회로를 구성하시오.
(단, 속도는 약 50% 정도가 되도록 설정하시오.)

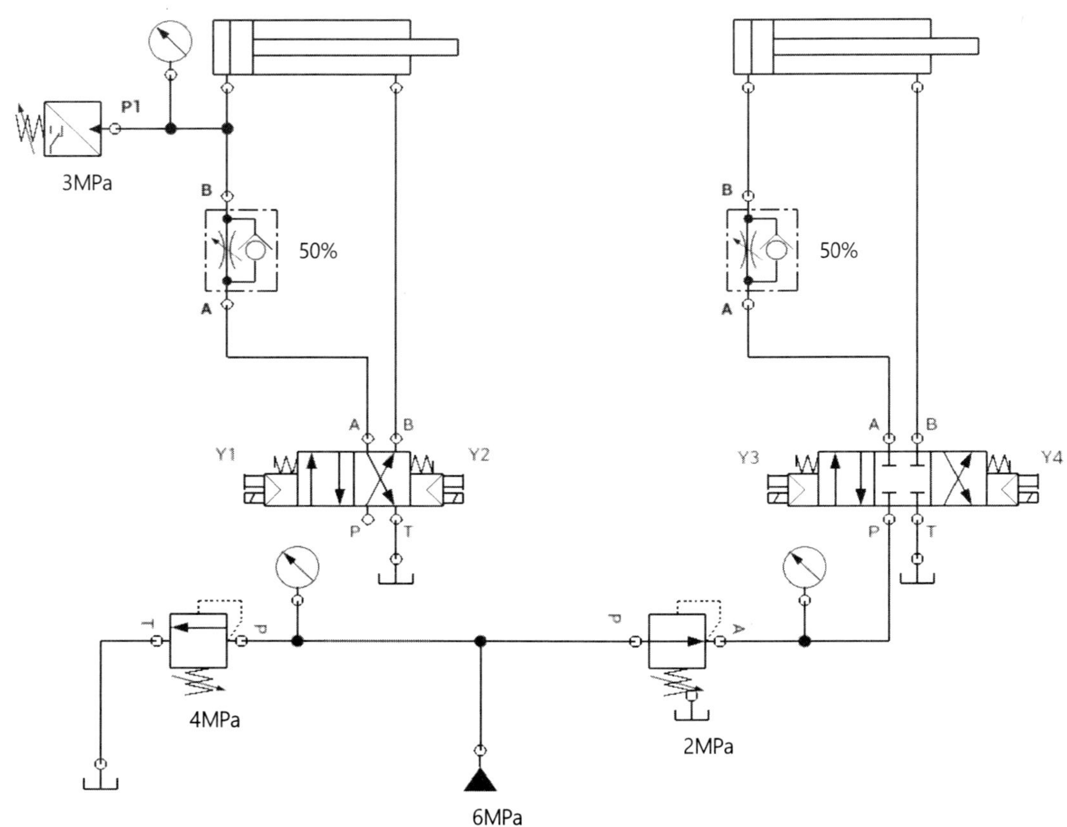

< 유지보수 계획 회로도 >

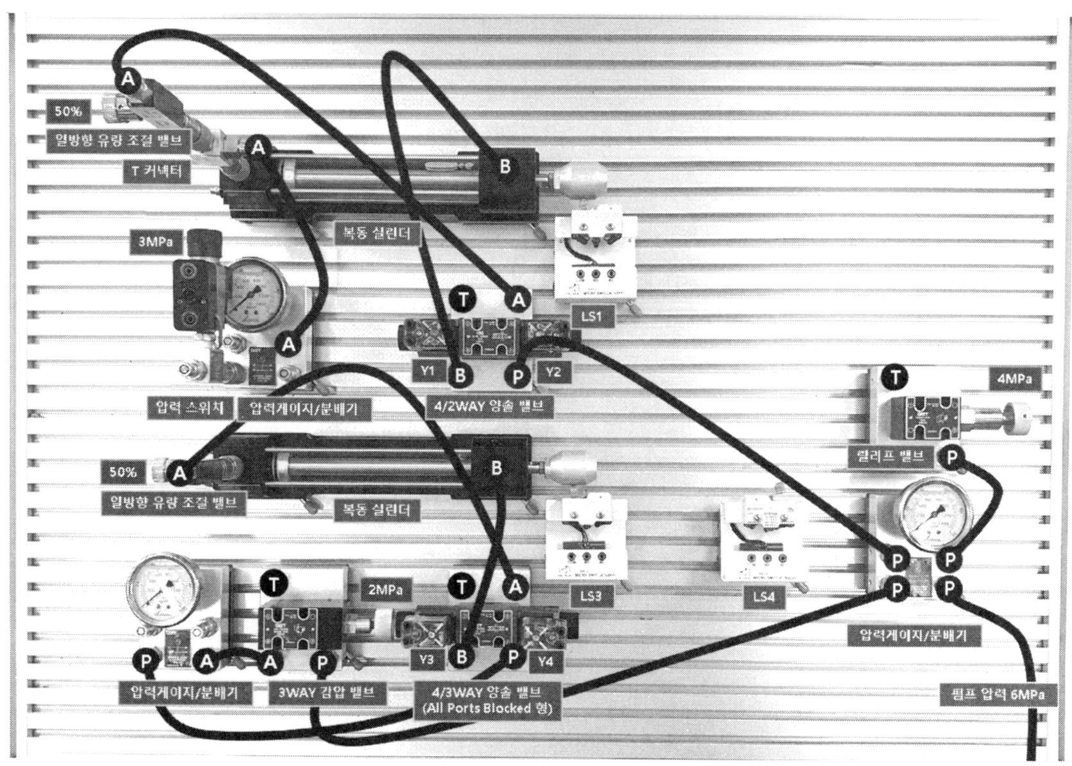

< 유지보수 계획 결선도 >

 T 포트 결선은 생략하였으며, 기기의 포트 위치는 제조사에 따라 다를 수 있으므로 확인 후 결선할 것.

3. 도면

가. 유압회로도

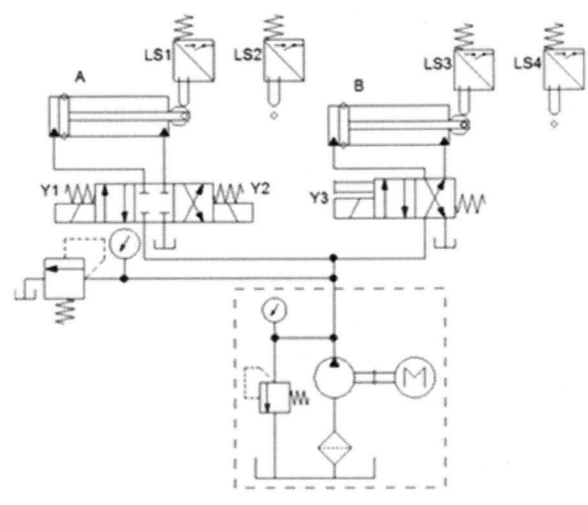

나. 변위단계선도

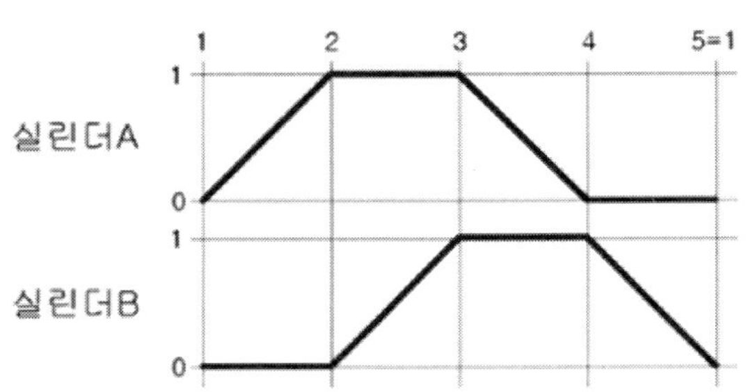

다. 유지보수 계획

1) 실린더 A의 전진 리밋스위치 LS2를 제거하고 압력스위치와 압력게이지를 설치하여 전진 완료 후 압력스위치의 설정압력에 도달했을 때 실린더 B가 전진하도록 회로를 변경하시오. (단, 압력은 3 ± 0.5MPa이 되도록 설정하시오.)

2) 실린더 B의 압력라인(P)에 감압밸브와 압력계를 설치하여 유압 회로도를 변경하고, 2차측의 압력이 2 ± 0.5MPa이 되도록 조정하시오.

3) 실린더 A, B의 전진 속도를 조절하기 위하여 일방향 유량조절밸브를 사용하여 미터인 방식으로 회로를 구성하시오. (단, 속도는 약 50% 정도가 되도록 설정하시오.)

가. 유압회로도

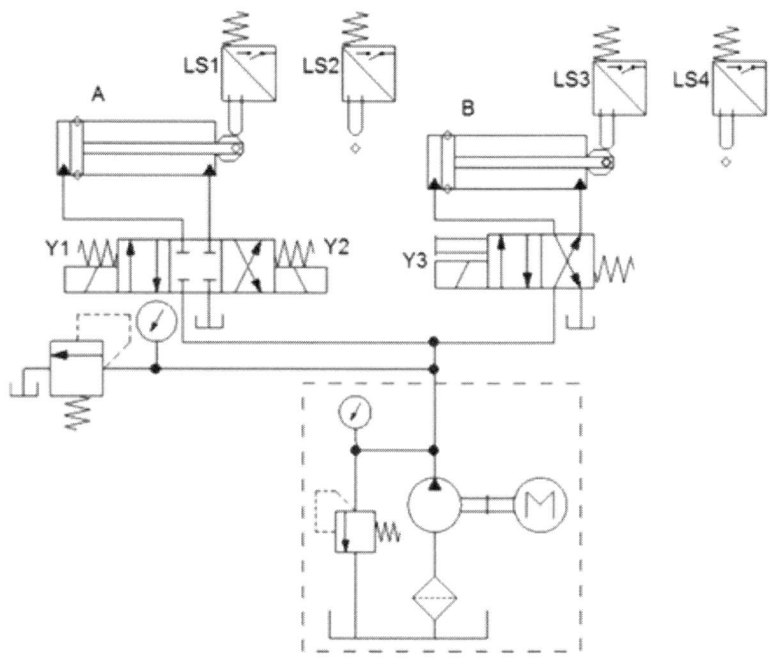

< 유압 회로도 >

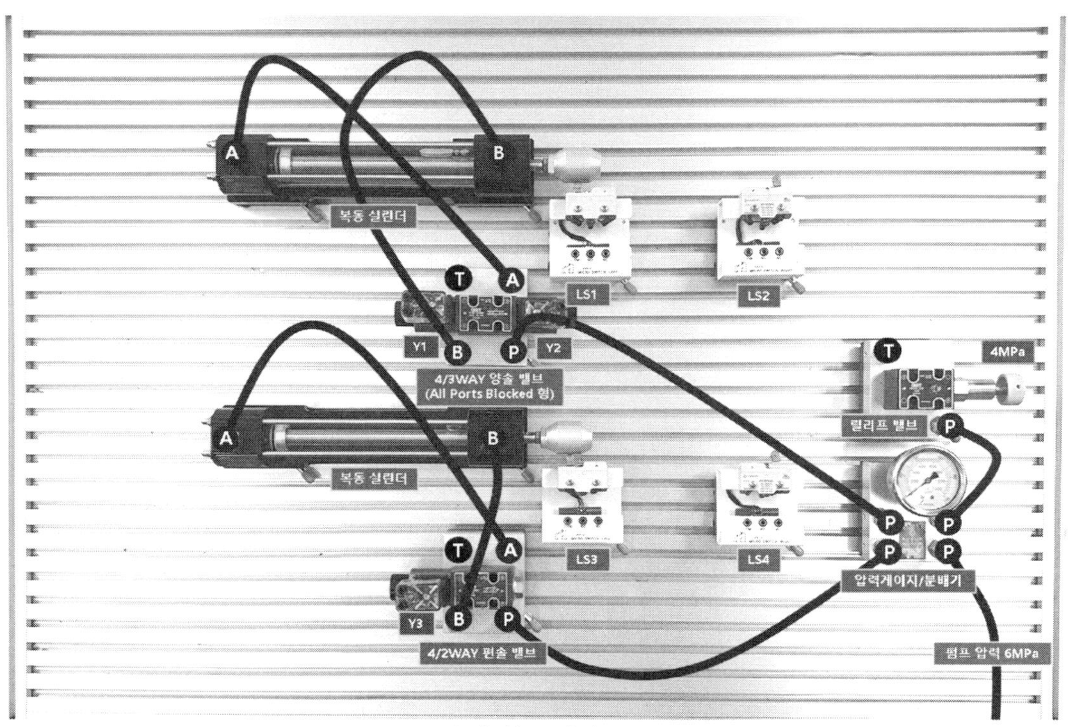

< 유압 회로 결선도 >

나. 변위단계선도

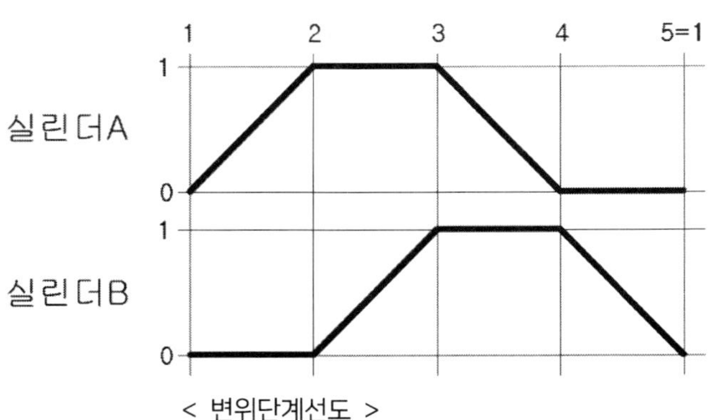

< 변위단계선도 >

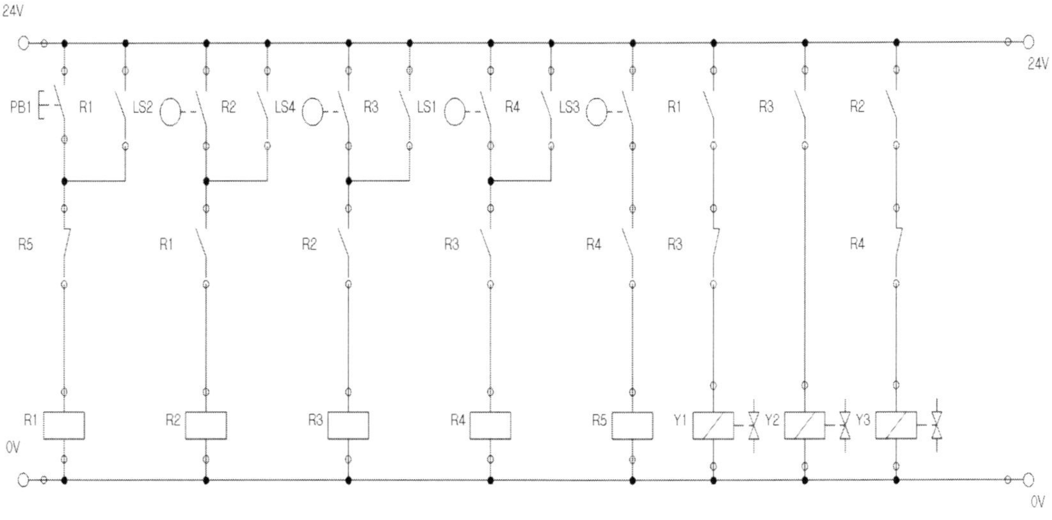

< 전기 회로도 >

다. 유지보수 계획

1) 실린더 A의 전진 리밋스위치 LS2를 제거하고 압력스위치와 압력게이지를 설치하여 전진
완료 후 압력스위치의 설정압력에 도달했을 때 실린더 B가 전진하도록 회로를 변경하시오.
(단, 압력은 3 ± 0.5 MPa이 되도록 설정하시오.)

2) 실린더 B의 압력라인(P)에 감압밸브와 압력계를 설치하여 유압 회로도를 변경하고,
2차측의 압력이 2 ± 0.5 MPa이 되도록 조정하시오.

3) 실린더 A, B의 전진 속도를 조절하기 위하여 일방향 유량조절밸브를 사용하여
미터인 방식으로 회로를 구성하시오.
(단, 속도는 약 50% 정도가 되도록 설정하시오.)

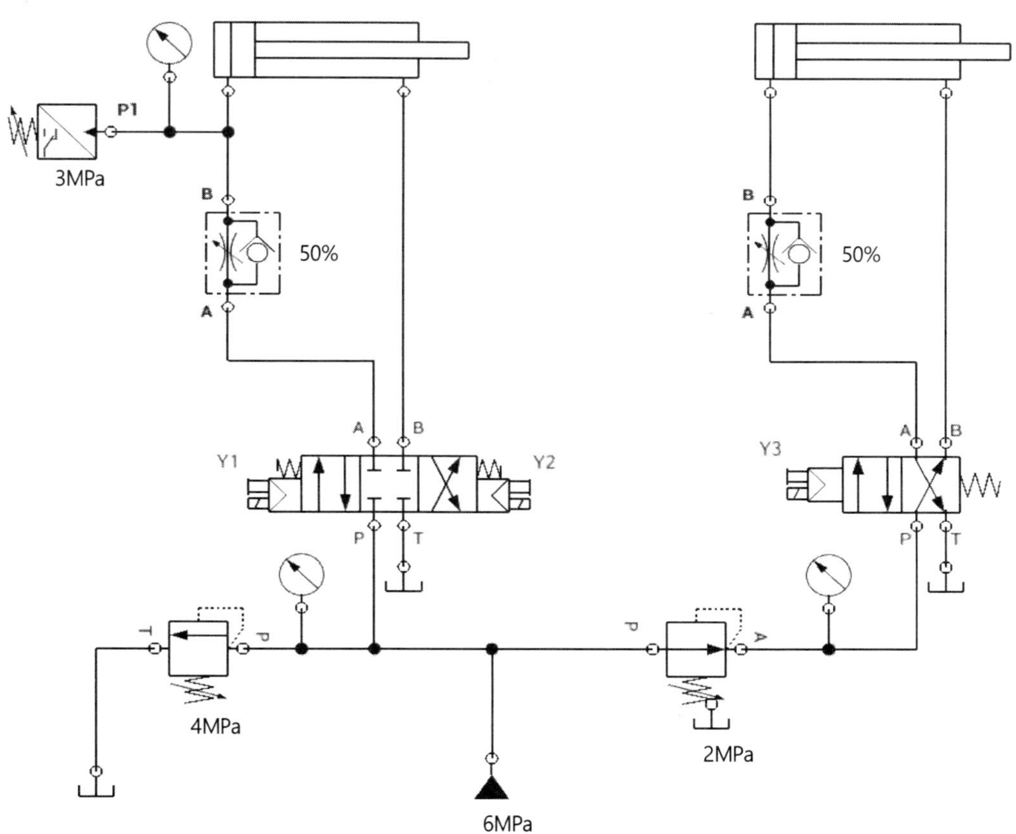

< 유지보수 계획 회로도 >

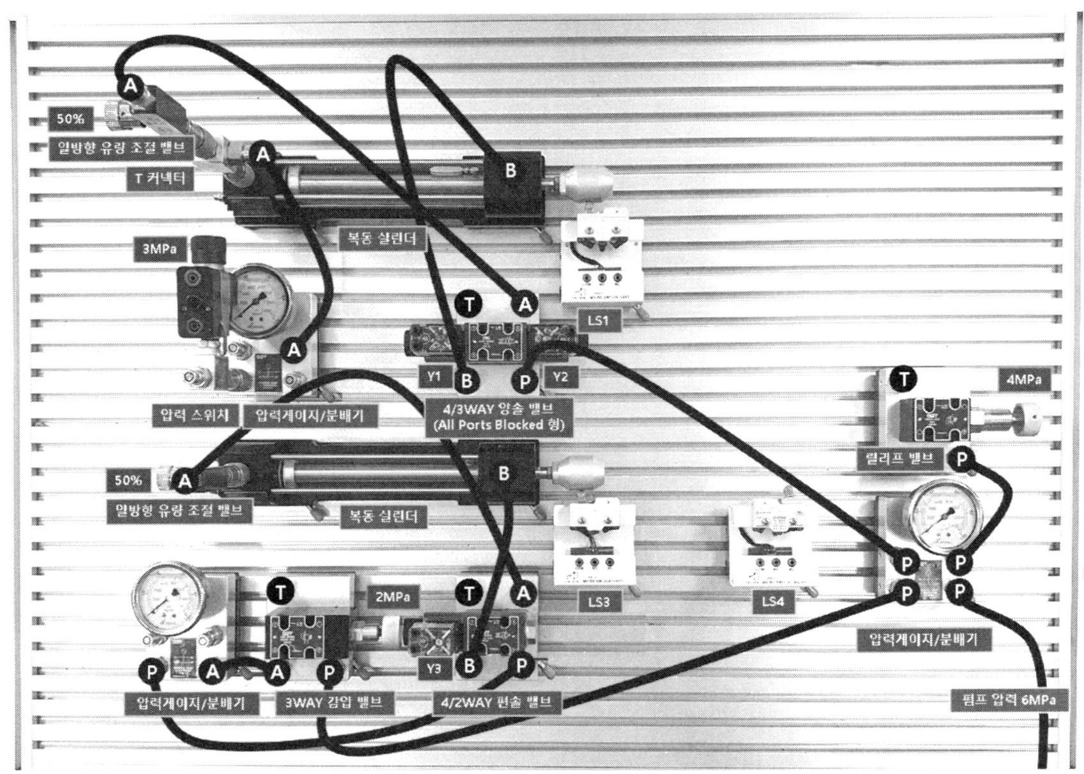

< 유지보수 계획 결선도 >

T 포트 결선은 생략하였으며, 기기의 포트 위치는 제조사에 따라 다를 수 있으므로 확인 후 결선할 것.

자격종목	설비보전산업기사	과 제 명	유압시스템 설계 및 구성

3. 도면

가. 유압회로도

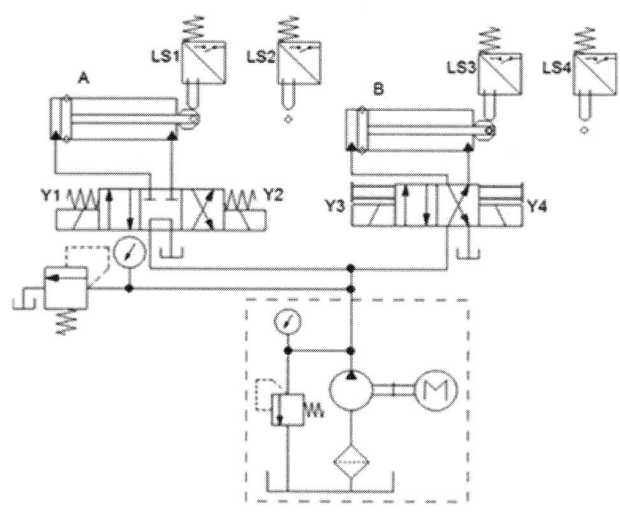

나. 변위단계선도

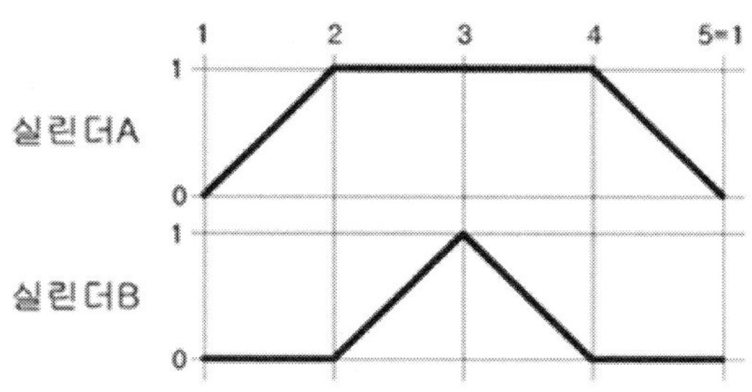

다. 유지보수 계획

1) 실린더 B의 전진 리밋스위치 LS4를 제거하고 압력스위치와 압력게이지를 설치하여 전진
   완료 후 압력스위치의 설정압력에 도달했을 때 실린더 B가 후진하도록 회로를 변경하시오.
   (단, 압력은 3 ± 0.5 MPa이 되도록 설정하시오.)

2) 실린더 A의 방향제어밸브를 4포트 3위치 A-B-T접속형 밸브로 교체하고, 로드측에
   파일럿 조작 체크 밸브를 사용하여 로킹회로가 되도록 변경하시오.

3) 실린더 B의 전·후진 속도가 제어되도록 공급라인에 양방향 유량조절밸브를
   사용하여 회로를 구성하시오.
   (단, 속도는 약 50% 정도가 되도록 설정하시오.)

가. 유압회로도

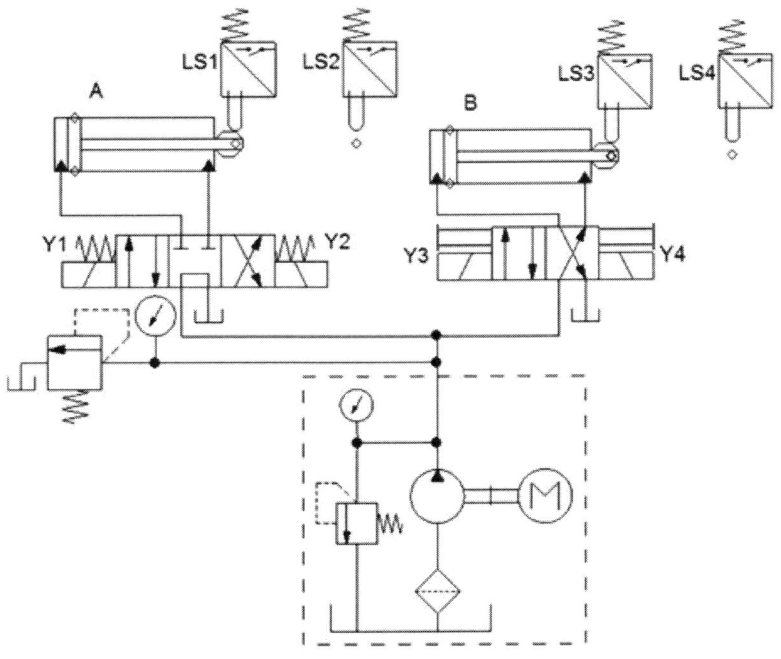

< 유압 회로도 >

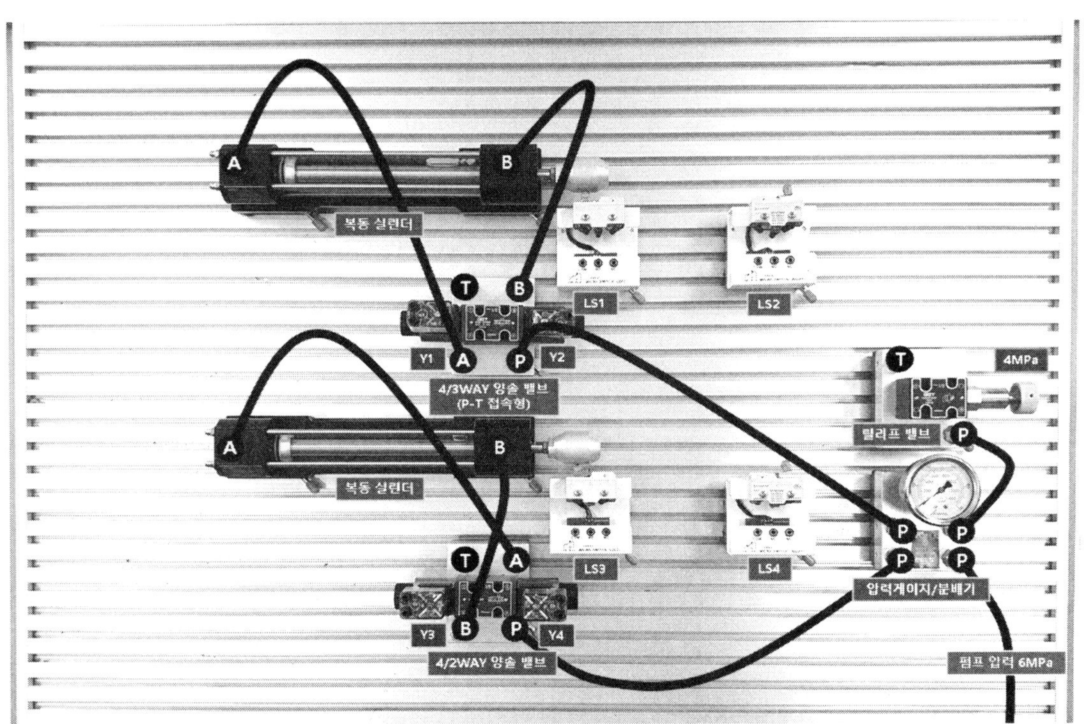

< 유압 회로 결선도 >

나. 변위단계선도

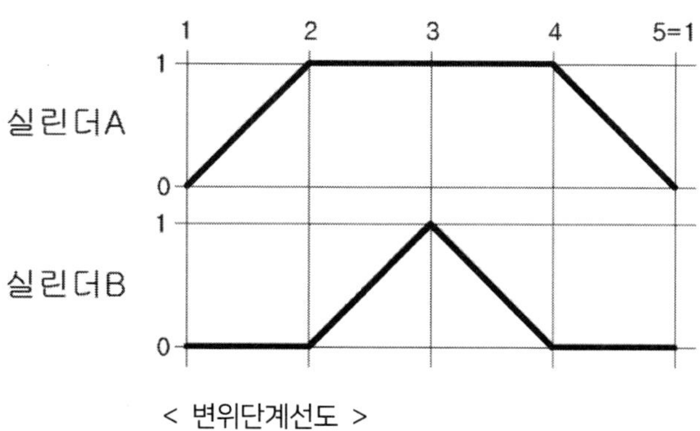

< 변위단계선도 >

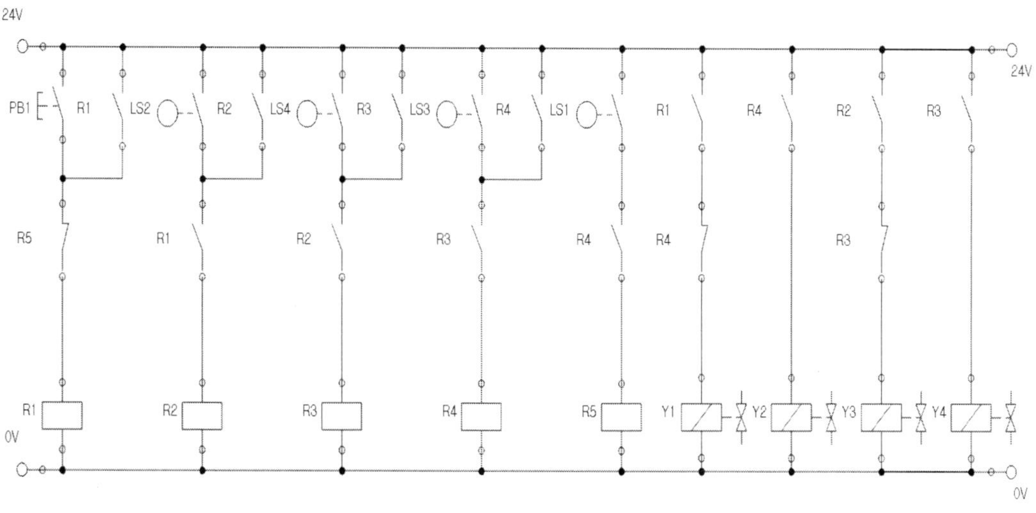

< 전기 회로도 >

다. 유지보수 계획

1) 실린더 B의 전진 리밋스위치 LS4를 제거하고 압력스위치와 압력게이지를 설치하여 전진
   완료 후 압력스위치의 설정압력에 도달했을 때 실린더 B가 후진하도록 회로를 변경하시오.
   (단, 압력은 3 ± 0.5 MPa이 되도록 설정하시오.)

2) 실린더 A의 방향제어밸브를 4포트 3위치 A-B-T접속형 밸브로 교체하고, 로드측에
   파일럿 조작 체크 밸브를 사용하여 로킹회로가 되도록 변경하시오.

3) 실린더 B의 전·후진 속도가 제어되도록 공급라인에 양방향 유량조절밸브를
   사용하여 회로를 구성하시오.
   (단, 속도는 약 50% 정도가 되도록 설정하시오.)

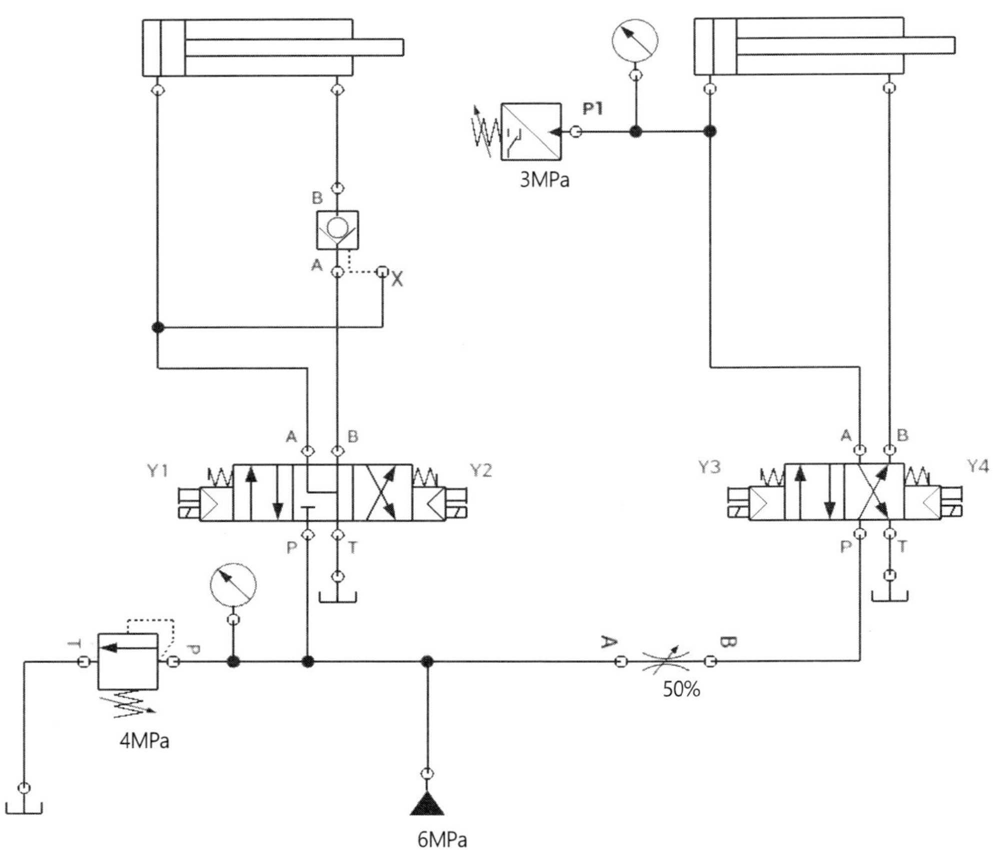

< 유지보수 계획 회로도 >

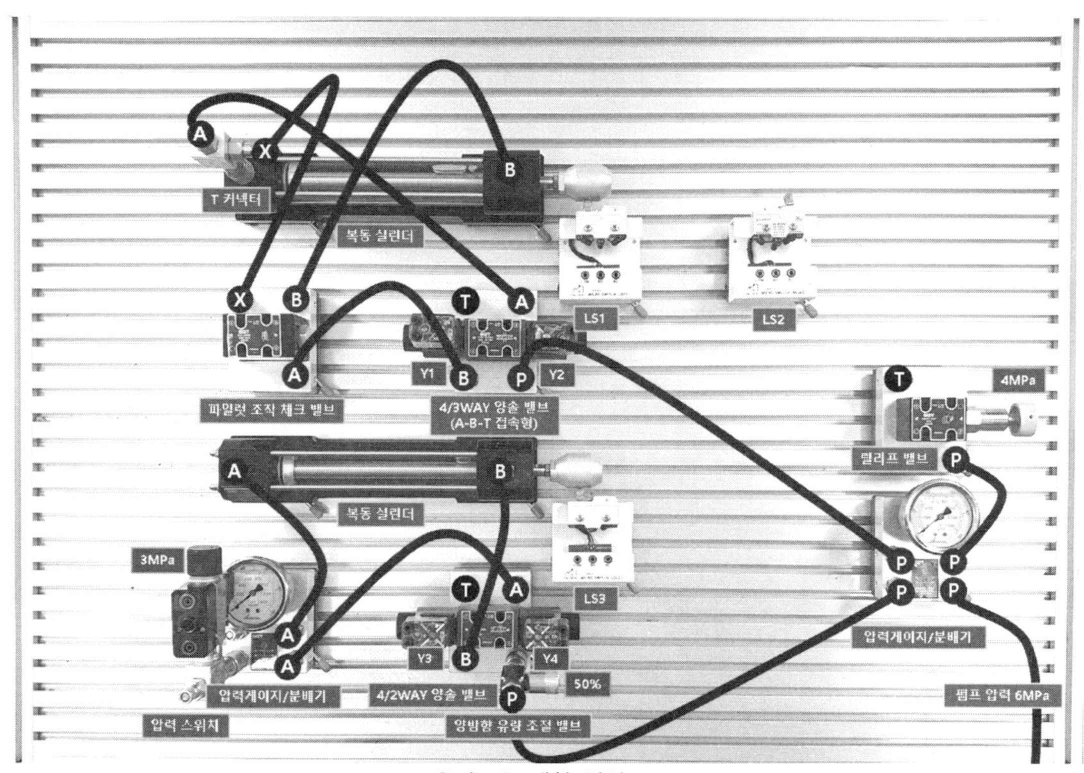

< 유지보수 계획 결선도 >

T 포트 결선은 생략하였으며, 기기의 포트 위치는 제조사에 따라 다를 수 있으므로 확인 후 결선할 것.

자격종목	설비보전산업기사	과 제 명	유압시스템 설계 및 구성

3. 도면

가. 유압회로도

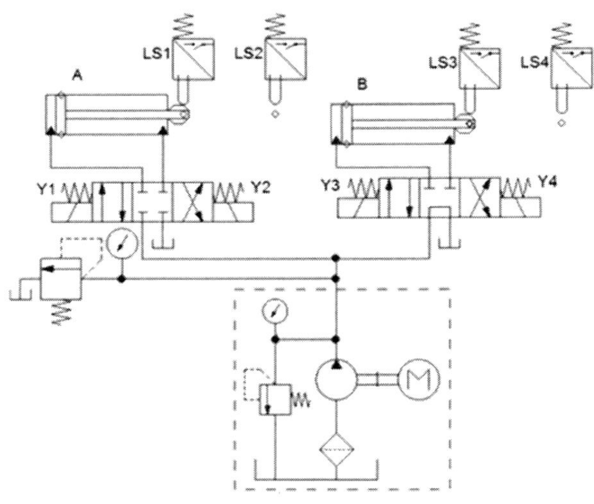

나. 변위단계선도

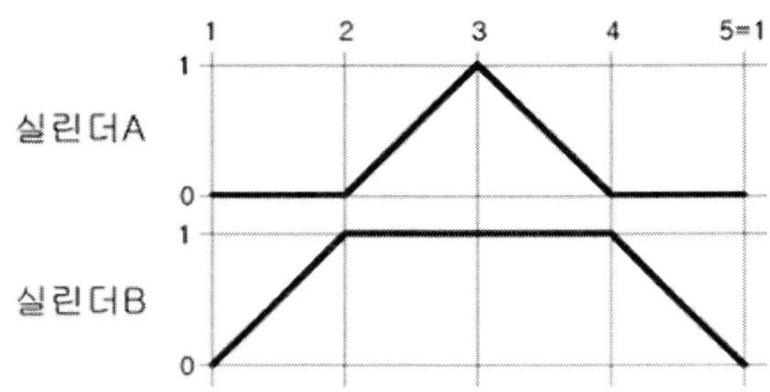

다. 유지보수 계획

1) 실린더 A의 전진 리밋스위치 LS2를 제거하고 압력스위치와 압력게이지를 설치하여 전진
   완료 후 압력스위치의 설정압력에 도달했을 때 실린더 A가 후진하도록 회로를 변경하시오.
   (단, 압력은 3 ± 0.5 MPa이 되도록 설정하시오.)

2) 실린더 B의 방향제어밸브를 4포트 3위치 A-B-T접속형 밸브로 교체하고, 로드측에
   파일럿 조작 체크 밸브를 사용하여 로킹회로가 되도록 변경하시오.

3) 실린더 A의 전·후진 속도가 제어되도록 공급라인에 양방향 유량조절밸브를
   사용하여 회로를 구성하시오.
   (단, 속도는 약 50% 정도가 되도록 설정하시오.)

가. 유압회로도

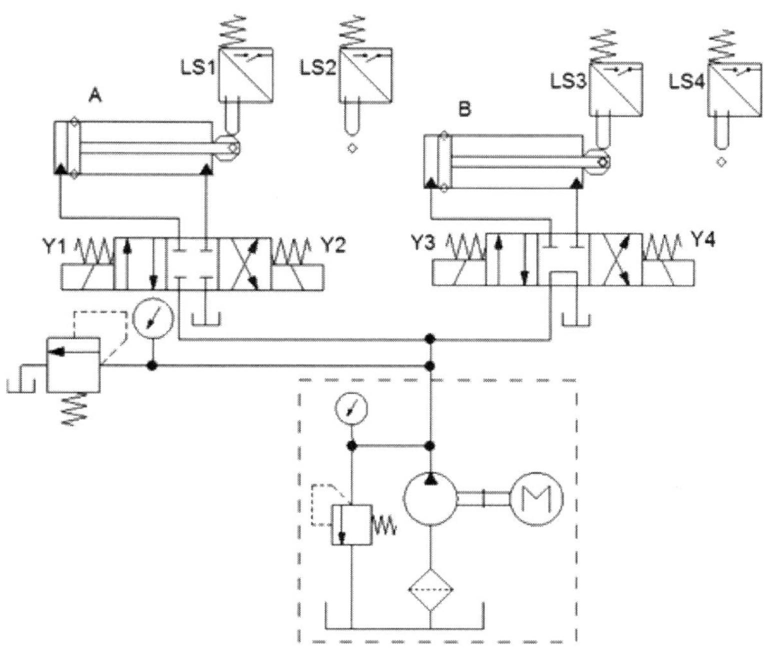

< 유압 회로도 >

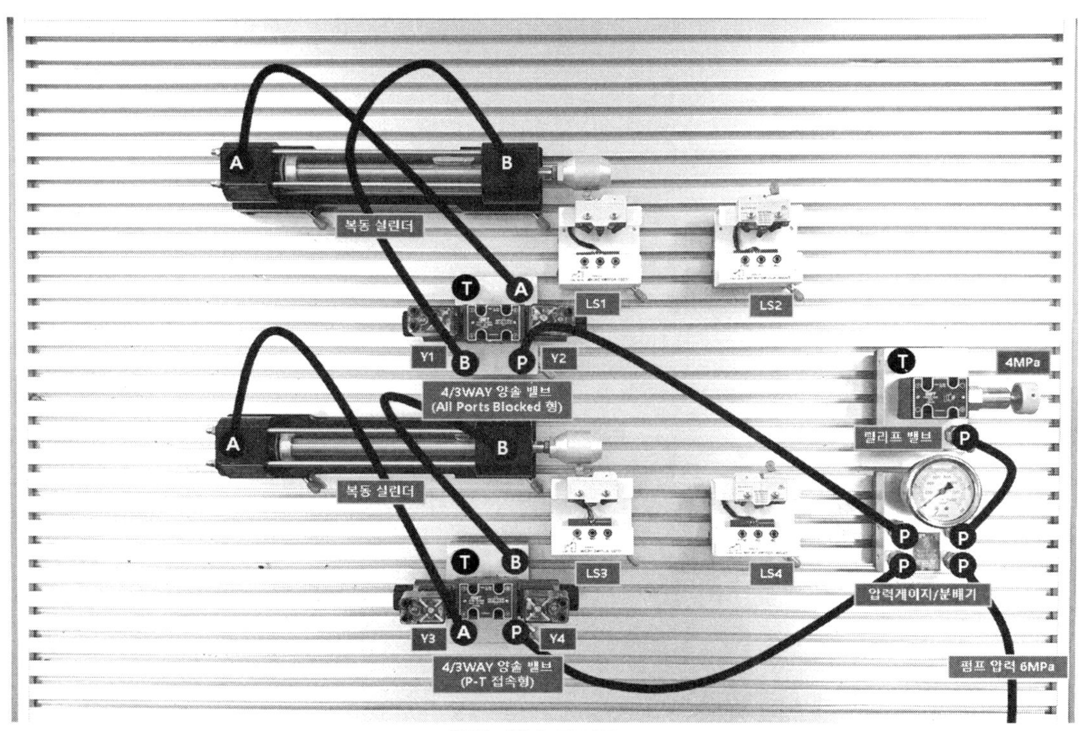

< 유압 회로 결선도 >

나. 변위단계선도

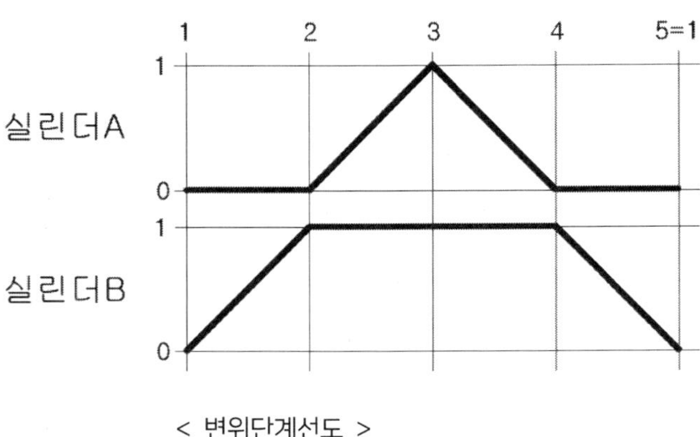

< 변위단계선도 >

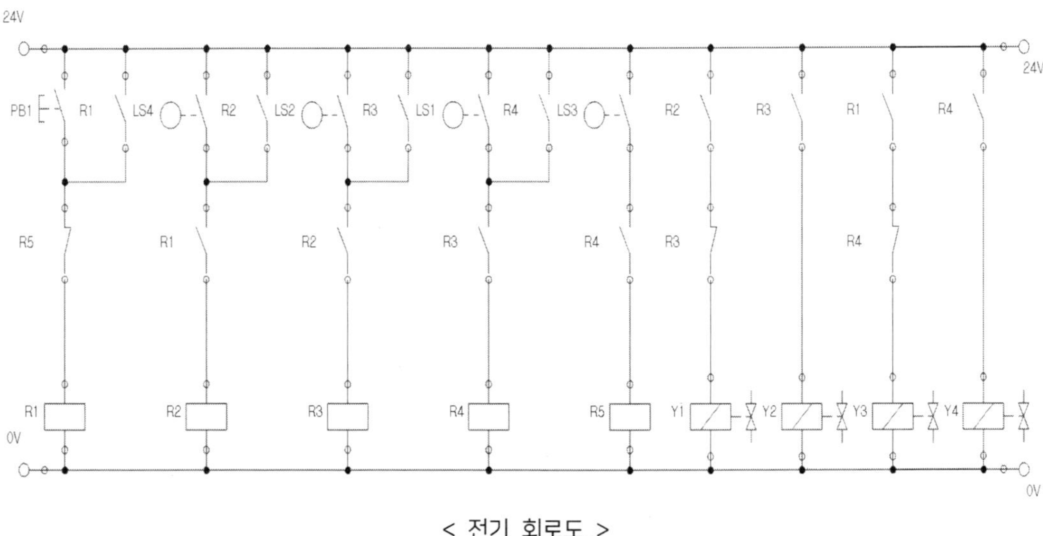

< 전기 회로도 >

1) 실린더 A의 전진 리밋스위치 LS2를 제거하고 압력스위치와 압력게이지를 설치하여 전진
   완료 후 압력스위치의 설정압력에 도달했을 때 실린더 A가 후진하도록 회로를 변경하시오.
   (단, 압력은 3 ± 0.5 MPa이 되도록 설정하시오.)

2) 실린더 B의 방향제어밸브를 4포트 3위치 A-B-T접속형 밸브로 교체하고, 로드측에
   파일럿 조작 체크 밸브를 사용하여 로킹회로가 되도록 변경하시오.

3) 실린더 A의 전·후진 속도가 제어되도록 공급라인에 양방향 유량조절밸브를
   사용하여 회로를 구성하시오.
   (단, 속도는 약 50% 정도가 되도록 설정하시오.)

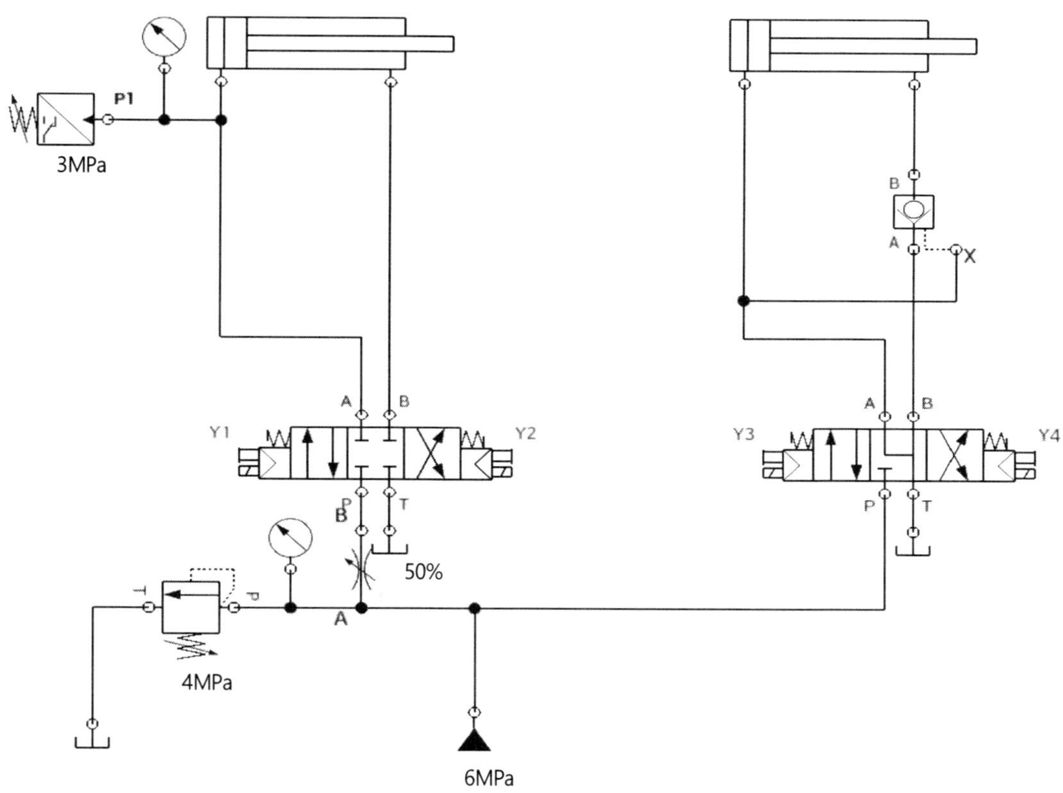

< 유지보수 계획 회로도 >

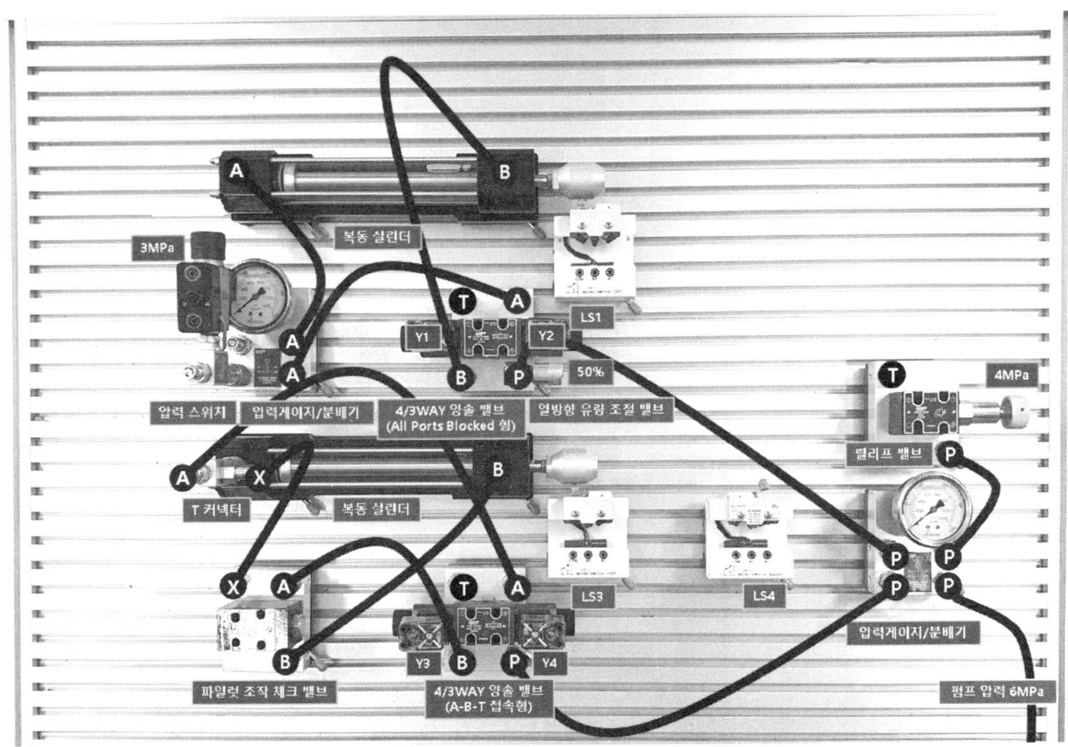

< 유지보수 계획 결선도 >

　　T 포트 결선은 생략하였으며, 기기의 포트 위치는 제조사에 따라 다를 수 있으므로 확인 후 결선할 것.

부록

3과제 가스 절단 및 용접 공개 문제

부록. 3과제 가스 절단 및 용접 공개 문제

※ 시험시간: [제3과제] 1시간

1. 요구사항

※ 지급된 재료 및 시설을 사용하여 아래 작업을 완성하시오.

※ 한번 제출한 작품의 재작업은 허용되지 않습니다.

※ 작업 시작 전 지급된 연강판에 각인 여부를 반드시 확인하시오.

※ | 가스 절단 | → | 구멍 가공 | → | 용접 | → | 보수 용접 | → | 조립 | → | 정리정돈 |
순서로 작업하시오.

가. 가스 절단 및 구멍 가공

※ 가스 절단 작업은 **10분 이내**에 완료하여야 합니다.

1) 주어진 연강판을 **절단 및 가공 도면(4-3p)**과 같이 절단하시오.

(단, 작업 후 절단면 외관을 채점하므로 줄이나 그라인더 가공을 금합니다.)

가) 가스 절단 장치 또는 가스 집중 장치의 가스 누설여부를 확인하시오.

나) 각 압력조정기의 핸들을 조정하여 절단 작업에 사용 가능한 적정 압력으로 조절하시오.

다) 점화 후 가스 불꽃을 조정하여 도면과 같이 작업 수행 후 소화하시오.

라) 각 호스의 내부 잔류가스를 배출시킨 후 작업 전의 상태로 정리하시오.

2) 절단된 연강판을 **절단 및 가공 도면(4-3p)**과 같이 Drilling 및 Tapping 하시오.

나. 용접

1) 절단 및 가공된 연강판을 **용접 및 조립 도면(4-4p)**과 같이 피복아크 용접하시오.

가) 용접전류 등 작업에 필요한 조건은 수험자가 직접 결정하여 설정하시오.

나) **가용접은 2곳 이하, 가용접 길이는 10 mm 이내**로 용접하시오.

다) 도면에서 지시하는 본 용접구간 모두 필릿 용접하시오.

(단, 비드 폭과 높이가 각각 요구된 **목길이(각장)의 -20 ~ +50%** 범위에서 용접하시오.)

다. 보수 용접

1) 도면에 지시된 보수 용접 HOLE의 상단을 빈틈없이 메우기 위해 모두 용접하시오.

(단, HOLE에 지급된 용접봉 외에 보충물을 임의로 추가하여 용접하지 않습니다.)

2) 보수 용접 판재 **후면에 용락(처짐)이 없도록** 용접하시오.

라. 조립

1) 주어진 볼트(M10)를 이용하여 **용접 및 조립 도면(4-4p)**과 같이 조립하여 제출하시오.

마. 정리정돈

1) 평가 종료 후 작업한 자리의 장비, 부품, 공기구 등을 초기 상태로 정리하시오.

2. 수험자 유의사항

※ 다음의 유의사항을 고려하여 요구사항을 완성하시오.

※ 작업형 과제별 배점은 [공기압시스템 설계 및 구성 30점, 유압시스템 설계 및 구성 30점, 가스 절단 및 용접 40점]이며, 이외 세부항목 배점은 비공개입니다.

1) 시험 시작 전 장비 이상유무를 확인합니다.
2) 작업 중 안전수칙 준수여부를 평가하므로, 안전수칙을 준수하여 작업합니다.
3) 전기 용접 작업 시 감전 및 화상 등의 재해가 발생하지 않도록 전기 케이블 및 안전보호구를 사전에 점검하여 사용하며, 필요한 안전수칙을 반드시 준수하시기 바랍니다.
   (단, 슬리퍼·샌들 착용, 보안경 미착용 등 복장이 작업에 부적합할 경우 응시가 불가능합니다.)
4) 구멍 가공 시 보안경을 반드시 착용하시기 바랍니다.
5) 시험 중에는 반드시 시험감독위원의 지시에 따라야 하며, 시험시간 동안 시험감독위원의 지시가 없는 한 시험장을 임의로 이탈할 수 없습니다.
6) 시험에 필요한 기기 이외에 임의로 접촉하지 않도록 주의하시기 바랍니다.
7) 가스 절단 작업 후 절단면 외관을 평가하므로 줄이나 그라인더 가공을 금합니다.
8) 공단에서 지정한 각인이 날인된 강판으로 작업하여야 합니다.
9) 수험자는 작업이 완료되면 시험감독위원의 확인을 받아야 합니다.
10) 다음 사항은 실격에 해당하여 채점 대상에서 제외됩니다.
 가) 수험자 본인이 수험 도중 시험에 대한 기권 의사를 표현하는 경우
 나) 실기시험 과정 중 1개 과정이라도 불참한 경우
 다) 시설·장비의 조작 또는 재료의 취급이 미숙하여 위해를 일으킬 것으로 시험감독위원 전원이 합의하여 판단한 경우
 라) 기능이 해당 등급 수준에 전혀 도달하지 못한 것으로 시험감독위원이 판단할 경우
 마) 부정행위를 한 경우
 바) 시험시간 내에 작품을 제출하지 못한 경우
 사) 용접봉을 포함한 지급된 재료 이외의 재료를 사용한 경우
 아) 강판에 각인이 날인되지 않은 경우
 자) 결과물이 주어진 도면과 상이한 작품
 차) 결과물의 직각도가 ±10 mm, 치수 및 단차가 한 부분이라도 ±10 mm를 초과한 경우
 카) 필릿용접부의 비드 폭과 높이가 각각 요구된 목길이(각장)의 범위를 벗어나는 작품
 타) 용접구간 내에 10 mm 이상 용접되지 않았거나, 완전히 절단되지 않은 경우
 파) 시험감독위원이 판단하여 더 이상 가스 절단 작업을 수행할 수 없다고 인정하는 경우
 하) 시험감독위원이 판단하여 전원 합의 하에 용접의 상태(언더컷, 오버랩, 비드상태 등 구조상의 결함 등)가 채점기준에서 제시한 항목 이외의 사항과 관련하여 용접작품으로 인정할 수 없는 경우
 거) 용접 시 비드 내에서 전진법이나 후진법을 혼용하여 작업한 경우(용접 시점과 종점은 모두 동일해야 함)
 너) 외관 평가 전에 줄이나 그라인더 등으로 후가공한 경우
 더) 보수 용접 후 표면비드의 높이가 10 mm를 초과하거나 용락(처짐)이 발생한 작품
 러) 볼트 미체결 및 볼트를 훼손한 경우

[공개]

자격종목	설비보전산업기사	과 제 명	가스 절단 및 용접

3. 도면

구 분	재 료 명	규 격	수량	비고
1	연강판	200 X 80, 6t	1개	
2	연강판	100 X 80, 6t	1개	
3	절단가스	LPG 또는 아세틸렌	–	
4	드릴	Ø8.5, Ø12	각 1개	
5	핸드탭	M10×1.5	1세트	
6	육각머리 볼트	M10×20	2개	
7	전기용접봉	E4316, Ø3.2	3개	
8	용접기	직류 또는 교류	–	개인지참 불가

가. 절단 및 가공 도면

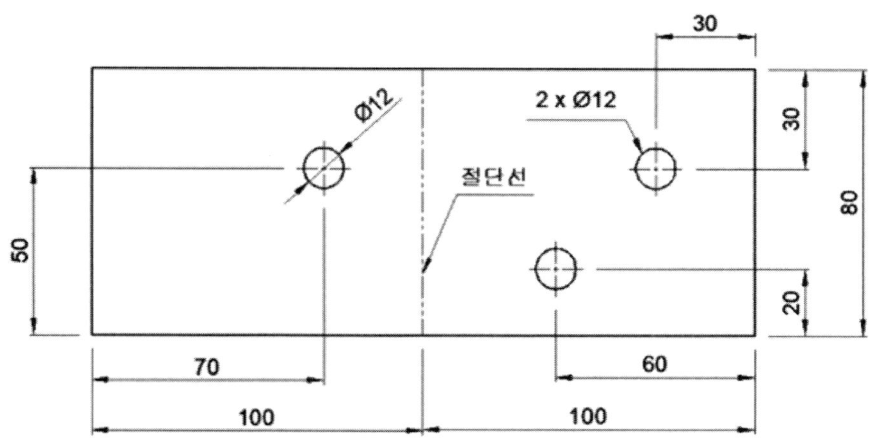

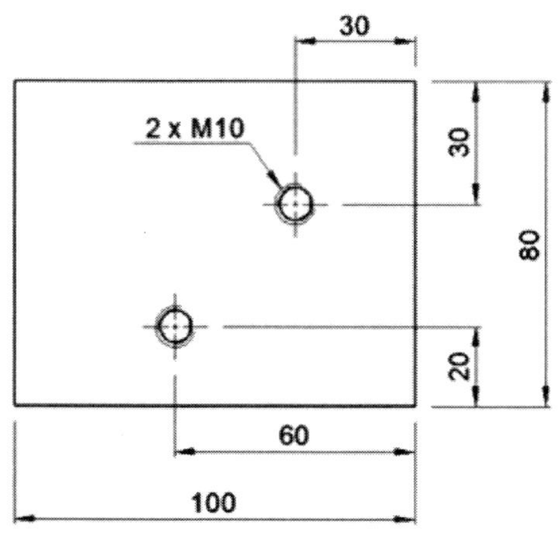

자격종목	설비보전산업기사	과 제 명	가스 절단 및 용접

나. 용접 및 조립 도면

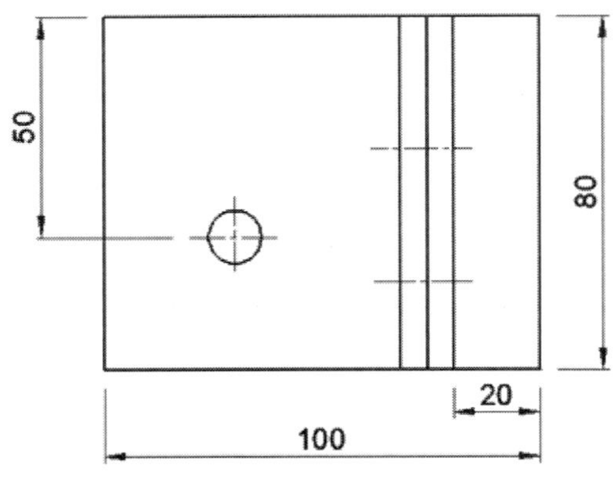

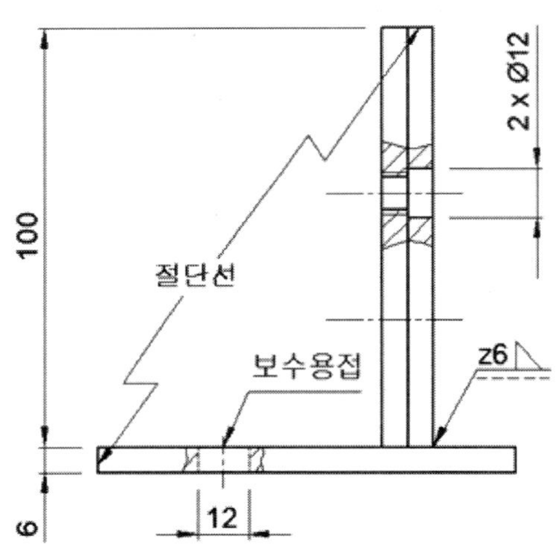

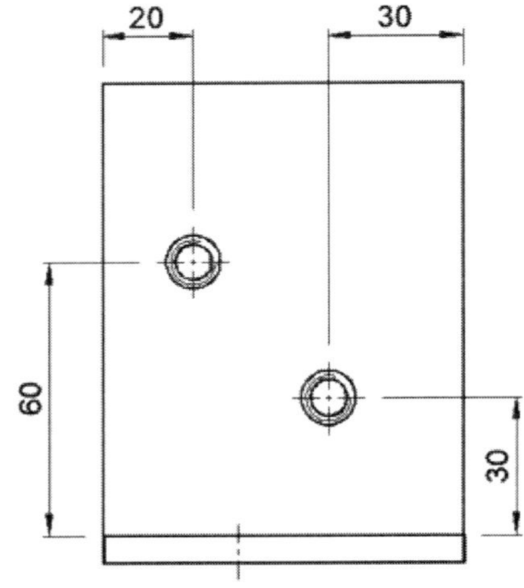

[공개]

자격종목	설비보전산업기사	과 제 명	가스 절단 및 용접

3. 도면

구 분	재 료 명	규 격	수량	비고
1	연강판	200 X 80, 6t	1개	
2	연강판	100 X 80, 6t	1개	
3	절단가스	LPG 또는 아세틸렌	–	
4	드릴	Ø8.5, Ø12	각 1개	
5	핸드탭	M10×1.5	1세트	
6	육각머리 볼트	M10×20	2개	
7	전기용접봉	E4316, Ø3.2	3개	
8	용접기	직류 또는 교류	–	개인지참 불가

가. 절단 및 가공 도면

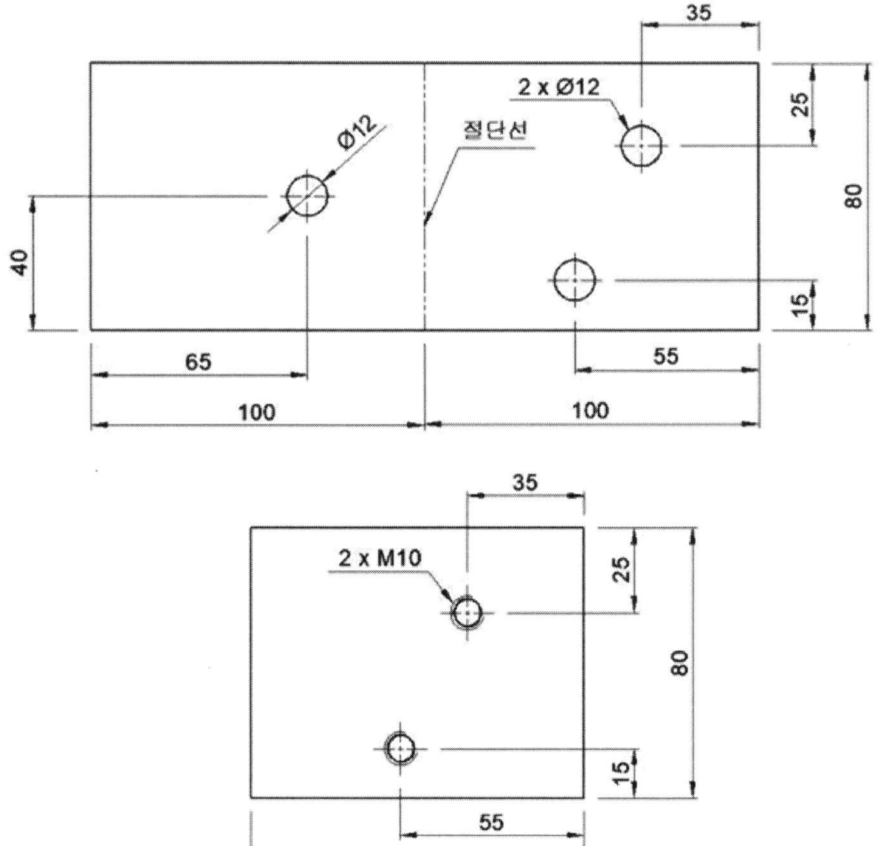

자격종목	설비보전산업기사	과 제 명	가스 절단 및 용접

나. 용접 및 조립 도면

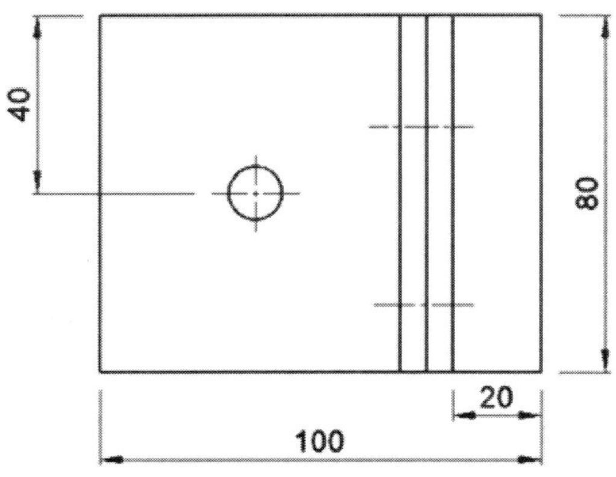

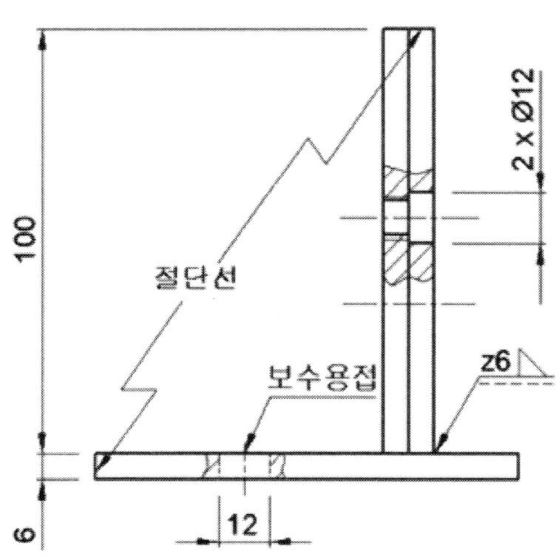

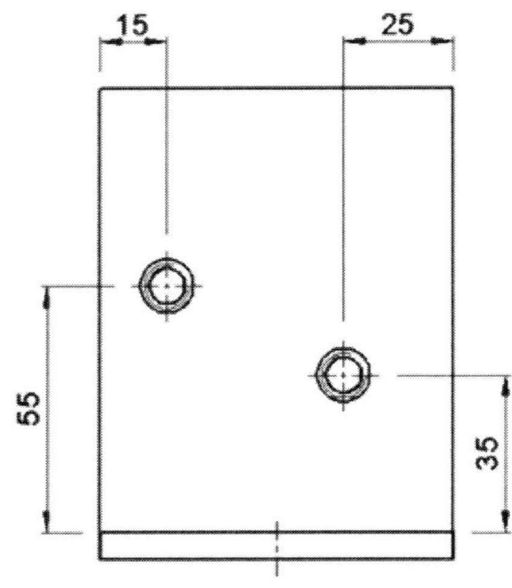

자격종목	설비보전산업기사	과 제 명	가스 절단 및 용접

3. 도면

구 분	재 료 명	규 격	수량	비고
1	연강판	200 X 80, 6t	1개	
2	연강판	100 X 80, 6t	1개	
3	절단가스	LPG 또는 아세틸렌	–	
4	드릴	Ø8.5, Ø12	각 1개	
5	핸드탭	M10×1.5	1세트	
6	육각머리 볼트	M10×20	2개	
7	전기용접봉	E4316, Ø3.2	3개	
8	용접기	직류 또는 교류	–	개인지참 불가

가. 절단 및 가공 도면

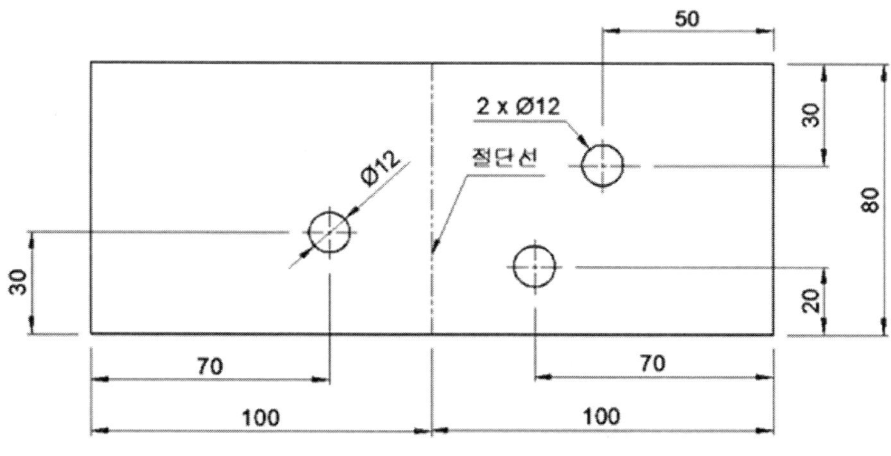

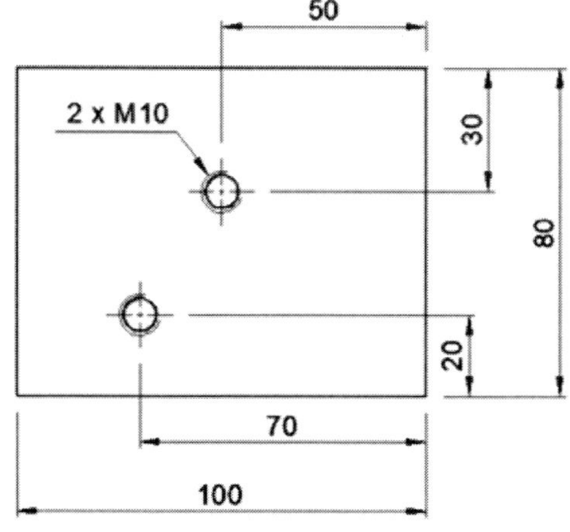

자격종목	설비보전산업기사	과 제 명	가스 절단 및 용접

나. 용접 및 조립 도면

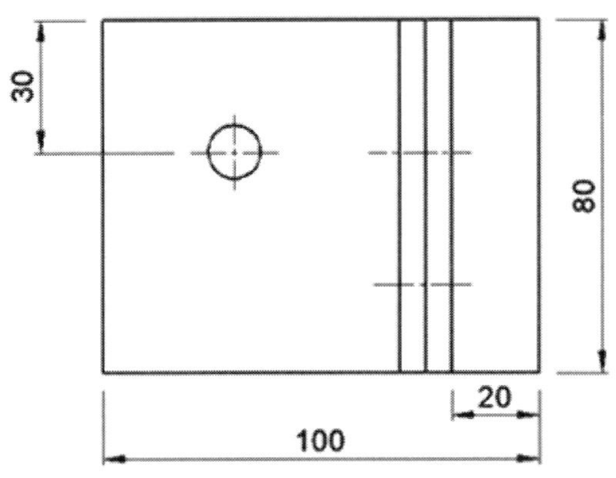

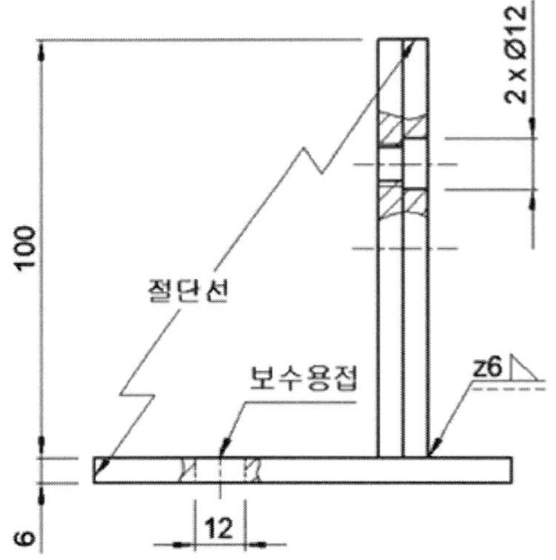

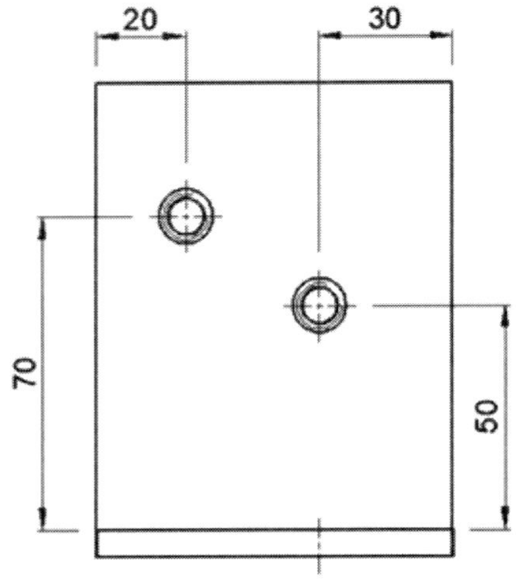

[공개] ④

자격종목	설비보전산업기사	과 제 명	가스 절단 및 용접

3. 도면

구 분	재 료 명	규 격	수량	비고
1	연강판	200 X 80, 6t	1개	
2	연강판	100 X 80, 6t	1개	
3	절단가스	LPG 또는 아세틸렌	-	
4	드릴	Ø8.5, Ø12	각 1개	
5	핸드탭	M10×1.5	1세트	
6	육각머리 볼트	M10×20	2개	
7	전기용접봉	E4316, Ø3.2	3개	
8	용접기	직류 또는 교류	-	개인지참 불가

가. 절단 및 가공 도면

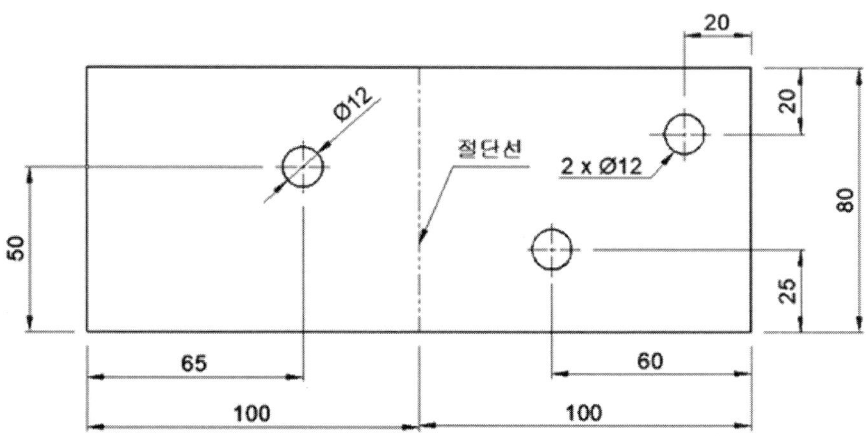

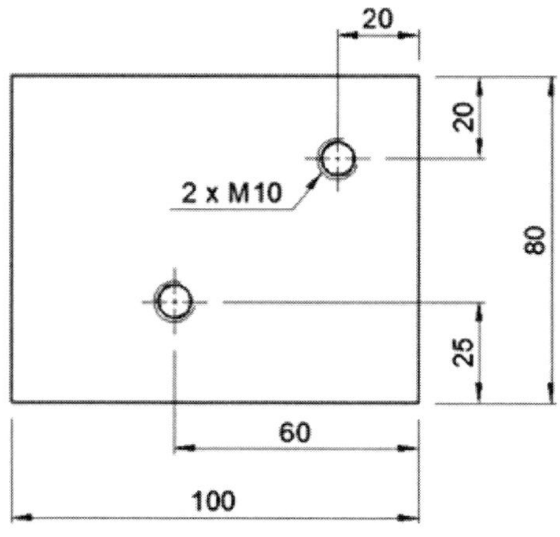

자격종목	설비보전산업기사	과 제 명	가스 절단 및 용접

나. 용접 및 조립 도면

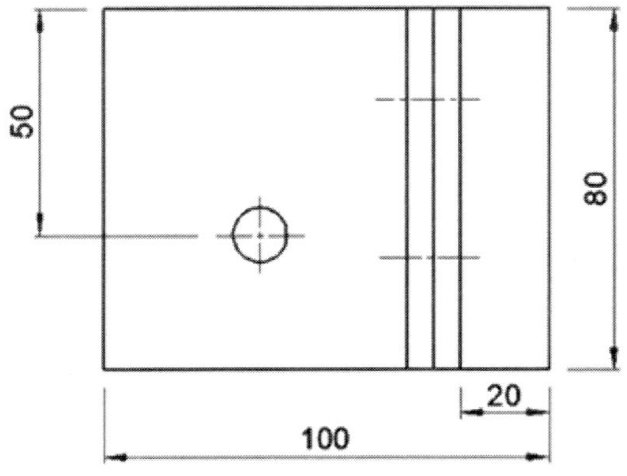

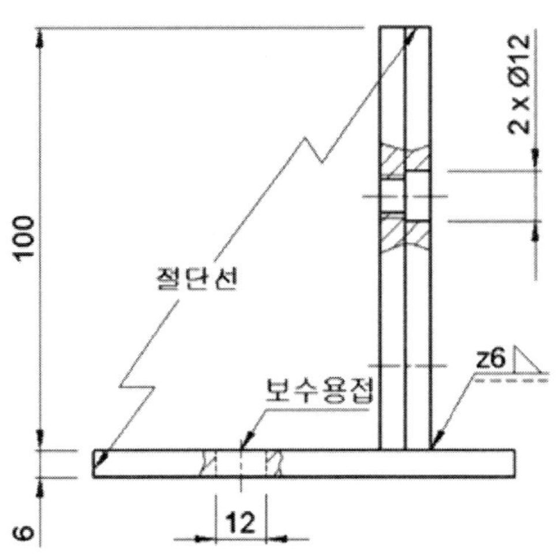

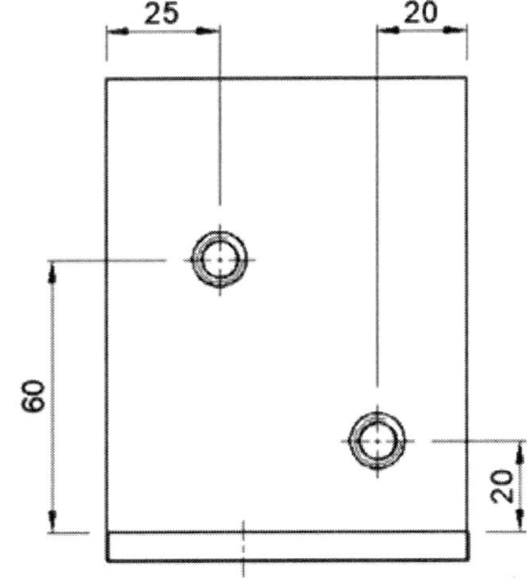

자격종목	설비보전산업기사	과 제 명	가스 절단 및 용접

3. 도면

구 분	재 료 명	규 격	수량	비고
1	연강판	200 X 80, 6t	1개	
2	연강판	100 X 80, 6t	1개	
3	절단가스	LPG 또는 아세틸렌	–	
4	드릴	Ø8.5, Ø12	각 1개	
5	핸드탭	M10×1.5	1세트	
6	육각머리 볼트	M10×20	2개	
7	전기용접봉	E4316, Ø3.2	3개	
8	용접기	직류 또는 교류	–	개인지참 불가

가. 절단 및 가공 도면

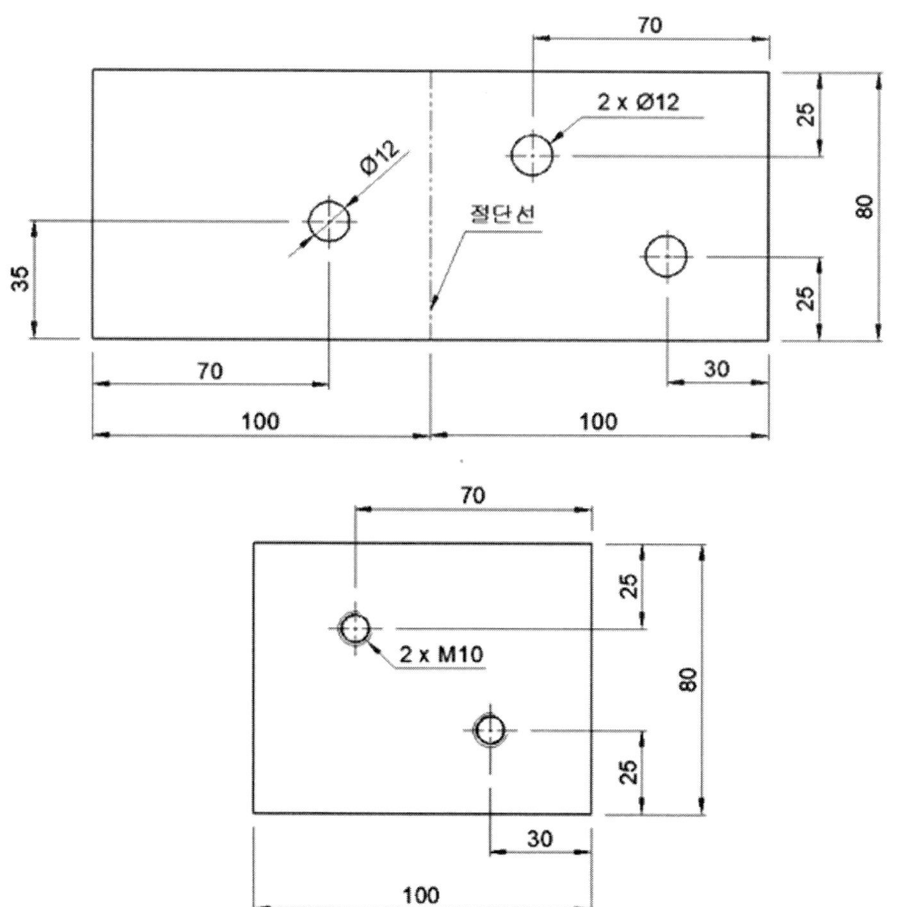

자격종목	설비보전산업기사	과 제 명	가스 절단 및 용접

나. 용접 및 조립 도면

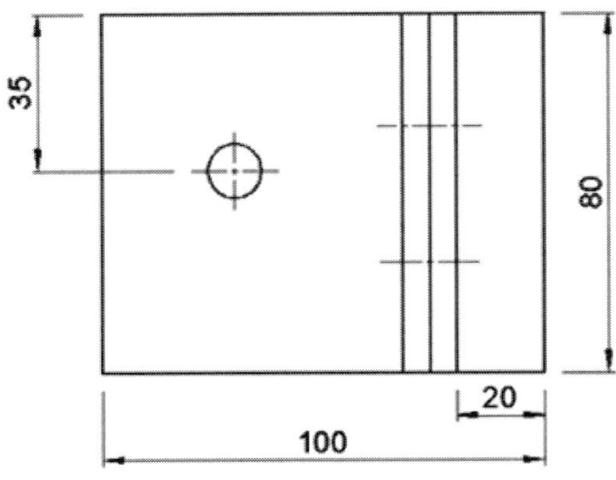

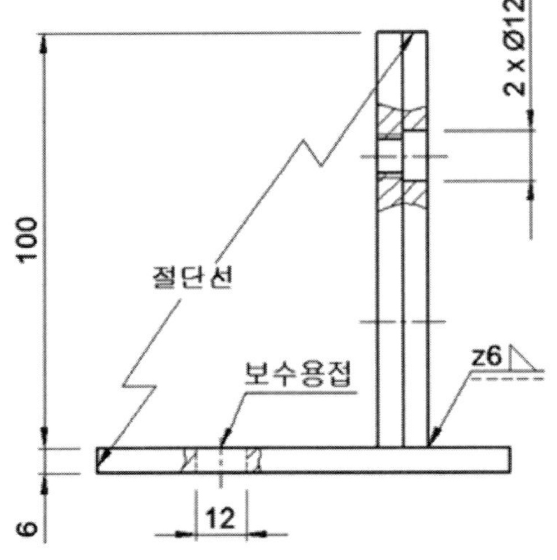

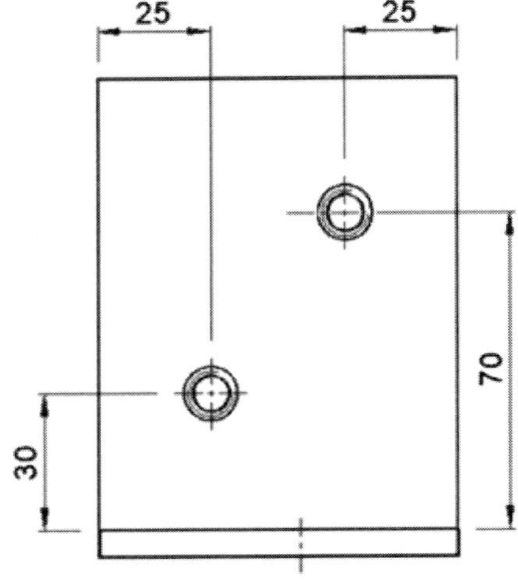

자격종목	설비보전산업기사	과 제 명	가스 절단 및 용접

3. 도면

구 분	재 료 명	규 격	수량	비고
1	연강판	200 X 80, 6t	1개	
2	연강판	100 X 80, 6t	1개	
3	절단가스	LPG 또는 아세틸렌	-	
4	드릴	Ø8.5, Ø12	각 1개	
5	핸드탭	M10×1.5	1세트	
6	육각머리 볼트	M10×20	2개	
7	전기용접봉	E4316, Ø3.2	3개	
8	용접기	직류 또는 교류	-	개인지참 불가

가. 절단 및 가공 도면

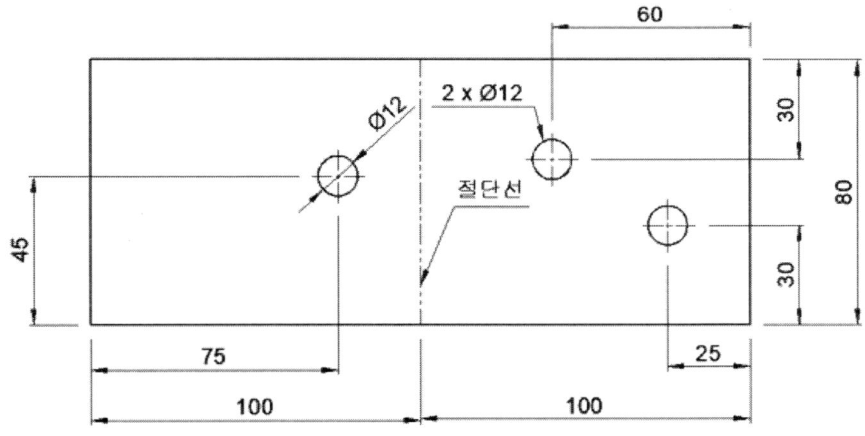

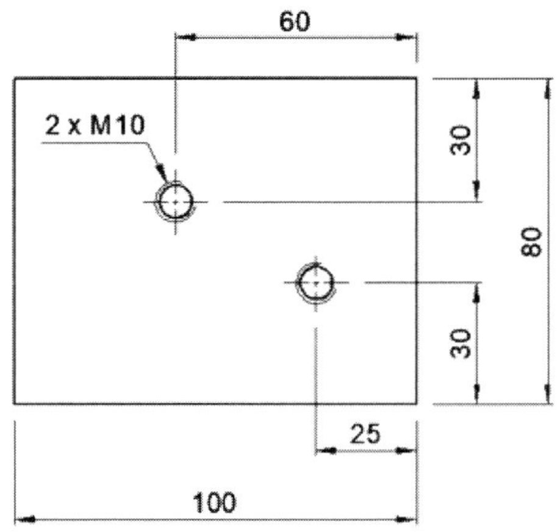

자격종목	설비보전산업기사	과 제 명	가스 절단 및 용접

나. 용접 및 조립 도면

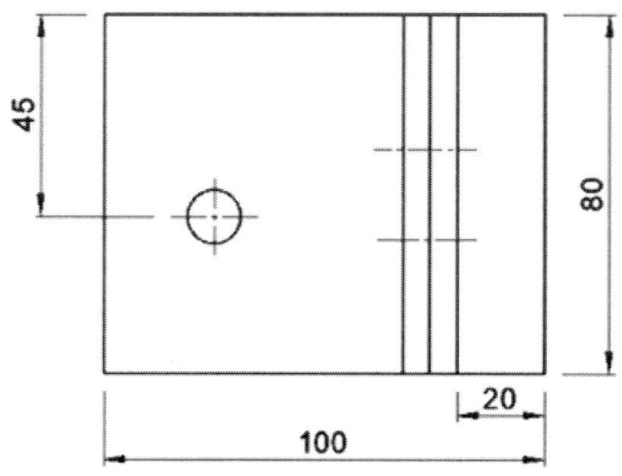

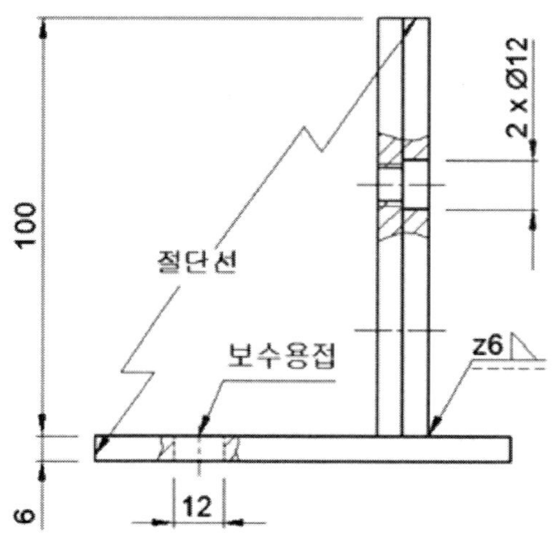

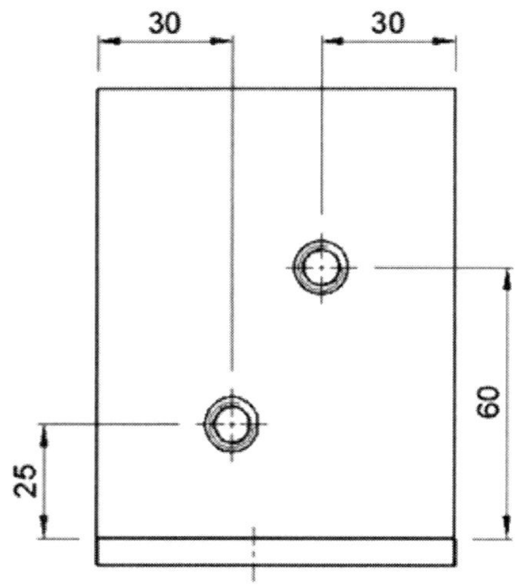

자격종목	설비보전산업기사	과 제 명	가스 절단 및 용접

3. 도면

구 분	재 료 명	규 격	수량	비고
1	연강판	200 X 80, 6t	1개	
2	연강판	100 X 80, 6t	1개	
3	절단가스	LPG 또는 아세틸렌	-	
4	드릴	Ø8.5, Ø12	각 1개	
5	핸드탭	M10×1.5	1세트	
6	육각머리 볼트	M10×20	2개	
7	전기용접봉	E4316, Ø3.2	3개	
8	용접기	직류 또는 교류	-	개인지참 불가

가. 절단 및 가공 도면

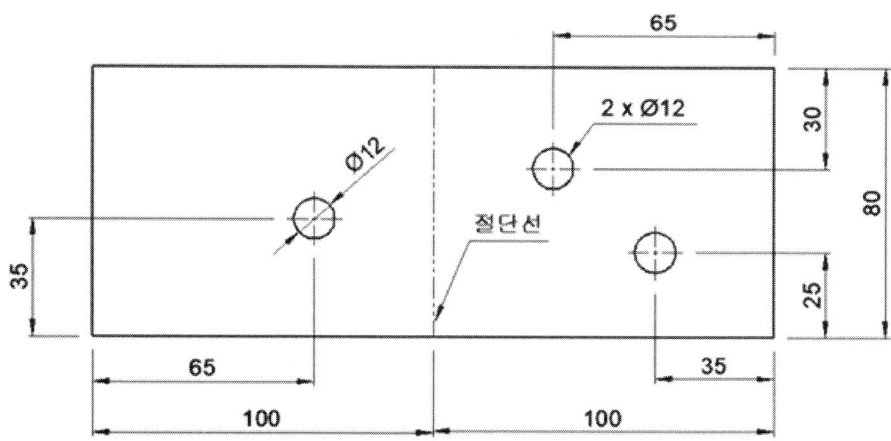

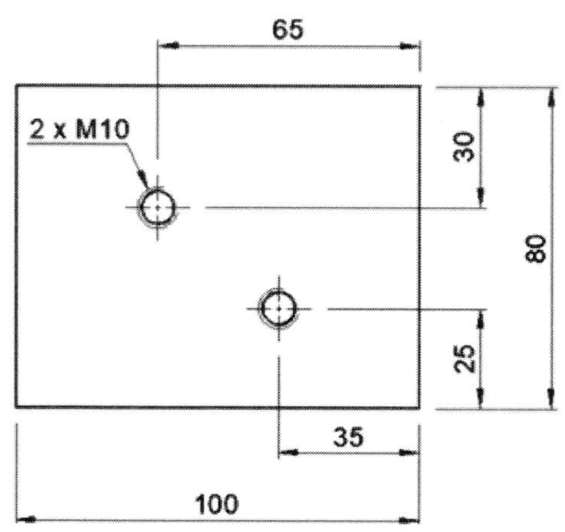

자격종목	설비보전산업기사	과 제 명	가스 절단 및 용접

나. 용접 및 조립 도면

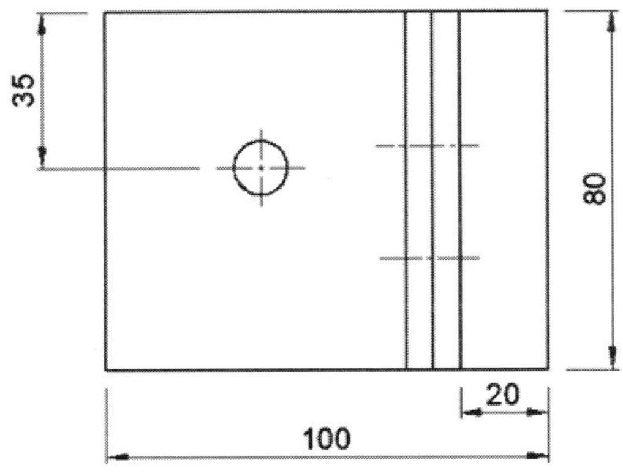

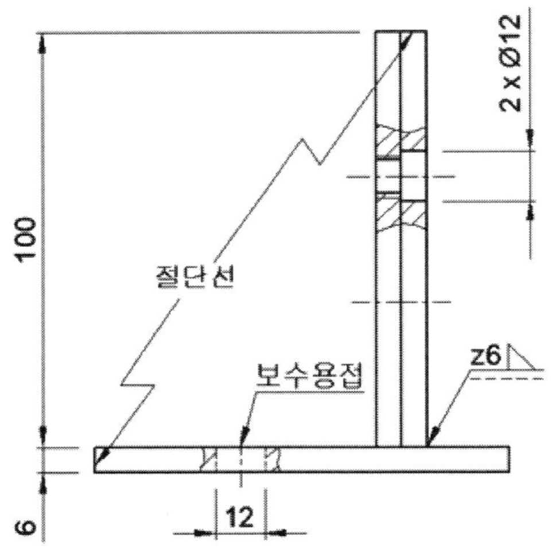

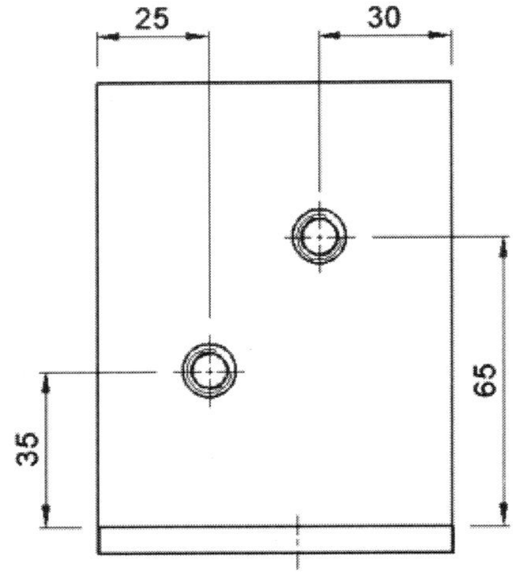

자격종목	설비보전산업기사	과 제 명	가스 절단 및 용접

3. 도면

구 분	재 료 명	규 격	수량	비고
1	연강판	200 X 80, 6t	1개	
2	연강판	100 X 80, 6t	1개	
3	절단가스	LPG 또는 아세틸렌	-	
4	드릴	Ø8.5, Ø12	각 1개	
5	핸드탭	M10×1.5	1세트	
6	육각머리 볼트	M10×20	2개	
7	전기용접봉	E4316, Ø3.2	3개	
8	용접기	직류 또는 교류	-	개인지참 불가

가. 절단 및 가공 도면

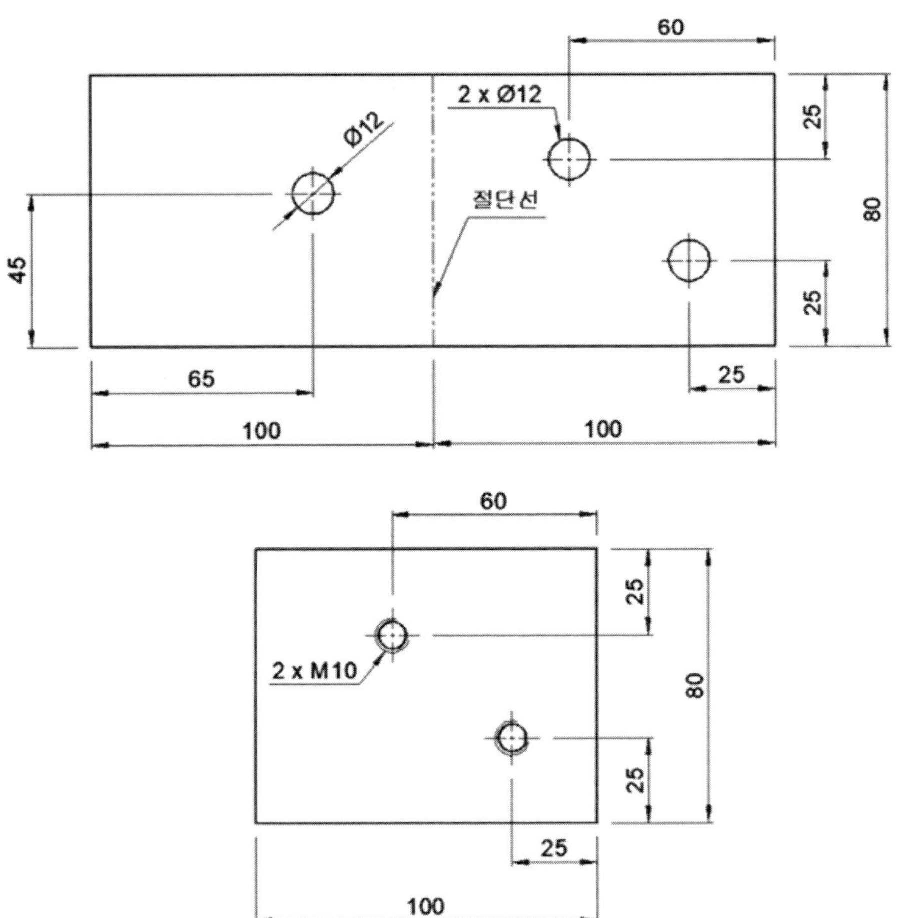

자격종목	설비보전산업기사	과 제 명	가스 절단 및 용접

나. 용접 및 조립 도면

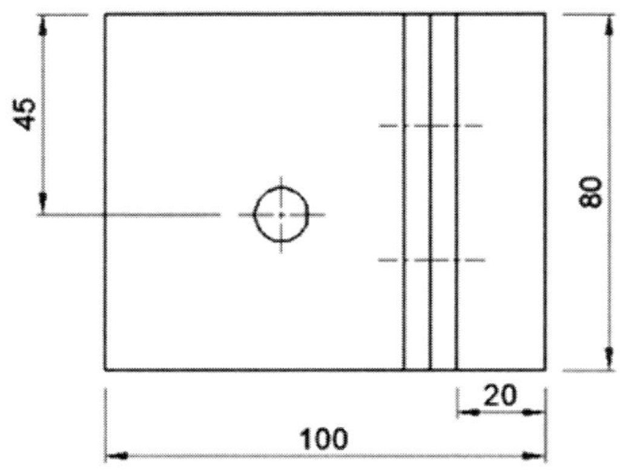

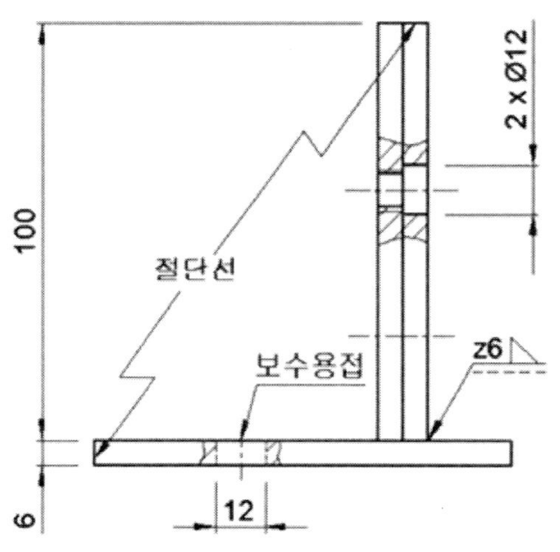

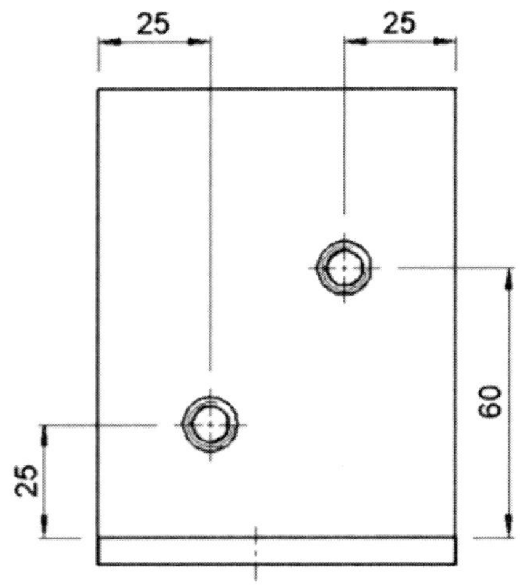

설비보전 현장 실무자를 위한

전기 공유압 제어

실습   Pneumatic and Hydraulic sequence control

2025년	8월	16일	1판 1쇄	인 쇄
2025년	8월	25일	1판 1쇄	발 행

지은이 : 장 일 주 · 손 성 진 · 정 용 섭

펴낸이 : 박　　　정　　　태

펴낸곳 : **광　　　문　　　각**

10881
파주시 파주출판문화도시 광인사길 161
광문각 B/D 4층
등　　록 : 1991. 5. 31 제12-484호
전화(代) : 031) 955-8787
팩　　스 : 031) 955-3730
E-mail : kwangmk7@hanmail.net
홈페이지 : www.kwangmoonkag.co.kr

• ISBN : 979-11-93965-20-7 　　　　93560

값 22,000원